環境と生命の
合意形成マネジメント

桑子敏雄 編著

東信堂

まえがき

　本書は、「環境と生命の合意形成マネジメント」という現代社会においてもっとも重要なテーマについて論じた実践的研究書である。
　「環境と生命」は、わたしが哲学に志して以来、四十年以上にわたって、中心に位置していたテーマであり、人類の行為によって、自らの環境に危機をもたらしていることを自覚してゆく過程と、他方、人類が進めてきた生命の研究によって環境と生命のあり方に操作を加えていった時代と併走している。
　わたしは、ソクラテスの時代から自己自身を知ることを使命とする哲学にとって、二十世紀の人間自身の行為による環境と生命の変貌は、哲学の思索的営為に大きな転換機をもたらすにちがいないと確信していた。
　人間を地球という惑星の上の生物として、また、環境と相互作用をしながら自らを支える身体的存在として見つめようとするとき、当然のことながら、科学技術が環境と生命のあり方を改変する道具として用いられることによって、結果的に自己の存在を改変しているという事態を導くことになることが分かる。実際、結果としての自己の存在の改変ということは、それ自体として、人類の存続に大きな危機をもたらすことになったのを自覚したのが二十世紀の後半であった。
　科学技術と人間と社会のかかわりそのものについて問うことは、哲学的思考にとってその本質に位置することになったといってよい。すなわち、哲学的思考は、自己の直面する危機にどう対応するかという実践的な問題に対応せざるをえないのである。
　わたしが環境と生命、そしてこれを変質させつつある科学技術の問題を哲学の中心に据えて思索を展開しようと考えていた1990年代前半、日本の社会は大学に大きな改革の要求を突きつけていた。バブル経済の狂乱の時代、教養教育は無駄であり、専門教育こそ日本の将来を拓くものだとの風潮

から、教養課程の解体と大学院教育の重点化が行われたのである。ところが、1995年に起きた阪神淡路大震災では、高速道路の倒壊に象徴されるように近代科学技術の限界が議論され、また、オウム真理教事件では、理工系に籍を置く優秀な学部生、大学院生が社会に動揺をもたらすことになり、大学改革の風潮はにわかに変化した。

わたしの所属する東京工業大学では、こうした社会的状況の変化に対応しようということで、人文社会系諸学と理工系の学問との融合あるいは統合をめざす大学院組織を立ち上げることになり、わたしも国に提出する概算要求のための書類をつくる起草委員として、制度の立ち上げにかかわる年月を過ごすことになった。

東京工業大学大学院社会理工学研究科とこれを構成する価値システム専攻は、1996年に設立され、わたしは、そこで「価値構造」という分野を担当することになった。

価値システム専攻は、学部組織をもたない大学院組織であった。社会理工学研究科の理念は、「科学技術と社会の間の軋轢を解決する意思決定の科学技術」、価値システム専攻は「最適な価値判断、速やかな意思決定の科学」を理念とした。社会の抱える問題に含まれる価値の問題を分析し、かつ、その解決のための道筋を示すことを学問的目標としたのである。大学院研究室をもつことになったわたしのもとには、こうした問題意識をもった人たちが集まってくることは自然の成り行きであった。

世紀が21世紀に変わるころ、わたしは、環境と生命の領域でわたしたちが抱える問題を解決するためには、一つひとつの問題に関係するステークホルダーの間の適切な話し合いと最適な意思決定プロセスの構築とが不可欠であるとの認識をもつようになった。そこで、「社会的合意形成」というタイトルを研究室の主要テーマに掲げたところ、それ以来、このテーマに沿って学問したいと思う人たちが桑子研究室に集うようになった。

以上のような経緯から、ここに出版した本書は、桑子研究室のメンバーになった人たちが社会理工学の理念に即しつつ、みずからの問題意識をメンバーどうしで共有し、かつ研究室における熱い討論を通してそれぞれの成果

としてまとめていった論文からなっている。メンバーは、桑子研究室の理念を共有しているが、みなそれぞれが学部での研究背景を異にしていた。さらに、人間が環境と生命を改変するそれぞれの現場で問題解決の方策を考え、また、その解決に携わってきた。ここに掲載した論文の著者は、そのような思索を博士論文にまとめて、学位を取得した人たちである。

したがって、本書で実現している文理融合とは、文系の思考と理系的思考とを討議空間のなかで融合熟成しようとする堅固な意志と理系文系の未分状況にある問題そのものをとらえようとした現場主義、当事者主義に貫かれている。すなわち、本書の論考はみな問題を分析論評するだけの学問スタイルではなく、問題の現場で当事者として問題解決に従事した、いわば理論と経験の融合による現場主義の論考である。本書のタイトルを『環境と生命の合意形成マネジメント』としたのは、以上の理由による。

東京工業大学大学院社会理工学研究科および価値システム専攻は、文理融合型大学院専攻として社会的に高く評価されたが、2016年にその幕を下ろすことになった。しかし、その理念とこれを実現しようとする実験的な試みは、比類のない事業として長く記録と記憶にとどめるべきものである。本書がそのような挑戦的な知の営みとして、ひとつの形をとり得たことをわたしは深く誇りに思っている

平成 28 年 12 月 10 日

桑子研最後のゼミの日に記す

桑子敏雄

目　次

まえがき　i　　　桑子敏雄

序章　近代ソフィアから次代フロネーシスへ······················3
　　　——文理融合の夢と実践　　　　　　　　　　　桑子敏雄
　1　アリストテレスと文理融合の夢　3
　2　コモンズの悲劇と資源の呪い　12
　3　現場性・当事者性と合意形成マネジメント技術　18
　4　現代フロネーシスの展望　25
　注（26）

第Ⅰ部　空間と身体の価値構造··································31

第1章　国土管理の基層··33
　　　——「わざわい」と「さいわい」の風景　　　高田知紀
　1　日本の国土特性としての自然資源と災害リスク　33
　2　八百万の神々と災害へのインタレスト　43
　3　妖怪・怪異伝承が災害リスクマネジメントにおいて意味するもの　53
　4　国土空間の奥ゆきをみつめるプロセス　59
　5　国土管理の基層　64
　注（68）
　参考文献（68）

第2章　〈病〉の発生と価値マネジメント····························70
　　　——進化プロセスのなかのわたし　　　　　　大上泰弘
　1　病とは何か　70
　2　病はどのようにして発生するのか　71
　3　価値システムとは　76

  4 価値の階層構造　78
  5 病の価値マネジメント　85
  6 おわりに　104
 注（104）
 参考文献（105）

第Ⅱ部　コモンズ空間の保全と再生　　　107

第3章　森林管理と合意形成　　　109
――やんばるの森と世界自然遺産登録　　　谷口恭子

  1 コモンズとやんばるの森　109
  2 森林資源の保全と利活用の対立の分析　116
  3 「国頭村森林地域ゾーニング計画」　118
  4 「国頭村森林地域ゾーニング計画」における
    合意形成プロジェクト・マネジメントの実践　124
  5 「国頭村森林地域ゾーニング計画」における
    「ゆるやかなゾーニング」概念　129
  6 世界自然遺産登録を目指して　131
 参考文献（134）

第4章　地域環境ガバナンスの実践　　　136
――トキの野生復帰事業から佐渡島自然再生プロジェクトへ　　　豊田光世

  1 視線の先にあるもの　136
  2 トキとの共生から包括的再生へ　141
  3 加茂湖再生にかける思い　144
  4 両津福浦のカッパと防災のまちづくり　150
  5 地域環境をコモンズとして醸成する　155
  6 多彩な声を生かし創造的に考える　160
 注（165）
 参考文献（166）

第Ⅲ部　環境問題のコンセプト戦略……………………………………………169

第5章　自然再生と「ランドケア」……………………………………………171
　　　　──持続的資源管理システムの構造から　　　　　　　　前川智美

1　ランドケア運動とは　172
2　運動の構造における3つの制度的特徴　175
3　地域活動の実例と3つの精神的特徴　187
4　空間における経験の共有を通じた連携構築　194
5　おわりに　198

注（199）

参考文献（201）

第6章　「ふるさと感の共有」と都市環境の再生……………………………203
　　　　──「ホーム・プレース」としての「エコトピア」　　加藤まさみ

1　センス・オブ・ホーム・プレースの共有に
　　基づく持続可能な都市社会　204
2　東京の都市政策と都市計画手続きの課題と都市環境の衰退　214
3　震災復興事業「文京区立元町公園」の保存運動　218
4　おわりに　234

注（236）

参考文献（237）

第7章　個人と企業を繋ぐ環境戦略と「どんぐり効果」…………………241
　　　　──温暖化対策のためのコミュニケーション　　　　　西　哲生

1　わが国における温室効果ガスの排出状況と
　　温室効果ガス削減政策の現状　242
2　企業と個人の環境意識と環境行動の現状　245
3　企業と個人の環境行動を促進する方法　249
4　企業と個人の環境行動を統合する一体型環境プロジェクトの実施　252
5　企業と個人に向けた今後の環境政策に関する提言　266
6　おわりに　268

注（269）

第Ⅳ部　次世代フロネーシスの展開　271

第8章　地域イノベーションを生み出す合意形成 273
　　　　　――多角的人材育成へのアプローチとその方法　　百武ひろ子
1　いま地域に求められている「合意形成力」とは　273
2　話しあいで新たな価値を生み出せる「参加者」となる
　　ための合意形成教育　282
3　合意形成プロジェクトの主催者に求められる役割　288
4　市民を生かす専門家を育てる　294
5　地域リーダーと合意形成力　297
6　イノベーションを生む合意形成の多層ネットワーク
　　――平和構築の方法論を世界に発信する次世代リーダーの育成　300
　注（301）
　参考文献（301）

第9章　医療現場の倫理リスクと合意形成教育 303
　　　　　――意思決定支援の根幹　　吉武久美子
1　多様な価値にもとづく治療法の意思決定　303
2　医療の合意形成　306
3　「理由の来歴」と予見的合意形成　312
4　倫理研修に合意形成を組み込んだ実践的研究　316
5　倫理リスクとマネジメント　323
6　おわりに　327
　注（328）
　参考文献（329）

あとがき　331
桑子敏雄略年譜　333
執筆者一覧　339
索引　343

環境と生命の合意形成マネジメント

序章　近代ソフィアから次代フロネーシスへ
── 文理融合の夢と実践

桑子敏雄

はじめに

　本書は、東京工業大学大学院社会理工学研究科価値システム専攻桑子敏雄研究室に所属し、学位を取得した9名の論文からなっている。この大学院は、文理融合をめざした新次代の大学院として、20世紀末に発足した。どの論文も、大学院の理念を実現しようとする努力の成果である。

　序章では、大学院設置とのかかわりのなかで、わたしが考察した学問のあり方について概観し、現代に求められる知的探究のすがたを示す。すなわち、アリストテレスが区分したふたつの知的能力、すなわち、自然科学的探究を行う能力である「ソフィア」と行為の選択を行う「思慮深さ」という「フロネーシス」の両者を考察しつつ、両者の協働を実現すべき「新たなフロネーシス」について展望する。それは、強大な力をもった「近代ソフィア」に対し、人類の幸福を実現するための「次代フロネーシス」への探究の必要性の展望である。

1　アリストテレスと文理融合の夢

⑴　文理融合の試み

　東京工業大学大学院社会理工学研究科価値システム専攻は、文理融合を目指した大学院であった。「あった」というのは、この希有な大学院は、1996年に発足した教育研究機関で、20世紀の終わりと21世紀のはじめの20年間にわたって活動したが、2016年春にその終焉を迎えたからである。文系

と理系の学問を「融合する」という、この大げさな言い方は、文系と理系の学問がどれほど水と油の関係にあるかを物語っている[1]。だからこそ、この大学院は、学問のもつべき一つの夢を追い求めたものでもあった。20年という短い時間のなかで、黄粱も炊けないうちに覚めた邯鄲の夢のごときものであった。夢のような期間であったが、実りの多い年月でもあった。その実りの一つが本書である。価値システム専攻桑子研究室には多くの学生が所属し、文理融合の実践を行った。本書にはこの期間所属して学位を取得した者で、本書のコンセプトに沿った研究を行った者が寄稿している。

わたしは、1990年代の前半、この大学院の創設のための作業グループの起草委員として、概算要求書と概算要求説明書の作成を行った。文理融合的大学院について行われた作業グループの議論をまとめあげながら、みずからの学問の方向を模索する数年間であった。それは、哲学的思索とはおよそかけ離れた行政文書の作文という長くつらい役目を果たしながら、新しい学問のあり方について思い巡らした月日であった。

新大学院では、理工系大学である東京工業大学の大学院に文系的要素を組み込もうというのである。長い激論の成果として、社会理工学研究科はその理念を「科学技術と社会のインターフェイスに生じる軋轢を解決するための意思決定の科学技術を研究する大学院」とした。また、そのなかの一専攻であった価値システム専攻は、その理念を「最適な価値判断と速やかな意思決定」とした。「価値判断」が専攻のキーワードとなった。

わたしの所属する講座は、「価値構造講座」、担当する分野は、「価値構造分野」とした。価値構造とは、価値とは何かを探究する分野、あるいは、価値判断とは何かを探究する分野である。

「価値判断」とは、「よいかどうかを判断すること」である。あるいは、「なにがよいか」を判断することも含む。価値についての判断について研究することは、「善についての知」を研究することに等しい。この問題の研究でどのように文理融合を実現するのか。これがわたしの研究課題となった。これは同時に研究室運営のテーマでもあった。

⑵ **価値と「善のすがた・かたち」**

　価値というキーワードでわたしがつねに考えていたのは、プラトンの善のイデアとイデアに向かおうとする知的探究心であった。プラトンは、その生涯を通じて、善について考えつづけた。その背景には、師と仰いだソクラテスの死があった。ソクラテスは、ギリシア本土のパルナッソス山麓のデルフィの神殿で哲学の神、アポロンから「ソクラテスより賢いものはいない」という神託を受けたのを機に、みずからの無知を自覚するがゆえに、知を標榜する人々をはげしい対話のなかに巻き込み、怒りを買い、命を失うに至った。ペリクレスという偉大なリーダーのもとで民主主義の栄華を誇ったアテネが衆愚政治の闇に落ち込んでいこうとする時代であった。

　ソクラテスの教えを受けたプラトンは、価値相対主義のもたらす混乱に危機感を抱き、価値のあるべき姿を追い求めた。イデオロギーが力を失った20世紀のあと、普遍的な価値を表現する概念さえも輝きを喪失し、自己と自国の利益を主張するリーダーの割拠のもとで混沌を深めてゆく21世紀の現代にも重ねることのできる時代であった。

　ギリシア世界の盟主、アテネは、対ペルシアのためのデロス同盟の資金を流用してアクロポリスの丘にパルテノン神殿を建設したとされるが、丘の北麓、アゴラという市場の空間で、ソクラテスは活動を展開した。それは哲学者どうしの隠微な対話ではなく、市井の人々や行政マン、軍人、政治家、教育者との開かれた対話、ただし、かれらのコンセプトのあいまいさや欺瞞性をつく毒のこもった対話であった。このような対話が必要であったのは、そうした人々のもつ知の幻想を打ち砕こうという強い意志がソクラテスにあったからであるが、その結果、ソクラテスは、人々の憎悪の対象となっていった。

　ソクラテスの死を見届けたプラトンは、やがてシチリア島での理想国家の実現のための活動へと身を投じることになる。しかし、この野心的な試みは失敗し、やがてむしろ若者の教育へとその志を転換する。それは、ちょうど孔子が理想国家の実現をなしえず、教育者として偉大な功績を残したことに似ていた。

　研究と実践、さらには教育の過程で、プラトンは、「善のすがた・かたち」

の探求の道を切り拓いたのでった。プラトンが提案した善の理論は、イデア論といわれる。イデアとは、すがた・かたちのことである。善のもつすがた・かたちを人間の知的能力の対象として立て、どのようなものであるかを探究したのであった[2]。

(3) 文系と理系の区別

　アリストテレスは、プラトンが創設したアカデメイアに18歳のときに入学し、20年を過ごした。プラトンへの尊敬は続いたが、師の学説、イデア論には厳しい態度を示した。

　文系の学問と理系の学問との区分を最初に論じたのは、アリストテレスであった。文理融合の困難さを語るとき、わたしの関心は、アリストテレスがどのように文系と理系の区分を行ったか、かつ、この両者をどのように架橋しようとしたかということであった。

　プラトンが善の実現を「善のイデア」の認識と考えたのに対し、アリストテレスはこれを批判したからである。じっさい、20世紀の日本には、プラトンが自然の認識と価値の認識を統合していたのに対し、アリストテレスは、両者を分断し、現代の文理分離の淵源となったと批判する研究者もいたからである。だが、わたしはそうは考えなかった。

　万学の祖といわれたアリストテレスは、人間の能力をその対象とともに区別した。たとえば、視覚は見る能力であるが、視覚の対象は色である。同様に聴覚の対象は音である。知的能力のことを論じるときも、対象とするものについて考察すべきであると考えた。研究対象による学問は、それらの対象にかかわる人間の知的能力も合わせて研究した。[3]

　日本語で「学問」というとき、あるいは「科学」というとき、知的能力とその対象の区別、さらにこの能力によって獲得されたものの区別は、あいまいである。「学問」ということばで意味されているのは、理論的に体系化された知識のことである。この場合、知識とは能力そのものではなく、能力によって獲得され、整理され、あるいは蓄積されたものの総体である。たしかに「あの人には学問がある」ということもあるから、能力に言及しているも

のと考えられなくもないが、むしろ、学問があるというのは、その人の記憶のなかに蓄積され、他の人々とのコミュニケーションにおいて開陳される知識や情報のことである。知識や学問は、人にではなく、むしろ書物のなかにあったり、あるいは、コンピュータのなかに蓄積されていたりするとも考えられる。さらには、こうした知識や情報をもっている知的活動組織、たとえば大学や研究所なども学問という名で呼ばれることもある。

あるいは、「科学」ということばも知的な能力を表すものではない。広い意味での科学は、一定の方法にもとづいてさまざまな現象を研究する知的な活動であり、その成果としての体系性をもった知識は、個人のうちに、あるいは大学などの知的共同体のうちに、あるいは、企業の研究所などのうちに蓄積されている。

これに対し、アリストテレスは人間の知的能力をあくまで人間に所属する能力としてとらえたということに注目しなければならない。

アリストテレスが数学的対象や自然を研究する人間の能力と考えたのは、論理的能力を含む知的能力である。現象がどうしてそのように立ち現れるのかということを明らかにすること、すなわち、現象を成り立たせている原因を突き止め、原因から現象を論理的に明らかにすること、すなわち論証すること、この能力をアリストテレスは、「エピステーメー」と呼ぶ。他方、現象の原因をとらえる能力が「ヌース」である。エピステーメーとヌースを合わせたものがソフィアである。一般に「知恵」といった意味の「ソフィア」という概念は、アリストテレスの用語では、むしろ「学問能力」という意味である。「学問能力」であるソフィアとは、原因直観能力であるヌースと原因から現象へと論証を行う能力であるエピステーメーを合わせた能力である[4]。

他方、学問的能力と区別される別の知的能力をアリストテレスは考えている。それは行為の選択にかかわる能力で、厳密で客観的な認識をもたらす能力からは明確に区別される。この能力は、複数の選択肢を見分け、そのなかから最適な選択肢を選び出す能力である。アリストテレスは、学問能力をソフィアと呼ぶのに対して、後者を「フロネーシス」と呼ぶ。フロネーシスの訳としては、「思慮」とか「知慮」とかが用いられるが、わたしはこれを「思

慮深さ」と訳す。

　重要な点は、フロネーシスが形容詞として「人」や「行為」を修飾するということである。「思慮深い人」や「思慮深い行為」というように、人柄や行為との関係で用いられるので、これを名詞化して「思慮深さ」とするのが適当である。

　フロネーシスは情報や知識ではなく、選択の能力であるから、書物やコンピュータのなかには存在しない。それはあくまで人に内在する能力である。フロネーシスについては、「思慮深い行為」であったり、「思慮深い性格」であったり、「思慮深い人」といったりするが、ソフィアについては、「知恵ある自然現象」「賢い自然現象」とはいわない。ソフィアとフロネーシスは根本的に異なる能力である。

　では、ソフィアとフロネーシスは、どう関係するのだろうか。ソフィアは現象の本質を知る能力であり、その発揮は、純粋な認識活動である。この活動は、何かに役に立つためではなく、それ自体のために行う純粋な学問的営みである。それ自体において行うというのは、何かのための、つまり応用のための研究ではないという意味である。もし応用的な研究のために純粋な認識活動があるとすれば、それはなにか限定された目的のための能力の発揮となってしまう。それでは、人間のもっとも高貴な能力が従属的な能力であることになる。アリストテレスは、ソフィアこそ人間のもっている最高の能力であると考えていた。

(4)　フロネーシスとはなにか

　アリストテレスは、人間を「社会的な動物」ととらえた。フロネーシスは、行為にかかわる思慮深さであり、アリストテレスは、これを倫理的能力としている。人間は、個では生きることができず、社会的な存在として生を全うしなければならないからである。フロネーシスは、社会生活を営む知的能力でもあり、国家を運営するための政治的能力でもあった。したがって、フロネーシスは個々の行為の最適性を認識するとともに、行為の構造や行為の目的と手段、行為をめぐるさまざまな課題、社会的な動物としての人間の本質

について考察する。人間の個人の性行としての人柄や集団としての社会構造、政治システムなど、こうした領域は、純粋で厳密な認識が目的ではなく、むしろわたしたち人間がすぐれた行為を行い、よりよい社会を実現する選択のための知的な営みである。この知的な営みは、自然についての真理を与える理論ではなく、よりよい選択のための営みであるから、アリストテレスは、これについて過度の厳密さをもとめるべきではないと語っている。

　重要な点は、アリストテレスは、ソフィアとフロネーシスは、どちらも一人の人間が備えるべき知的能力と考えているということである。ふたつの能力は独立の能力である。ソフィアがそなわっていてもフロネーシスがそなわるとはかぎらず、フロネーシスがそなわっていてもソフィアがそなわっているとはかぎらないからである。たとえば、数学や自然の研究については、若くして大変な業績をあげる者もいるが、若くして思慮深くなる者はいないとアリストテレスはいう。さまざまな行為の選択や社会生活の経験がフロネーシスの獲得には不可欠だからである。

　現代の大学で推奨される応用研究では、「役に立つ」研究、すなわち、世の中を便利にし、経済を活性化して、国際競争に勝利するような研究が高く評価されていて、高額な研究費が支給される。目先の目的達成のために研究の視野を狭めなければならない若い研究者も多い。60年代や70年代にゆったりとした研究生活を送って優れた成果を上げた研究者で、ノーベル賞を受賞するようなひとは、基礎研究の重要性を唱え、若いひとたちが目先の成果にとらわれずに研究生活を送れるようにすることが大切だ、自由な研究環境が重要だと力説する。しかし、かりに目先の成果ではなく、自由な研究環境のなかで独創的な成果を上げたとしても、科学技術のおかれた社会的な状況なかで、あるいは政治的な世界のなかで、すぐれた選択をする者になるとは限らない。むしろ、そうでない例をわたしたちは見いだす。

　科学者が発見あるいは発明したことをどう使うかは、科学者の責任ではなく、社会の責任であるという発言を耳にすることもある。わたしが運営した「生命の科学と生命倫理」という講義のなかで、一人の教授が「若者たちは、自由に研究を行い、それに喜びを感じればよい。研究にとっては、倫理は手

かせ、足かせだ。研究の成果をどのように使うかは、倫理の先生と社会に任せればよい」と語ったことがあった。ソフィアとフロネーシスということばでいいかえれば、研究者にはソフィアだけあればよく、フロネーシスは必要ないという主張である。

　他方、ソフィアをもっていればフロネーシスももっていると考える人が多いこともまた事実である。すぐれた研究成果を挙げた人物が研究組織のリーダーとしてふさわしいという考えはだれもが抱く。「とんがった」領域で成果を上げて評価された学者が大学運営の舵取りになったりする。現代の大学では、リーダーシップの強化が叫ばれているが、リーダーシップとはリーダーのもつ権力や権限ではない。権力や権限をもてばすぐれたリーダーになれるかというとそうではない。中国の古典『易』によれば、リーダーシップのないひとにも権力や権限を付与することは可能であるがこうした者は、権力や権限で人を動かすことになる。こうなると権力や権限に媚びる人々しか仲間にすることはできない[5]。

　しかし、わたしの考えでは、フロネーシスを欠いた科学研究では、人類の直面する重大な危機を回避することはできない。ソフィア的活動に従事する者には、フロネーシスは必要ない、あるいは、研究の手かせ足かせになるというような認識をもっていること、そのことが、わたしが現代の科学研究に対してもつ最大の危機感である。この危機を回避するためには、ソフィアとフロネーシスの関係を現代の文脈で明確にすることである。だがソフィアとフロネーシスの乖離という困難を克服する道は、はてしなく困難である[6]。

　このようなアリストテレスの知的能力の理論から考察すると、文理融合とはどういう意味なのだろうか。わたしの考えでは、文理融合とは、ひとりのひとのなかで、ソフィアとフロネーシスが共存し、相互に深く連携している状態である[7]。

(5) 近代ソフィア

　東京工業大学大学院社会理工学創設に従事し、この大学院の理念を「科学技術と社会のインターフェイスに生じる軋轢を解決するための意思決定の科

学技術」としたとき、つねに私の念頭にあったのは、アリストテレスのソフィアとフロネーシスの統合という課題であった。

　社会とのインターフェイスで軋轢を生み出すに至った近代科学は、ソフィアの歴史的展開のうちに、強固な力をもつにいたったシステムである。アリストテレスはソフィアを純粋な個人の知的活動、それ自体として求められる活動であると考えたが、近代西洋科学は科学的技術を生み出し、この技術は、個人のもつ能力というよりも、巨大なシステムとして、わたしのたちの世界を劇的に改変する力をもった。フランシス・ベーコンのいうように、知が力をもったのである。力をもつ知を「近代ソフィア」と呼ぶならば、近代ソフィアの対象そのものが人間の行為による変貌を遂げているという現実をわたしたちは知らなければならなくなった。この改変された世界が意識されたのは、世界が人間にとっての「環境」として認識されたからであり、環境の劣化がわたしたち人間の生存の根幹、すなわち「生命」に対する脅威として現れてきたからである。すなわち、人間の行為が自らの生存基盤を脅かすという結果を生み出しているということ、そのことをわたしたちは知ったのである。

　たとえば、オゾンホールの存在や大気中の二酸化炭素量の増大は、フロネーシスというよりも近代ソフィアの力によるものであった。近代ソフィアの力が結果としての温室効果を生み出し、また、地球温暖化の現実を認識したのも近代ソフィアであったが、この人類の直面するリスクを回避するために何をなすべきかという課題に応えるのは、近代ソフィアではなく、現代にふさわしいフロネーシスである。それは人類の重大な選択にかかわるからである。ソフィアだけをもつ者にこの選択を任せるわけにはいかないのである。温暖化回避は高度に政治的な課題となっていることからも、この選択にかかわる能力がフロネーシスであることが分かる。

　地球環境の危機と並んで、社会理工学研究科設立理念を与える機縁となったのは、1995年の1月には阪神淡路大震災であった。科学技術への信頼性を誇っていた高速道路が倒壊し、この災害からの復興に大きな役割を果たしたのは、ボランティアという人々の社会的活動であった。また、3月にはオウム真理教事件が発生し、科学研究の先端を走っていた若い科学者が狂信的

宗教に動かされて、重大な選択を行う事件が起きた。こうした出来事は、文理融合を目指すという研究科の理念の構築に大きな動機を与えた。

　当時、新大学院はいわゆる 90 年代までの教養課程を解体し、そのポストを大学院組織に当てることによって、大学改革を進めたのであった。新大学院がようやく軌道に乗りかけたころから、教養の重要性が叫ばれはじめ、やはり教養を担う組織が重要だとの認識が文部科学省に起き始め、その動きは止まらなくなった。

　社会理工学研究科の創設は、阪神淡路大震災とオウム真理教という宗教的狂信の時代であった。ほぼ 20 年後に起きたのが東日本大震災の勃発とイスラミックステイトの台頭であった。しかし、この現代の危機に立ち向かうべき時代に、ソフィアとフロネーシスのコラボレーションの理念を掲げた大学院の終幕が訪れはじめていたことは皮肉である。文理融合の夢を掲げた大学院は、2016 年にその幕を下ろした。この終幕はどういう意味をもつのだろうか。ソフィアとフロネーシスが協働することという、大学院のもっていた理念もまた終焉を迎えたのであろうか。

2　コモンズの悲劇と資源の呪い

(1) エネルギー革命とコモンズの悲劇

　近代巨大科学技術は、近代ソフィアの力をもって世界を改変していった。近代ソフィアとは世界そのものを、すなわち人間の生存基盤そのものを変え、結果として危機をもたらすことになった強大なソフィアということである。フランシス・ベーコンの「力としての知」である。20 世紀に生まれたわたしは、力としての知の働きが劇的に展開するのを目の当たりにした。

　わたしが生まれた 1951 年前後は、世界の歴史において劇的な変貌のスタートであった。故郷の関東北部での生活におけるエネルギーは、薪や炭、あるいは、練炭であった。煮炊きは練炭、風呂は薪であり、薪割りはわたし自身の日課であった。だが、やがて薪炭が石炭に変わった。風呂釜の炎の色は、赤や黄色から緑や青になった。学校の暖房は達磨ストーブであったが、やが

て石油ストーブに変わっていった。まもなく、エネルギーとしては電気が圧倒し、生活のすべてが電化されていった。

　薪や炭の消費は、エネルギーの放出の場であり、わたしたちは、それを目の当たりにしながら、エネルギーを用いる。わたしたちは、薪炭を燃やすことで、熱が放出されているのを目撃することができる。石油も同じである。しかし、電気はその起源が隠されている。消費しているときには、その起源が水力であるのか、石炭であるのか、石油であるのか、それとも原子力であるのかを見ることができない。エネルギーの産出と消費とを分離したのが電気エネルギーの産出技術であった。

　エネルギー革命の本質は、たんに薪炭から石炭、石油、電気への変化というだけではない。薪炭という再生可能エネルギーから石炭、石油という化石燃料への転換である。この転換は、地球が長い営みのなかで地中化した炭素がエネルギー革命をもたらす近代ソフィアによって大気中に放出されることになったということである。この放出という事態が結果として生み出しているのが地球の大気変動である。ただ、近代ソフィアは、地球温暖化を目的としてエネルギーの転換を選択したわけではなかった。温暖化は、近代ソフィアにとって意図せざる結果であった。

　ウランという鉱物燃料への転換も近代ソフィアによる大きな出来事であった。それは近代ソフィアによる偉大な達成であるかのように見えた。しかし、このソフィアは、プレートテクトニクスというもう一つの近代ソフィアに先立って、プレートに近接する海岸に原子力発電所を立地した。プレートの境界面に蓄積された巨大エネルギーが解放されることによって生じた地震と津波は、近代ソフィアの成果である原子力発電所を破壊し、広大な国土を放射能によって汚染した。そればかりか、大量の放射性物質は大気と海洋にも拡散した。これもまた近代ソフィアの選択とは異なる、意図せざる結果であった。それだけでなく、ひとたび事故が起きれば、原発の廃炉作業に用いられるエネルギーは、ウラン燃料による電気ではなく、すべて化石燃料による膨大な電気である。これもまた原子力にかかわる近代ソフィアが想定していない、あるいは、想定できなかった結果であった。

じっさい原子力近代ソフィアの人々は、このような事態を想定外と語った。近代ソフィアには、想定外が存在するということを近代ソフィアがみずから認めたということが重要な点である。近代巨大ソフィアは、たしかに巨大な力であるが、その行為選択の帰趨のすべてを視野に入れることはできなかった。それを認識したのは、意図せざる結果が人類の存続の重大な危機であるという事態を目の当たりにしてからである。

　帰趨のすべてを視野に入れることができないから、それを想定外とすることによって、想定外の現象を「そなえ」の視野の外に置いてしまった。想定外の事態に対するそなえを近代ソフィアは、もっていないということを告白したのであった。

　では、こうしたそなえができる知的能力を人類はもっていないのだろうか。そのようなものがあるとすれば、それはソフィアではなく、進化したフロネーシスであろう。そのようなフロネーシスのすがたをわたしたちはまだ知らない[8]。

(2) 善の危機

　わたしたちは、地球の内部に埋め込まれたエネルギー資源の利用によって、もう一つの資源、大気というわたしたちの生存にとってかけがえのない資源に大きな負荷を与え続けている。

　地球に蓄積された石炭やウランという固体資源、石油という液体資源が人類の利用によって気体化されることによって、生物の生存基盤に大きなリスクをもたらしている。この事態をわたしは「基底善の危機」と呼んだ[9]。近代ソフィアは、人類共通の、すなわち、コモンズとしての基底善である空気と水の汚染をもたらしている。ギャレット・ハーディンのことばを使えば、コモンズの悲劇である。空気や水が地球という星をめぐる物質であることを考えると、これはグローバル・コモンズの悲劇である。

　コモンズの悲劇とは、共有資源をめぐる合理的な獲得取得競争が結果として資源の枯渇や汚染をもたらすという考え方である。この「結果として」というところが重要であって、これは人類の選択が目標としたものではないと

いうことを意味している。目標をめざして最適な選択を行うのがフロネーシスであるから、もしこれがフロネーシスによる結果であるとすれば、フロネーシスは意図せざる重要な事態を見落としていたということになる。そうでないとすれば、これはフロネーシスではなく、先にも述べたように、強大な力をもった近代ソフィアによる「意図せざる結果」であったというべきであろう。資源の枯渇や汚染は、人類存続の基底を損なう事態であるから、人間はソフィアによる資源の獲得と利活用によって自らの存続基盤としての基底善を切り崩している。「知は力」であるが、強大な力をもったときに、知をもった人間自身に対して与える効果がどのようなものであるかまで、この近代ソフィアは知らなかったのである。

　こうして近代ソフィアによる危機は、基底善としての水と空気、大地の危機として顕在化している。古代ギリシア人がストイケイアと呼んだ宇宙の四元素は、火と水と空気と土であったが、火をエネルギーと考えるならば、この四元素の調和こそが宇宙存続の基盤であり、また人間にとっての根底的な善であろう。こうしてわたしたちは、古代ギリシア人たちがその思索によって到達した時点に再び立つことになる。

(3) 資源の呪い

　「やがて火がやってきて、世界を焼き尽くすであろう」というヘラクレイトスの箴言的なことばをわたしたちは、背筋を寒くして再読することになるのだろうか。

　資源の枯渇と汚染というコモンズの悲劇とならんで、資源をめぐっては、もう一つ大きな課題がある。化石燃料・鉱物燃料（ウラン）から脱却のために再生可能エネルギーへの転換が図られ、日本の各地に風力発電の風車が建設されている。また、バイオマス発電や地熱発電の実現へさまざまなプロジェクトが動きだしている。

　しかし、これらの再生可能エネルギーについても資源への圧力を生み出すという逆説的事態が生じている。たとえば、風力発電でいえば、風という空気の流れがエネルギーの起源であるが、空気の流れる場所での巨大風車の建

設の適地といえば、海岸や丘陵の尾根筋である。こうした空間は良好な景観のことが多く、観光地の景観資源を損なうという問題が生じる。

さらに、こうした地域は、入会管理によって維持されてきた山林であることも多く、伝統的なローカル・コモンズ管理と近代ソフィアによる発電技術およびこの技術と結びついた大規模資本との軋轢が生じる。入会地は地域が共同で管理し、その資源を共有、利用してきた伝統的な空間であって、ここに発電技術と企業経営の論理が突然介入してくると、そこに眠っていた資源をめぐって種々の対立が起きるのである[10]。

巨大地熱発電プラントの建設がこうした入会空間に計画されるとき、事業者は入会管理の論理、すなわち、コモンズ的なシステムについて十分な理解をもっていないことも多い。入会管理は、多数決による意思決定はとらず、全員一致の鉄則を守るところがほとんどである[11]。事業者は、そこに近代の民主主義の多数決原理をもちこみ、地域に異なった意見がある場合には、多数派工作を行って、地域を分断してしまう。こうなると、地域は、引き裂かれてしまい、地域の崩壊をも引き起こす。地域は発展から取り残される。

かりに地域が資源利用に同意し、エネルギー産出施設の建設に承認したとしても、そのほとんどの利益は事業者のものになってしまう。事業者からの税収は地域の自治体にもたらされるが、犠牲になった地域だけをこの税収で潤すことはできない。ダム建設による水力発電においても、原発においても、同様の問題を引き起こしてきた。地域にエネルギー資源が存在していたため、かえってその地域は発展からとりのこされてしまうという事態が起きたのである。

こうした事態は、いわば一種の「資源の呪い」であるが、リチャード・アウティがこの概念を提示したとき、当初考えられていたのは、枯渇する可能性のある石油や石炭資源をもつ途上国の直面するパラドクスであった。そのパラドクスとは、豊かな資源をもつ国であればあるほど、経済発展から取り残されるという事態である。

しかし、「資源の呪い」は、決して化石資源だけではなく、再生可能エネルギーでも同じだということには、よく注意する必要がある。薪炭や水車に

よる水力利用が地域社会の厳格なルールのもとで利用してきたのとは異なり、近代ソフィアによる技術と資本による経営が介入すると、地域は地域の資源をみずからマネジメントすることができなくなり、事業主体からの補償金や税収による地域経済の貢献を期待するようになる。こうして地域は地域外の力への依存体質を深めてゆく。

かりに再生可能エネルギーの利益が地域に落ちるとしても、その配分をめぐって生じる対立・紛争のリスクに地域はつねに対応しなければならない。さらに、その利益だけで潤うことができるようになると、地域はそれに依存したまま発展への努力を怠るようになる。

地球環境問題は、グローバル・コモンズの問題だけでなく、ローカル・コモンズの問題とも深くつながっている。それは地域の衰退とも連動する問題である。原発が経済的な発展を望めない中小自治体の、かつ人口が疎で水の得られる美しい海岸部に建設されたことは、そのような地域の問題と直結しているのである。

ローカル・コモンズの問題は、わたしたち人間が一緒に生きていかなければならない空間としての地球というコモンズの問題でもある。すなわち、グローブ・コモンズの問題としてもとらえなければならないというのがわたしの考えである[12]。

「コモンズの悲劇」を回避するためにはどうしたらよいのだろうか。「資源の呪い」を解くにはどうすればよいのか。わたしたちは、このような問題の解決のための思慮深さを求めなければならない。わたしが、価値システム専攻価値構造研究室のテーマを環境と生命に置いたのは、以上のような考察からであった。環境と生命こそ、現代にいきるわたしたちのもつべきソフィアとフロネーシスの関係を捉えるもっとも重要な課題であると考えたからである[13]。

3　現場性・当事者性と合意形成マネジメント技術

(1)　フロネーシスと状況認識

　ソフィアとフロネーシスの伝統は、西洋哲学の伝統においては、カントの純粋理性と実践理性に引き継がれた。カントも自然科学的認識の妥当性を根拠づける純粋理性と、倫理的行為の主体としての実践理性を区別した。だだし、カントは、実践理性にも普遍性をもとめた。それは、純粋理性のような客観的な普遍妥当性ではなかったが、道徳法則の主観的普遍妥当性という形で、普遍的理性の理想を語ったのであった。

　カントの思想をアリストテレスの考えと比較するならば、そこには、大きな違いがある。アリストテレスは、自然研究の普遍性や厳密性をそのまま実践的な場面に求めるのは、実践的な問題の本質を理解していない者であるとした。アリストテレスにとって倫理的分野の妥当性は、「ほとんどの人がそう思っている」か、「非常に優れた人物がそう考えている」といったもので、倫理的評価の妥当性を自然科学的知性によって示すことは無教養な者のすることであった。この場合の無教養とは、ソフィアとフロネーシスの区別を理解しない者というほどの意味である。

　ソフィアは現象の普遍的で厳密な論証による真理を求める。これに対し、フロネーシスは、価値概念を含む普遍命題と状況の知覚判断によって構成される。たとえば、野菜を食べるという行為は、行為者が「野菜は健康によい」という判断をもっており、かつ目の前にあるものが野菜であるという個別的な知覚判断をもつという二つの要素によって説明される。普遍的な価値判断と個別的な状況の認識の二要素にもとづく行為の説明である。行為は、行為の「いつどこで」を含む、すなわち、行為の現場を説明の要素として伴うから、行為の理解に状況の説明は不可欠である。いつ行われるのでもなく、どこで行われるのでもないような行為は存在しないからである。

　行為の選択においては、行為者は行為の選択肢を認識している必要がある。選択肢がなければひとは選択することはできない。認識されていない選択肢を選択することもできない。選択するためには、複数の選択肢が認識されて

いなければならず、よりよい選択をするためには、選択者がそれらの選択肢を選択肢として認識していなければならない。ひとりの人間の状況を選択肢との関係で論じたものとしては、中国の古典『易』があるが、この易によれば、同じような状況であっても、行為がなされる時と場所、そして行為者の置かれた地位によって選択肢が違ってくる[14]。さらにかりに複数の選択肢が存在したとしても、どの選択肢も同じように選択していいものとは限らない。ある選択肢は、ある人にとっては、行為の帰趨としてよりよい結果を生み出すが、別のひとには悪い結果を生み出す。ひとつの選択肢がいい結果を生み出すか、悪い結果を生み出すかは、選択時にすでに明らかであるというわけではない。むしろ、行為にとって選択の結果がどういう帰趨をもたらすかは、行為者にとって知られていない場合が多い。どういう選択肢をとれば、どういう帰趨がもたらされるかということについての洞察がなければ、よい選択をすることはできない。だからこそ、事態への洞察力が必要となる。この洞察力は、フロネーシスに属するであろう。

以上のような選択についての考察は、わたしたちが日常行っていることの精緻化とも考えられる。犯罪のうわさのある夜道を歩くという選択をすれば、みずからを危険にさらすことは明らかであろう。実際に危険に遭遇するかどうかは、選択して見なければわからないのだが、思慮深いひとはそのような危険に身をさらすことはないからである。

夜道の歩行は簡単な例であるが、わたしたちははるかに複雑な選択に迫られている。わたしが現実に従事した問題でいえば、ダムの建設の是非にかかわる選択、大規模河川改修にかかわる選択などである。これらは、行政とともに実際にステークホルダーとの話し合いの現場で体験した選択であり、その選択をステークホルダーそれぞれがどのように理解し、どうすれば最善であるかを討議したケースである[15]。

先に近代ソフィアの安全神話について言及したが、日本で原子力発電が推進されはじめた当時は、プレートテクトニクス理論は存在していなかった。しかも、この理論の受容は日本では相当に遅れたという。プレートテクトニクス理論による地震と津波のリスクが近代ソフィアの理論として、賢い選択

のなかに組み込まれていたならば、状況は異なったものとなっていたかもしれない。プレートテクトニクス理論が近代ソフィアの成果のひとつであるならば、二つの近代ソフィアの協働という事態こそエネルギー政策の選択肢のなかに組み込むべきものであろう[16]。

重要なことは近代ソフィアとしての科学技術の重要な性格に歴史的な産物であるという点が本質的に含まれることである。原子力科学という近代ソフィアもプレートテクトニクス理論という近代ソフィアも人類の知的営みのなかで生み出されてきたものである。科学技術が革命的なパラダイム転換のなかで進化したものであれ、そうでなく着実な進歩のもとで獲得されたものであれ、その歴史性の刻印は取り払うことができない。時間制、歴史性の刻印を取り払ったように見えても、それは、「現在において」という時間性のもとにある。そのような歴史的ソフィアの制約のもとで、選択肢を選択しなければならないことが人間の宿命である。アポロンの神殿に掲げてあった「汝自身を知れ」という知の命題は、「時間性の制約を逃れることのできない死すべきものよ、汝の宿命としての時間性を認識せよ」という意味であろう。どんなに普遍的で無時間的な真理のように見えても、それは人類の知的営みという歴史のもとで生み出されてきたものであるという制約を逃れることはできないのである。ということは、ソフィアが進歩すれば、現在よりも思慮深い選択の基盤を提供する知が生み出される可能性があるということである。裏返して言えば、将来の知から見て不十分な知的基盤のもとでわたしたちは選択をしているということを自覚することこそが重要なのである。

(2) 感性の哲学と「空間の履歴」

わたしが東京工業大学大学院・社会理工学研究科・価値システム専攻の価値構造講座・価値構造分野を担当したのは、わたしの哲学研究がその基盤であった。わたしは、高度経済成長期の20世紀後半、豊かであった日本の自然が人間の行為によって崩壊してゆく現実に直面し、自然に対する人間の認識と行為の意味を探究するために、西洋哲学、中国哲学、日本哲学の研究を行った。

西洋的な人間観・自然観と中国、日本の人間観・自然観の対比を通して、人間と環境世界の理論的、実践的関係を捉える概念として見出した「身体の配置」と「空間の履歴」の概念は、どれも人間が自己の置かれた状況を理解するための概念である。わたしの関心は、つねに人間とその環境との関係にあった。

　身体的な存在としての自己とその環境との関係を捉える能力をわたしは「感性」ととらえた。感性とは、身体的自己と環境との関係を覚知する能力である。環境の現場に身を置き、環境がもつ課題に取り組む創造的感性こそがわたしの考えるフロネーシスの本質に属している。

　フロネーシスが具体的な状況とのかかわりのなかで動員される知的能力であるならば、ソフィアとフロネーシスの協働は、つねに具体的な状況を視野に置かなければならない。わたしが研究室での教育研究に「現場性」と「当事者性」を根幹においたのは、これが理由である。

　実践的な研究の一例は、佐渡島でのプロジェクトである。これは環境省地球環境研究総合推進費による「トキの野生復帰のための持続可能な自然再生計画の立案とその社会的手続き」研究プロジェクト（リーダー：九州大学島谷幸宏教授）において、「トキの生息環境を支える地域社会での社会的合意形成の設計」として、佐渡の地域社会に入り、地域づくりワークショップ（佐渡巡りトキを語る移動談義所）の企画・運営・進行により、トキ定着のための社会環境づくりの研究と実践を行う研究実践プロジェクトであった。

　佐渡の活動は、たんにどうすればトキと共生できる地域社会をつくりだすことができるかというテーマを研究するだけでなく、そのような社会を作り出すための実践的な活動を伴っていた。

　トキの研究は、科学技術振興機構社会技術研究センター「地域に根ざす脱温暖化・環境共生社会」研究開発プログラム、「地域共同管理空間（ローカル・コモンズ）の包括的再生の技術開発とその理論化」のプロジェクトに引き継がれた。この研究開発事業では、加茂湖水系再生研究所を創設し、加茂湖再生をモデルとする脱温暖化・生物多様性保全とともに地域資源の保全・地域社会の活性化のための地域住民、行政、研究機関を結ぶ地域活動を展開した。

環境省の研究も科学技術振興機構の研究開発も、大学研究機関、行政（環境省、新潟県、佐渡市）、企業（業業協同組合も含む）、学校、地域社会との緊密な連携を実現したプロジェクトであった。この過程で、トキのプロジェクトでは、佐渡全島を視野において、やや否定的であった佐渡島のトキに対する意見（「トキは田んぼをあらす」など）の方向を「トキは自然環境だけでなく、地域振興にも大きな貢献をする」という考えの方向に転換していった。また、閉鎖してしまった小学校を地域振興の拠点として整備することにも成功した。加茂湖の再生では、きびしい対立関係にあった漁業協同組合と行政との対立を克服し、加茂湖の管理についての合意形成に成功した。

　ふたつの研究開発は、現場性、当事者性という点でも研究室の活動でもぬきんでた成果であった。また、わたしたちは、地域活性化拠点の形成、地域主体の研究活動機関の設立、加茂湖の葦原の再生事業などを展開し、研究成果を佐渡の地域社会に実装した。

　また、沖縄県国頭村の「国頭村森林ゾーニング計画」は、貴重な亜熱帯林であるやんばるの森の価値を維持しながら、どう地域が維持管理の主体となるべきかという課題を追求した実践であり、また研究であった。

　これらの研究実践では、研究開発（R＆D）が目的であり、技術開発の目標として、社会実現、社会実装が求められた。学問のための学問ではなく、社会のなかで生きた学問、社会を動かすことのできる学問である[17]。このような学問の追究は、理論化と実践とを同時並行で進めるソフィアとフロネーシスの統合的な社会実験でもあった。とくに科学技術振興機構・社会技術研究センターの研究開発プロジェクトでは、理論的に精緻化した方法論を用いての社会実装が求められた。そこで、わたしは、社会的合意形成の方法として『社会的合意形成のプロジェクト・マネジメント』およびその実践の経緯も含む『わがまち再生プロジェクト』を出版し、また、その社会実装装置としての一般社団法人コンセンサス・コーディネーターズを設立して、方法論の社会還元を図っている。

(3) 社会的合意形成のプロジェクトマネジメント

　ソフィアとフロネーシスにとって、対話はもっとも重要な手段であり、手続きである。東京工業大学大学院社会理工学研究科価値システムの設置にあたっては、その目玉は討議実験であり、ディスカッションプログラムと名付けられた。そのなかにいわゆるディベートの実習も含まれていた。

　たしかにソクラテス的対話の伝統は、西洋のディベートの伝統のなかに息づいている。しかし、わたしは日本の文化的伝統のなかで、正面を向いて概念をぶつけあう論争形態のトレーニングは教育上も、あるいは現実の社会生活上も効果を上げることが難しいのではないかと考えていた[18]。

　日本各地に残る入会管理システムを研究すると、多数決による決定システムではなく、全員合意による合意形成システムが重要な役割を果たしていた。入会はすでに述べたように、化石燃料導入以前には、日本の伝統社会におけるもっとも重要なエネルギー供給システムであった。入会地の管理は、地域の人々にとって食料の確保と同等の重要な死活問題であったから、多数決によるシステムでは、少数者を除外するリスクをもつことになったからである。とくに太平洋の周縁部に位置し、4枚のプレートのエネルギーが蓄積されぶつかり合う地域にあって、台風をはじめとする風水害、雪害、地震・津波、火山噴火といった自然災害に対応するためには、地域が一体となってリスクに対応しなければならない。中国や朝鮮のような血縁社会・縁故社会ではなく、強固な地縁社会を築くことこそがリスクマネジメントであったからである。こうした地縁社会のリスクマネジメントでは、地域が分断されることこそがもっとも大きな社会リスクとなる。すくなくとも利害が一致する地域は一体となり、利害を異にする地域との利害調整も進めなければならなかった。こうした地縁組織では、紛争解決の独自の慣習をもたなければ、地域そのものの存続が危うかったのである。

　入会や惣村といわれる共同体では、全員一致の合意形成が不可欠であった。その伝統は、琵琶湖北岸の菅浦という地域が残した菅浦文書のなかにみごとに蓄積されている。わたしが災害リスクに対応するための強固な地域を築く話し合いは、全員一致の合意形成による以外にはないと考えるのはこういっ

た理由である。

　こうした認識から、わたしはディベート方式の対話ではなく、合意形成方式の話し合いこそコモンズ危機の時代の言説技術であるとの確信を深めていった。研究室のテーマの中心に社的合意形成を位置づけたのもこういう理由である。

　社会的合意形成は、対立紛争を解決するための言説技術である。それは社会のなかに共有されるべき技術という意味で、社会技術ということもできる。技術はひとつの知であるが、この知が技術であるといわれるのは、それ自体のために追い求められる知ではなく、人々の間の対立紛争を解決するという目的に仕える知だからである。ただし、この技術は、人々の生活を便利にしたり、利益を生み出したりする技術ではない。

　アリストテレスによれば、技術はフロネーシスではない。技術は、人間のめざすべき活動を支えたり、欲求の充足に奉仕したりする存在である。人間のめざすべき目標を定め、それに至る手段を賢く選択するのがフロネーシスである。フロネーシスのめざす目標については、アリストテレスは人々の意見は一致しているという。それは「幸福」といわれる最高善である。ただし、なにが幸福かというと、人々の意見は分かれている。だからこそ、何を幸福と考えるのかを考えなければならない。これを考える能力がフロネーシスであって、ソフィアではない。

　社会的合意形成の技術は、それだけで人々の幸福を実現する技術ではない。しかし、人々は対立と紛争に陥り、ときには暴力を用い、あるいは戦争を始めることもある。こうした事態は、人類の不幸である。不幸を回避する技術が合意形成の技術であるから、わたしの考えでは、合意形成技術は、フロネーシスを構成する重要な一部である。

　対立・紛争は地域や組織の活動を阻害し、あるいは、利益を生み出すことを阻害するという点でいえば、地域や組織の抱える負債ということもできる。合意形成は、この負債を返済する知的活動であるということができるとすれば、それは富を生み出す技術であると考えることもできる。

　合意形成技術は、単に理論的な研究、知るための研究の対象ではない。社

会的合意形成の技術を知っているだけでは、その技術を行使できることとは遠く離れている。知ることは本やネットからでも可能であるが、できるようになることは本やネットによっては不可能である。合意形成技術を獲得するためには、対立や紛争の現場に立ち会わなければならない。ここで立ち会うというのは、現場に立って観察するだけではない。たしかに現場に立ち会えば、たんに「知る」だけではなく、ある程度「分かる」ことができる。しかし、対立や紛争を解決できるわけではない。社会的合意形成の技術は、その技術を用いることができる者になったときに、身につけたということができるのである。わたしが知の現場性と当事者性というのはそのことである。フロネーシスは、状況の認識を不可欠の要素とし、その多様で複雑な状況の本質の把握と問題解決のための選択肢の認識、そしてその選択肢を選択したときの帰趨の洞察、選択肢に対する意見の違いとその対立の構造の把握、対立を解決するためのコミュニケーションの力、そして選択肢の選択という決断の力、こうした要素を兼ね備えた能力である。こうした能力がそなわったときはじめて、社会的合意形成の知は、現代世界が必要とするフロネーシスとなる[19]。

4 現代フロネーシスの展望

　東京工業大学大学院社会理工学研究科価値システム専攻は、2016年まで東工大の教養教育の根幹も担ってきた。その理想は、高度教養教育ということであり、社会の課題を見据えて最適な価値判断、速やかな意思決定の能力を備えた人材の育成ということであった。

　すでに述べたように、1990年代の大学改革は、大学院重点化のなかで、既存のリベラルアーツ諸科目を解体して、名目上融合的分野や境界的分野を開拓するという看板のもとで、多くの大学院組織をつくり、学生を集めた。わたしもまた、そのような大学院組織の立ち上げに従事し、学問の方向性を模索した。こうして価値構造講座・価値構造分野に多くの人が所属し、ともに学んだ。

2002年に中央教育審議会の答申が「新しい時代における教養教育の在り方について」と題して行われ、教養教育についての提言がなされた。「教養は大切だ」ということで、以後、多くの大学が教養教育の見直しを行っている。その過程で、境界分野、融合分野に立脚した教養教育体制は解体され、新たなリベラルアーツの教育体制に移行しつつある。この移行は、90年度の文理融合型教育ではなく、旧来型文系中心の教養教育への転換である。

　境界分野や融合分野の魅力に引きつけられて大学院に入学し、学位を取得した人たちは、こうした状況の変化に対し、適合することの困難さを感じている。というのは、研究教育機関に就職しようとすると、旧来型の教養教育科目の担当可能性をたずねられるからである。境界型融合型の研究で学位を取得した若者たちにとって、こうした研究領域のポストは削減されつつある。ポストが得られても業績主義の評価のなか、任期付きポストへの就職に甘んじざるをえない状況である。

　業績評価も、文部科学省の科学研究費の審査においては、その主流は、旧来型ソフィアの堅固な壁に守られている。境界領域、融合領域は、あくまで周辺領域である。

　旧来型に構造化された知の枠組みで、現代の問題に対する果敢な挑戦が可能なのだろうか。近代ソフィアのもたらした人類の危機に対応する次代フロネーシスの構築は可能なのか。

　本書は、危機的な状況での新たな知の融合を試みた努力の成果である。本書の著者たちは、それぞれの現場での体験をもち、研究室での討議を通して、その体験を理論化している[20]。これらは、理論のための理論ではない。わたしたちの抱える困難な問題に対して、その選択を展望する新たなフロネーシスの構想である[21]。

注
1　法制史学者の石井紫郎は、文理融合は核融合よりも難しいと語ったことがある。
2　プラトン『国家』(岩波文庫、1979年)
3　桑子敏雄訳・アリストテレス『心とは何か』(講談社学術文庫、1999年)
4　アリストテレスの知的能力についての分析は、アリストテレス『ニコマコス

倫理学』（光文社古典新訳文庫、2015 年、2016 年）を見よ。また論証能力については、『分析論後書』（岩波書店アリストテレス全集第 2 巻、2014 年）。
5 リーダーシップについては、桑子敏雄『社会的合意形成のプロジェクトマネジメント』（コロナ社、2016 年）において若干の考察を試みた。
6 生命科学や医療の問題については、本書第 2 章を参照。
7 アリストテレスのソフィアとフロネーシスの架橋の問題については、桑子敏雄『エネルゲイア　アリストテレス哲学の創造』（東京大学出版会、1993 年）を参照。
8 「想定外」、「安全神話」については、桑子敏雄『生命と風景の哲学』（岩波書店、2012 年）を参照。
9 桑子敏雄『気相の哲学』（新曜社、1995 年）を参照。
10 ローカル・コモンズの問題とその再生については、本書第 4 章を参照。
11 入会の問題については、戒能通孝小繫事件―三代にわたる入会権紛争（岩波新書、1964 年）を参照。
12 環境問題は地勢を含む広い空間的な視野で考察すべきであるという点については、本書第 1 章を参照。
13 本書第 6 章を参照。
14 本田済『易』（朝日選書、1997 年）を参照。
15 桑子敏雄『わがまち再生プロジェクト』（KADOKAWA、2016 年）を参照。
16 泊次郎『プレートテクトニクスの受容と展開』（東京大学出版会、2008 年）
17 本書の第Ⅰ部「空間と身体の価値構造」および第Ⅱ部「コモンズ空間の保全と再生」は、こうした背景のもとで論じられている。
18 わたしが社会的合意形成に注目する契機となったのは、『環境の哲学　日本の思想を現代に活かす』（講談社学術文庫、1999 年）の出版であった。この本でわたしは、環境問題を解決するための知恵を日本文化のなかにさぐり、「空間の履歴」の概念を創出した。この概念は、そののち、社会的合意形成を進めるに当たって、対立・紛争の構造把握のための重要な概念となった。
19 医療における社会的合意形成技術教育の重要性については、本書第 9 章を参照。
20 本書の執筆者は、学位取得の過程で学術ジャーナルに 2 本の論文を掲載していることを学位論文提出の条件としている。しかし、本書で展開する内容を論じた論文が国内の学会誌で受理されることはきわめて困難であった。そこで海外の国際会議で発表し、それを海外のジャーナルに掲載するという戦略をとった。国際会議は、テーマを中心として議論する場であり、既存のディシプリンで硬直した学会組織の評価ではなかったからである。このことは、プロジェクトマネジメントの推進と同様の示唆を与える。すなわち、問題解決のプロセスは、組織ベースではなく、プロジェクトベースで行うべきだという示唆である。既存のディシプリンで武装した組織では、その組織の視野に入る問題しか見ることはできない。この視野に入らないリスクは、「想定外」ということになる。想定外を語る学問組織は、硬直したディシプリンのために、若い柔軟な知性を見

抜くことができないのである。
21 　社会理工学研究科の終焉が近づいたころ、わたしは、知の躍動の場をデザインする機会を得た。『実践政策学』という雑誌を三人の有志（石田東生、森栗茂一、藤井聡、そしてわたし）とともに創刊したことである。わたしたちは、現代の若い研究者が硬直化した学会組織のなかで、そして、そのジャーナルの査読システムのなかで、知性の自由を閉塞させていることに危機感をもった。

　この雑誌では、国づくり、国土政策、まちづくり、村おこしなど、公共にかかわるあらゆる政策やマネジメント、さらには仕組みづくりや人材育成、教育、プラニングなどの領域である。

　この雑誌が求める投稿論文の査読基準は、きわめてシンプルなものである。

　公的実践貢献性：生の躍動としての公的実践の展開に貢献しうるものであるか否か
　社会的共有知性：その論文にて一定の普遍性をもった社会的共有知化が果たされているか否か

という二点である。高く評価される論文は、その読者が刺激を受け、「生の躍動を活性化させ高度化させるもの」である。狭隘な限定領域のルールやシステムに身を合わせたような論文ではなく、そうした制約を打ち破るような自由な発想を羽ばたかせるような論文こそ、この『実践政策学』のもとめる知的活動である。

　『実践政策学』の理想とする知的な活動をこれまで述べてきたことと連動させるならば、それは近代ソフィアとフロネーシスを統合する現代フロネーシスのひとつのあり方の研究ということができるであろう。公的実践に貢献しうる論文で、これを通して読者の公的実践を促すことのできる論文である。

　「生の躍動を活性化させる知的な営み」こそ近代ソフィアの閉塞感を打破する思想である。

　アリストテレスは、ソフィアとフロネーシスの区分をもとに、その両者をともに求めることの大切さを説いた。ソフィアの追求だけでは、人間にはフロネーシスは備わらないからである。この認識は、ソフィアとフロネーシスのかかわる領域、すなわち、自然現象領域と人間の選択にかかわる領域の区別にあった。

　アリストテレスにおいては、ソフィアは学問的・科学的研究であった。実践領域の知はフロネーシスであった。この区別は、実は、かれが18歳から20年間にわたって師事したプラトンの思想に対する批判から帰結したものであった。

　はじめに述べたように、プラトンは、ソクラテスを死に追いやった価値崩壊の時代に「善のすがた・善のかたち」を認識することを求めた。この「善のすがた・かたち」を知ることこそ、人間がよく行為し、よく生きることの条件であると考えたのである。善のすがた・かたちの知をプラトンは、ソフィアと呼んだ。このソフィアを追い求めることこそ、エロスと語ったのである。

『実践政策学』のいう「生の躍動を促す」とは、人間の本質に含まれる知への欲求の表現であり、プラトンのエロスであるということもできる。こうして融合の夢は、その流れをひとつの雑誌に引き継がれている。

第Ⅰ部

空間と身体の価値構造

第 1 章　国土管理の基層
——「わざわい」と「さいわい」の風景

髙田知紀

はじめに

　日本人は、恵まれた自然環境から多様な資源を獲得し、変化に富んだ風景のなかで「さいわい」を希求しながらも、常に「わざわい」に対峙し、対処してきた。科学技術が発達した現代において、「わざわい」は「災害」として、人の力によって防ぐ対象となった。一方で、東日本大震災に象徴されるような大規模自然災害時に対しては、行政、専門家、国民を含めて、その災害リスクを完全に防ぐべきことの限界を感じている。本章では、わたしがこれまで行ってきたフィールドワークや実践活動の記録をもとに、環境の価値構造を分析するための枠組みについて論じる。環境の価値構造を、時間・空間・人間の交差領域のなかで捉え、古くから人びとが、日本の国土空間のなかで多様な自然環境がもたらす恵みとリスクにどのように向き合ってきたか、さらに風景のなかに隠れている先人たちの多様なインタレストをいかにして掘り起こし、現在のまちづくりや社会基盤整備に活かしていくかということを考察する。

1　日本の国土特性としての自然資源と災害リスク

(1)　中央構造線の風景

　2016 年の 4 月 14 日夜、マグニチュード 6.5、最大震度 7 の大地震が熊本を襲った。後にこの揺れは本震ではなく前震であることがわかり、本震はその翌々日未明の 4 月 16 日午前 1 時にマグニチュード 7.3 の規模で発生し

た。この際、熊本市内で震度6強、益城町では震度7を観測した。本震の前にマグニチュード6.5クラスの前震が発生するという特殊な形態の大地震であった。大きな前震の後の本震により、熊本のシンボルである熊本城では、重要文化財である北十八間櫓、東十八間櫓、五間櫓、不開門、長塀が全壊した。他にも、26棟の櫓や門の損壊、石垣の崩落など甚大な被害が出た。肥後一の宮である阿蘇神社では、楼門や拝殿が地震により倒壊した。熊本を象徴する文化的施設の変わり果てた姿を映す報道の映像は、震災の大きさだけでなく、その後の地域の復興プロセスの険しさを伝えていた。また、南阿蘇村を中心に、地震動が強かった地域では土砂災害が多発し、被害を大きくした。震災直後の阿蘇山の麓では、尾根筋がまるごと崩れ落ちている状態がみられた。

　熊本の地震発生後、震源が熊本市内から北東部に向けて、大分までの別府 - 島原地溝帯を移動していくという現象も起きた。さらにその先には中央構造線がつながっている。一部の地震や地質の専門家は、熊本の大震災以降の一連の地震と中央構造線の働きの連動を懸念する声を発した。

　中央構造線とは、九州地方から関東地方までを1,000km以上にわたり縦断する大断層系である。太平洋側のプレートがユーラシア大陸側のプレートの下に沈み込む時、太平洋プレート上の岩石が一部そぎ取られるような形で堆積し、付加体が形成される。中央構造線はこの付加体が、大きく横ずれしたものである。日本の周辺では、特に四国から近畿地方南部までの中央構造線に、活断層が集中している。慶長年間には、伊予、豊後、伏見と立て続けに大地震が発生した。これらの一連の大地震は、中央構造線の動きと関連しているとも言われている。

　中央構造線は、四国地方の西端の突端である佐田岬から吉野川の下を走り、さらに、淡路島の南端をかすめて、和歌山県の紀ノ川へと続いていく。わたしは2016年6月に、熊本市内から阿蘇山を経由して、大分県別府に行き、さらにフェリーで愛媛県八幡浜市へわたって、四国を横断するフィールドワークを行った。大分県別府港から出るフェリーからの景観でまず特徴的なのが、四国の西端に細長く突き出た佐田岬である。佐田岬半島は四国の西端

に約 40km にわたり細長く伸びており、中央構造線の南縁にあたる。宇和島フェリーに乗って豊予海峡を通過し、佐田岬半島の先端と大分県関崎のもっとも狭まった場所を通る際に、その半島の直線的な地形と切り立った崖の景観に、プレートと断層の運動によって形成された日本の国土のダイナミズムをみることができる。

　八幡浜市から車で伊方町の方を回ると、細長く突き出た佐田岬の根元のあたりに伊方原発がある。伊方原発は佐田岬を貫通している 197 号線の北側の海辺に位置している。伊方原発が位置する佐田岬の北岸では、切り立った岸壁にむき出しになった地層が南の上方へ一様に向かっていた。そのようすから、佐田岬の地形が形成された要因となる断層の運動をみることができる。

　伊方町から松山市内を経由して徳島まで出るルートでは、連なる四国山地と深い吉野川の景観が広がる。剣山地や石鎚山脈などからなる四国山地は、中央構造線の南側の外帯山地の一部である。1500 メートルを超える山々が東西方向に連なる景観は、四国山地を形成する地質構造が、北から三波川帯、秩父帯、四万十帯と帯状に伸びており、その間を中央構造線、御荷鉾構造線、仏像構造線が東西方向に走っているからである。さらに、三波川帯の北側は、和泉層群で形成されている。徳島県三野町の「太刀野の中央構造線露出地点」では、この和泉層群と三波川帯の破砕帯の露出をみることができる。吉野川をはじめ、四国の代表的な川の多くは、構造線に沿って流れている。四国地方においては、海洋プレートの運動に伴う多様な地殻変動の結果、河川の下方侵食が進んで深い峡谷を形成している。その結果として、吉野川の特徴的な景観が形成されているのである。

　吉野川の下を走る中央構造線は、淡路島の南側に位置する沼島と呼ばれる島につながっていく。この島は、古事記、日本書紀のなかで、イザナギとイザナミが国生みを行うために、最初につくった「オノコロ島」として知られる。以下は、古事記のなかで、天つ神がイザナギ・イザナミに国生みを命じた後の記述である。

ここに天つ神もろもろの命もちて、伊邪那岐命、伊邪那美命、二柱の神に、「この漂へる国を修め理り固め成せ」と詔りて、天の沼矛を賜ひて、言依さしたまひき。故、二柱の神、天の浮橋に立たして、その沼矛を指し下してかきたまへば、鹽こをろこをろにかき鳴して引き上げたまふ時、その矛の先より垂り落つる鹽、累なり積もりて島と成りき。これ淤能碁呂島（おのごろじま）なり。

　イザナギとイザナミはアメノヌボコを海にさしてかき混ぜ、矛を引き上げた際にその先から滴り落ちた滴が凝り固まって、オノコロ島ができた。イザナギとイザナミはオノコロ島に降り立って、天の御柱をまわり、契りをかわし、日本の島々を生んでいくのである。そのオノコロ島のモデルが、沼島だと言い伝えられている。「オノコロ」は「自ずから凝る」という意味である。沼島の港近くの山の上に「自凝神社」が建立されている。かつてはその山全体がご神体であり、信仰の対象であった。また、イザナギとイザナミがオノコロ島に降り立って最初に生んだ島は淡路島である。淡路島は国生み神話における胞衣（えな）としての役割が与えられており、いわば沼島・淡路島は、日本における国土創成譚の中心地なのである。
　興味深いのは、淡路島本島から船で10分ほどの距離にある沼島は、淡路本島との間に中央構造線が走っており、それぞれはまったく異なる地層の上にあるということである。淡路の地元住民によれば、沼島の沖側と本島側の海では、とれる魚の種類や質も大きく違うという。本島は花崗岩や和泉砂岩がみられるのに対し、沼島は結晶片岩によって構成されているため、海岸に奇岩が多くみられるのが特徴である。記紀のなかで、イザナギとイザナミが契りをかわす際にその周りをまわったとされる天の御柱は、沼島の南側海岸にある上立神岩だといわれている（**図1-1**）。沼島のまちなかには、島内で採取できる岩石を石垣や舗装などに用いていることから、他の地域にはない独特の街路景観を形成している。岩石の特徴をみるだけで、沼島がプレートや断層の活動と深くかかわっていることをみてとることができる。このように地質的性質による景観の差異を背景として、古代から沼島は聖なる地として人びとの信仰の対象となってきた。

図1-1　沼島の上立神岩

(2) 阪神淡路大震災の記憶

　淡路本島は、1995年1月に発生した阪神淡路大震災で大きな被害を受けた。淡路だけでなく、文明開化以降、港都として栄えてきた神戸は、壊滅的な被害を受けた。震災当時わたしは中学2年生で、神戸市内の実家で体験したことのない揺れと地響きのなか、それが地震であるということすら認識できずにいた。

　阪神淡路大震災は、「震度7」という基準が制定されて以来、実際に震度7を計測した初めてのケースであった。淡路島内では、野島断層が長さ約10.5kmにわたって、右横ずれ最大2.5m、南東側上り1.2mの変位を示した。また、神戸市内では、須磨断層、会下山断層などの各断層が動いた可能性がある。神戸市の発展のシンボル的存在であった神戸港やポートアイランド、六甲アイランドなどの埋め立て地では激しい液状化現象が生じた。神戸市内では、長田区、灘区、東灘区などで多くの家屋倒壊が生じ、またその後の出火も被害を拡大させた。兵庫県内での人的被害は死者数が6,402人にも

のぼった。

　震災直後、多くの神戸市民が「神戸は地震のない街だと聞いていた」と語っていた。しかし、ビルの中層階がつぶれ、高速道路が転倒し、道路が波打っている神戸の街の状況は、まぎれもない目の前の事実の光景だった。

　神戸における直下型地震の危険性は、阪神大震災の以前から専門家の間では認識されていた。1972年の「神戸市における地震対策」調査では、調査研究グループは報告書において次の4点を指摘している。すなわち、①神戸市周辺地域には活断層が複雑に走っており、これらと地震との関連が他都市の地震対策と異なる注目点となること、②活断層は、長い地質時代において地震が繰り返して発生した場所の証拠であること、③いつか大地震が起こるとして地震対策を考えなければならないこと、④将来、都市直下型の大地震が発生する可能性があり、その時には断層付近で亀裂・変位がおこり、壊滅的な被害を受けること、の4点である。このような調査結果が出ていたにもかかわらず、神戸市民は阪神淡路大震災が発生するまで、ほとんど地震を気にすることはなかった。

　神戸市街の航空写真をみてみると、たとえば新神戸駅の付近では、山と市街地を直線的に分断する形で諏訪山断層という活断層が走っていることが確認できる。航空写真では、山側からの河川や谷筋が、断層を境界に横にずれていることが読み取れる。諏訪山断層の横ずれの変位量は、1,000年で約1.1mと言われている。航空写真から見てとれる山裾の直線的な形状、および河川の流路が山裾を軸として西へオフセットしていることの意味を考えると、そこに断層の存在を見出すことができるのである（図1-2）。現在の生田川は、背後の六甲山地から新神戸駅の下を通り、直線的に海へと流れていく。しかし、旧生田川の流路は、現在のフラワーロードにあたる場所を流れていた。フラワーロードをみてみると、新神戸駅の南側で急激に西側へと屈曲している。神戸市内の河川では生田川だけではなく、宇治川や湊川についても系統的に西側へと流路がオフセットしていることを確認できる。

　淡路・沼島や四国・吉野川のような景観、あるいは神戸市内を流れる川や道路の形状が、どのような物理的作用によって形成されてきたかを考えれば、

阪神淡路大震災以前に神戸市民の多くが考えていたような「地震の来ないまち」は、日本の国土のなかではほとんど望むことができないことは明白である。物理学者であり随筆家でもあった寺田寅彦は、「天災と国防」のなかで、過去から何度も襲来する災害に対して、人間社会がいつまでも大きな被害を受けるのは、「天災がきわめてまれにしか起こらないで、ちょうど人間が前車の顛覆を忘れたころにそろそろ後車を引き出すようになる」からであると論じている（寺田、2011）。重要な課題は、いかにして市民が、いつでも起こりうる災害への意識を持ち続けるかということである。

図 1-2　諏訪山断層の横ずれを示す航空写真
（1946/11/20 アメリカ軍撮影の写真を加工）

(3) 災害リスクと自然資源

　地形を形づくるうえでの外的作用は、プレートや断層といった大局的な自然作用だけでなく、降雨や河川水による土砂の運搬、また火山活動など、様々なスケールのものがある。ここでは、河川氾濫や土砂災害、火山噴火を例に

しながら、災害イベントと人間の生産活動および自然資源との関係について考えてみよう。

　河川周辺の土地では、日本人は古くから農地を開拓し、生産活動を展開してきた。もともと、自然河川ではその脇に自然堤防が発達する。自然河川では、自然堤防を河川の水が乗り越える洪水時には、流路から横断方向に離れるとそれだけ、流速や水深が小さくなる。したがって、水によって運ばれる土砂は、自然堤防を越流した際に粗粒なものから堆積し、細粒なものは河川敷から離れた場所に堆積する。このような過程が繰り返されることで、河川敷より高い帯状の地形が形成される。これが自然堤防である。そのようにして形成された自然堤防は、発生頻度の高い小規模の出水では冠水しないため、古い集落や交通路が整備される。また、排水性が高く高燥である一方で、保水性は悪く、地下水位も深くなるため、畑や果樹園、林地として利用される場合が多く、水田化されることは少ない。言い換えれば、河川に沿った土地の畑や林などは、自然堤防である可能性が高いのである。

　河川から自然堤防と周辺の段丘や山地などの間のくぼんだ土地には後背低地が形成される。洪水時に、自然堤防を形成した物質よりもさらに細粒の物質が洪水流と共に薄く広がるのである。後背低地は一般にシルトや粘土を主とする軟弱地盤である場合が多く、地下水位が低く、保水性がよいため、古い集落などは立地せず、古くから人びとは水田をつくってきた。洪水は、人びとに被害をもたらした場合は水害となる。しかし、自然の働きとしての洪水は、人間社会に豊かな生活をもたらすための重要なイベントでもある。

図 1-3　地すべり地形につくられた棚田（神戸市・北区）

　斜面地に形成される棚田は、日本の文化的景観のひとつとして注目されている。国内で棚田百選が選ばれるなど、米の生産地としてだけでなく、景観資源としての価値が広く認識され、棚田ツーリズムなどの企画もみられるようになっている。棚田は、もともとは地すべり地形に形成されることが多い。地すべり地形において、滑動した物質の全体が定着した地形を「地すべり堆」と呼ぶ。日本においては、高度 500m 以下の地すべり堆には水田が開かれているケースが多い。地すべり堆は、一般的に泥質物質を多く含み、透水性が低いことから水持ちがよい。また、湧水や天水を利用することで水田化が可能となることから、積極的に開墾されてきた。言い方を換えれば、斜面の地すべりというハザードを利用して、人びとは棚田をつくり、米を生産してきたのである（**図 1-3**）。

　火山もやはり、恩恵と災害リスクとが表裏一体の存在である。2014 年には、長野県と岐阜県の境に位置する御嶽山の噴火により、58 名の登山者が死亡した。日本の歴史上においても、天明 3 年の浅間山の大噴火は、火砕流によ

り1,000人以上の犠牲者が出たと言われている。この時、噴火による直接的被害だけでなく、火山灰の堆積による作物被害や河床上昇による水害の多発など、様々な間接的被害をもたらした。

　日本人は火山活動の脅威にさらされてきた一方で、たとえば、多くの観光客を集める温泉も、日本の場合その大多数が火山地域に分布している。軽井沢や野尻湖周辺、御殿場のように、成層火山の南東麓に別荘地や保養施設が多いのは、火山東麓は降下火砕物の堆積によって平坦地が形成され、かつ、水が少ないため集落や農耕地として開発されず、森林面積が多くなるためである。阿蘇カルデラ周辺の火砕流台地は、採草地や牧草地として土地利用が進み、畜産業などが盛んである。21世紀に入ってからは、自然エネルギーとして、地熱を利用した発電の取り組みも各地で進むようになった。また人びとは、富士山をはじめとして、火山の独特の形そのものを観賞し、愛でてきた。

　ここで述べたように、日本の国土特性のなかで生じる多様な自然現象は、人びとに恩恵と災害リスクをもたらす。災害リスクとは、国連国際防災戦略事務局（UNISDR）によれば、「影響を受けたコミュニティや社会自身の対処能力を超えるような、人的、物的、経済的、環境的損失などを伴う、コミュニティや社会の機能を著しく阻害する事象」と定義されている。この災害リスクは、ハザード、曝露、脆弱性の3要素の掛け合わせからなる（Renaud, Sudmeier & Estrella, 2013）。ハザードは、たとえば洪水や斜面崩壊などの自然現象である。これらの自然現象が、人間のまったく関知しない場所で発生してもそれは災害とはみなされない。人間や資産がそれらのハザードにさらされ（曝露）、さらにそのハザードに対して耐えられない（脆弱性）場合に災害となる（古田、2015）。日本の国土のなかで、古来人びとは、ハザードに対する曝露と脆弱性を克服しながら、災害となりうる自然現象を時に利用し、様々な資源を獲得してきたのである。眼前の景観によく目を凝らし、その意味するところを深く考察することで、多様な自然環境と挙動のなかで人びとが苦心し努力してきた空間的再編行為の履歴をみることができる。

2 八百万の神々と災害へのインタレスト

(1) 災害リスクと神社の祭神への着目

　日本の各地に伝わる多様な伝承のなかには、古来、日本人が災害リスクを回避するための知恵が組み込まれているのではないだろうか。だとすれば、そのような知恵を現代の防災減災に活かすことはできないだろうか。このような考えに立って、わたしは2011年の東日本大震災以降に、神社の立地に着目し、その自然災害リスクのポテンシャルを検証する研究を進めてきた。その研究のきっかけとなったのは、東日本大震災の被災地における沿岸部の神社の被災状況調査である。わたしは、東京工業大学のリスクソリューション研究プロジェクトの一環で、宮城県沿岸部の神社について、祀られる祭神に着目しながら、その津波被災状況を調査した（髙田・梅津・桑子、2012）。

　この調査研究で神社の祭神に着目したのは、八百万の神々と呼ばれるように、日本の国土のなかで信仰されてきた神々の存在は、人びとの多様な関心の表れであると考えたからである。たとえば、「安産祈願に行く神社」、「学業成就の神様」といったように、現代においても人びとは、「どのようなことを願うか」ということで、参拝・祈願する神社を選んでいる。神様によって異なる力、すなわちご神徳をもっているからである。八百万の神々の多様なご神徳のなかで、「無病息災」というものがある。前節までに述べてきたように日本の国土のなかで人びとは、ともすれば災害となりうる多様な自然現象のなかで、災害に遭遇せず、あるいは病気にならずに健康でいられるように、神社に足を運び、神に祈ったのである。では、「無病息災」を祈願するための神様をどのような場所に祀ったのであろうか。それだけでなく、現存する神社のなかには、1,000年以上も昔から鎮座するものもある。様々な自然災害が発生する日本の国土のなかでそれらの神社はどのように被害を免れてきたのだろうか。

(2) 東北地方における神社の被災状況

　2011年の東日本大震災は、日本の国土に大きな被害をもたらし、しばし

ば「未曾有の大規模自然災害」として報じられることがあった。しかし、東北地方に大地震や大津波が襲来するということは、数百年、あるいは数千年の時間スケールで歴史をみた場合、すでにその空間のなかに刻まれた災害の履歴が示していた。たとえば、歴史上の記録では、869年、1611年、1679年、1835年、1894年などにも大津波が襲来したことが示されている。また、吉村昭の著した『三陸海岸大津波』は、東北地方に過去から繰り返し襲来していた津波の恐ろしさを克明に伝えている。この吉村の著作では、明治29年、昭和8年に三陸地方を襲った大津波の状況について描写している（吉村、2004）。

　日本の風土性のなかで人びとが信仰してきた神社空間は、長い時間スパンで襲来する大規模自然災害のリスクを回避するうえで重要な情報を提供する。東日本大震災の被災地において、古くからその地に鎮座している神社の多くが津波の被害を免れていた。2011年から2012年にかけて行った宮城県沿岸部の215の神社を対象とした津波被害調査の結果、津波の被害を免れたのは139社、一部のみ浸水した神社が23社と、その8割近くが無事であったことを明らかにした。さらにこの調査の注目すべき成果は、それぞれの神社に祀られている祭神によって、津波被害の重度が著しくなったということである。具体的に述べれば、宮城県沿岸部に鎮座する神社のうち、スサノオノミコトを祀る神社、熊野系神社、八幡系神社は、そのほとんどが津波被害を免れていた。一方で、アマテラスを祀る神社、稲荷系神社は、その半数以上が被災していた。

　なぜこのような結果となったのだろうか。その背景は、まずスサノオがリスク時に神徳を発揮する神だということが考えられる。スサノオは日本神話のなかで出雲の国でヤマタノオロチを退治した神として知られる。ヤマタノオロチは、出雲の国を流れる斐伊川を表しているといわれる。つまり、ヤマタノオロチを退治したという伝説は、たびたび氾濫し、人びとを苦しめる原因となった斐伊川の水害を治めたということを意味する。また、スサノオは大陸から渡ってきた牛頭天王という神と同一視される。牛頭天王はいわば疫病の神である。スサノオと牛頭天王が同一視されるということは、すなわち、

水害とその後に流行する伝染病の両方のリスクを回避したいという古くからの日本人の関心が反映されている。したがって、スサノオや牛頭天王を祀る場所は、当然、リスク発生時にも安全である必要がある。

また、八幡神は源氏の氏神として知られている。武神としての性格をもっており、東北地方では、源氏が戦争に赴いた際に、陣を張った場所に、その後八幡神を勧請して神社を建立したという話が伝わっている。戦争の際に陣を張る場所というのは、交通の要所である場合が多い。また、小高い丘陵上から周辺の状況を見渡すことができ、かつ水資源などの確保が容易な場所である。そのような場所は津波や水害の災害発生時にも安全である可能性が高い。

以上の東北の被災地における調査から立てることのできる仮説が、「ある土地において信仰上の重要な役割をもつ神社は、自然災害発生時においても安全性を担保しうる立地特性を有している」というものである。神社の立地は、長い歴史のなかでその神社の建設と維持にかかわった人びとの関心・懸念の結果であると考えられる。科学技術が発展する以前の日本社会においては、人の力をはるかに超えた脅威ともいうべき自然災害をおさめるために人びとは祈り続けた。神社空間は、日本の国土のなかを自然災害と対峙しながら生きた人びとの祈りと努力の表れとも捉えることができる。

(3) 和歌山県における神社の自然災害リスク

東北における神社の被災状況調査から、「神社の空間的配置は、災害の履歴と人びとの関心懸念の統合を示す」という仮説を立てることができる。また、津波だけでなく、他の自然災害についても、神社の立地特性との間に関係性をみることができるだろうか。そこで、和歌山県をひとつのモデルとして、神社の立地と、津波、河川氾濫、土砂災害のそれぞれのリスクポテンシャルについて検討してみよう。

和歌山県は熊野信仰をはじめとして、日本における信仰上の重要な地域である。熊野信仰だけでなく、古事記、日本書紀などには和歌山を舞台とした描写が多くみられる。地理的特性については、土砂災害、津波被害、河川氾

濫など多様な自然災害が発生するリスクが高い地域である。2011年の台風12号襲来時には、和歌山県の各地において大規模な土砂崩れや河川氾濫による被害が発生した。また、今後起こりうる南海トラフ巨大地震発生時の津波被害、紀ノ川をはじめとする河川氾濫など、様々な自然災害のリスクが高い地域である。

　まず、南海トラフ巨大地震の津波予測浸水深シミュレーションデータを用いて、神社の津波リスクポテンシャルを検討してみよう。津波の想定浸水域内に位置している神社は、和歌山県下398社のうちで38社であった。すなわち、全神社のおよそ10%にあたる。たとえば、**図1-4**は日高町・御坊市付近における津波浸水想定域と神社の配置の関係である。このエリアでは、「79-小竹八幡神社」と「167-御霊神社」が浸水域内に位置している。その他の神社は、浸水域の境界付近に多く立地していることがわかる。また、「186-松原王子神社」は、浸水域内に位置しながらも島状に被害を免れている。

　河川氾濫リスクについてはどうだろうか。今回対象とした和歌山県下の398社の神社のうち、河川氾濫で被害の出る可能性のある神社は37社であり、津波と同様に、全神社に対しておよそ10%という結果になっている。多くの神社は、河川の氾濫の危険性を回避した立地特性を有していることがわかる。河川氾濫による浸水の被害がもっともあると想定されるのが和歌山市の紀ノ川付近である。**図1-5**は河口付近の浸水域と神社の配置である。最も浸水深が高くなるエリアには神社は位置していない。

　土砂災害リスクについては、和歌山県の全398社のうち、土砂災害危険区域内に鎮座しているのは133社という結果になっている。全神社に対しておよそ33%が土砂災害危険区域内に位置しており、津波や河川氾濫に比べてその割合は高い結果となった。たとえば、2011年に台風12号で大規模な土砂災害が発生した新宮市付近（**図1-6**）では、土砂災害危険区域内に位置する神社がある一方で、「139：青彦神社」、「147：熊野那智大社」など、危険区域をすべてはずれている神社も多くある。

第1章　国土管理の基層　47

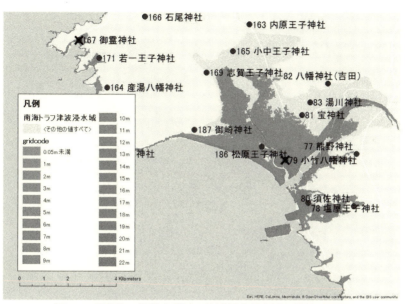

図1-4　日高町・御坊市付近の津波浸水想定域と神社の配置

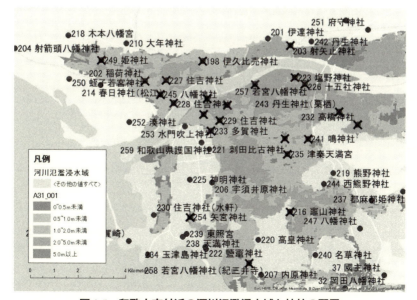

図1-5　和歌山市付近の河川氾濫浸水域と神社の配置

48　第Ⅰ部　空間と身体の価値構造

図1-6　新宮市付近の土砂災害危険区域と神社の配置

⑷　神社の由緒と信仰的意義への着目

　上述のように、和歌山県下において神社は、その多くが自然災害を回避しうるような立地特性を有している。そこで、東北の神社では、祭神によって津波被害の重度が異なっていたことをふまえて、和歌山県下のそれぞれの神社の由緒および信仰的意義に着目し、自然災害リスクについてさらに考察を行ったところ、興味深い結果がみられた。

　まず注目したのが、イソタケルノミコト（五十猛命）を祀った神社である。以下は、日本書紀に記されたイソタケルが登場する場面の記述である。

　　　　初め五十猛神、天降ります時に、多に樹種将ちて下る。然れども韓地に殖えずして、尽に持ち帰る。遂に筑紫より始めて、凡て大八州国の内に、播殖して青山に成さずといふこと莫し。所以に、五十猛命を称けて、有功の神とす。即ち紀伊国に所坐す大神是なり。

　イソタケルは、スサノオノミコトの息子である。日本書紀のある書では、

スサノオとともに新羅に渡り、帰国した際に天上から将来した樹種を、妹神のオオヤツヒメノミコト、ツマツヒメノミコトとともに日本の全土に播き、その後、紀伊に鎮座したと記されている。この日本書紀の記述からもわかるように、イソタケルは日本の国土に多くの木の種をまき、山林をつくったことから、植林・林業の神として厚い信仰を集める神であり、古くから木材の産地であった紀伊国に深くかかわる神である。

　イソタケル、オオヤツヒメ、ツマツヒメの三神を祀るのは、和歌山市の「200：伊太祁曽神社」である（**図1-7**）。この神社は、かつては紀伊国の一之宮として、現在の日前・国懸神宮の地に鎮座していた。しかし、垂仁天皇の時代に、日前・国懸神宮の建立に際してその地を譲り、三神は山東へと遷座した。この伝承はいわば、紀伊国における国譲りの物語と考えることができる。伊太祁曽神社が日前・国懸神宮にその地を譲ったという説話からも、イソタケルが古くから紀伊国の人びとにとって重要な信仰の対象であったことがわかる。

図1-7　伊太祁曽神社境内からのながめ

イソタケル、オオヤツヒメ、ツマツヒメを祀る神社とその災害リスクを表1-1に示す。いずれの神社も津波による被害は免れる結果となった。また土砂災害に対しても、「192：立神社」のみが災害危険区域内に位置している。これらの結果から、イソタケル系神社は津波および土砂災害に対して、そのリスクを回避しうる空間特性を有していると考えることができる。特に、他の神社に比べて土砂災害に対するリスクが低いのは、前述したように、イソタケルが植林に深くかかわる神だからであり、そのような神を祀る場合には、人びとは山地での災害リスクを回避しうる場所を選定していたと考えることができる。

表1-1　イソタケル系神社の災害リスク

No	神社名	所在地	津波	河川氾濫	土砂災害
70	雷公神社	東牟婁郡串本町樫野1037番地			
192	立神社	有田市野700番地		×	×
200	伊太祁曽神社	和歌山市伊太祈曽558番地			
201	伊達神社	和歌山市園部1580番地			
211	大屋都姫神社	和歌山市宇田森59番地		×	
231	髙積神社	和歌山市禰宜1557番地			
236	都麻津姫神社	和歌山市吉礼911番地			
237	都麻都姫神社	和歌山市平尾字若林957番地			

　和歌山県で信仰上の重要な意味をもつのは熊野信仰である。熊野信仰は、熊野速玉大社、熊野本宮大社、熊野那智大社の熊野三山を総本社としており、この三山を参詣する熊野詣が、古くから貴族や民衆のなかで行われてきた。熊野三山に祀られる神は「熊野権現」と呼ばれる。熊野権現を祀る神社は、和歌山に限らず全国に多くある。「三山」と称するように、熊野系神社は山地や丘陵地、あるいは海岸や河川沿いの段丘上に鎮座していることが多い。
　表1-2の熊野系神社の結果をみてみると、「146：熊野三所大神社」を除いて、すべてが津波および河川氾濫の被害を免れる結果となっている。一方で土砂災害については、全14社のうち、6社が危険区域に位置する結果となった。熊野神社は、「三山」の信仰という背景から、神社を建立する際には高

地を選定したと想定できる。そのため、津波や河川氾濫といった低地に襲来する水害リスクに対しては強い一方で、土砂災害についてはリスク回避性が低くなると考えられる。

表1-2　熊野系神社の災害リスク

No	神社名	所在地	津波	河川氾濫	土砂災害
18	熊野神社	日高郡印南町大字美里1553番地			×
91	阿須賀神社	和歌山県新宮市阿須賀1-2-25			×
95	熊野速玉大社	和歌山県新宮市新宮1番地			
120	熊野神社(高原)	田辺市中辺路町高原1120番地			×
121	熊野本宮大社	田辺市本宮町本宮1110番地			
146	熊野三所大神社	東牟婁郡那智勝浦町大字浜ノ宮350	×		×
147	熊野那智大社	東牟婁郡那智勝浦町那智山1番地			
176	熊野三所神社	西牟婁郡白浜町744番地			
177	熊野十二神社	西牟婁郡白浜町鹿野1248番地			
178	熊野神社	西牟婁郡白浜町才野1757番地			
219	熊野神社	和歌山市寺内464番地			
244	西熊野神社	和歌山市西478番地			
314	熊野神社	紀の川市中津川315番地			×
334	熊野神社	海草郡紀美野町田22番地			×

　和歌山において熊野信仰と密接なかかわりがあるのが王子系の神社である。熊野九十九王子と呼ばれたように、かつて人びとが熊野詣を行う際に、その参詣ルート上に多くの小祠が存在した。それが王子社である。また、王子社に祀られるのは熊野権現の御子神であると考えられている。

　熊野信仰とのかかわりのなかでその重要性が論じられることの多い王子社は、熊野詣が行われるようになる以前から、山岳海辺修行者にとっての重要な場であった。山岳海辺修行者とは、山岳や谷だけでなく、海岸沿いの古道にある磯や岬、小島などを修行の場としてめぐっていた修行者を指す。その修行者たちが遥拝していたのが王子や王子社である。その基底にあるのは、海のかなたに死者の霊が往く世界があるという海洋他界観である。紀伊半島の海沿いの王子社は、本来的には死者の霊を祭祀する聖地であったと考え

事ができる。

　紀伊半島における王子系神社は、熊野信仰が盛んになる以前から、人びとの重要な信仰・祭祀の場であった。**表1-3**の王子系神社の自然災害リスクについてみてみると、全16社のうち、13社が津波、河川氾濫、土砂災害を回避する結果となった。「1：王子神社」は創建が1564年と比較的新しい神社である。また「143：王子神社（市野々）」についても、江戸時代以前は現在の鎮座地よりも100m上方に位置していたという記録が残っている。王子系神社のうち、1185年以前の創建のものは、すべて津波および河川氾濫の被害を免れる結果となっており、土砂災害についても「126：滝尻王子宮十郷神社」以外は危険区域をはずれている。

表1-3　王子系神社の災害リスク

No	神社名	所在地	津波	河川氾濫	土砂災害
1	王子神社	西牟婁郡すさみ町周参見2326番地	×		×
2	王子神社（和深川）	西牟婁郡すさみ町和深川258番地			
15	王子神社	日高郡印南町大字島田2916番地			
53	山路王子神社	海南市下津町市坪269番地			
78	塩屋王子神社	御坊市塩屋町北塩屋1146番地			
81	宝神社	御坊市湯川町大字財部865番地			
94	王子神社	新宮市王子町1丁目14-32			
126	滝尻王子宮十郷神社	田辺市中辺路町栗栖川859番地			×
143	王子神社（市野々）	東牟婁郡那智勝浦町市野々1993			×
163	内原王子神社	日高郡日高町大字萩原1670番地			
165	小中王子神社	日高郡日高町大字小中862番地			
168	沙雙神社	日高郡日高町大字志賀字名草4001			
169	志賀王子神社	日高郡日高町大字志賀字宮脇901			
171	若一王子神社	日高郡日高町大字比井992番地			
186	松原王子神社	日高郡美浜町吉原771			
297	王子神社	紀の川市東野409番地			

　このように、古代から紀伊半島において信仰上重要な場所として位置づけられていた王子系神社の立地は、様々な自然災害リスクを回避しうる結果となった。このことは、古くから人びとによって何らかの信仰的意義が見出さ

れてきた空間は、自然災害にあいにくい空間特性を有しているということを示唆する。

　これらの結果から推察できるのは、古来、人びとの信仰の場であった神社空間の立地特性には、建立に携わった人びと、あるいはその神社の維持管理を担ってきた人びとの自然災害リスクに対するインタレストが組み込まれているということである。

　神社の鎮座地の遷宮そのものが、自然災害への対応の結果である場合もある。和歌山の例でいえば、熊野本宮大社は、かつては熊野川の中州に本殿をかまえていた。しかし、明治期に発生した熊野川の大水害により社殿が倒壊した。その結果、社殿を現在の河川沿いの丘陵上に移したのである。明治期における熊野川の氾濫は、周辺の森林で樹木を過度に伐採したことが原因として挙げられている。それまで1,000年以上、熊野川の中州に鎮座して、人びとの信仰を集めてきた本宮大社が河川氾濫によって倒壊したのは、近代化のなかで森林の環境を人間が過度に改変してしまったことにも起因しているのである。

　また、古代における災害対応としての遷宮の例では、兵庫県神戸市の生田神社をあげることができる。生田神社は神功皇后元年（西暦201年）の建立当初、砂山（現在の布引山）に祀られていた。しかし、799年に発生した大洪水により山麓が崩壊し、社殿が傾いたため、生田村の刀禰七太夫という者がご神体を背負い、現在の鎮座地に祀ったという話が伝わっている。

　上述の例のように、現在の神社の立地は、災害発生後に人びとが神社を安全な場所に遷した結果であるケースも考えられる。したがって、神社の由緒をふまえながら防災・減災計画を検討していくうえでは、神社の立地場所の遷移やその理由・背景について考察することも重要である。

3　妖怪・怪異伝承が災害リスクマネジメントにおいて意味するもの

(1)　災害履歴の伝達装置としての妖怪・怪異伝承

　スサノオのヤマタノオロチ退治のように、大蛇はしばしば、人びとに災い

をもたらす象徴として捉えられていた。2014年に広島県安佐南地区で大規模な土石流災害が発生した。複数の土石流が住宅地に押し寄せ、多くの犠牲者を出したこの災害は、21世紀に入ってから最も大きな斜面災害である。

　被害のあった安佐南地区に、光廣神社という小さな神社が鎮座している。この神社は、山から少し突き出した尾根状の地形の上に鎮座しており、土石流にのまれることはなかった。光廣神社の本殿内部に入ってみると、そこには戦国武将・香川勝雄が大蛇を退治する絵が飾られていた。土砂災害が発生した阿武山にはかつて、その中腹に大蛇が住んでおり、たびたび暴れて地域の人びとを困らせていたという伝説が残っている。そこで、香川勝雄が志願し、義元の太刀で大蛇を退治したという。かつて光廣神社には、香川勝雄が大蛇退治に使用した刀が奉納されていたというが、現在は失われている。この伝承についても、阿武山では常に人びとが土石流、あるいは山側からの水害に悩まされていたことがうかがえる。

　日本では昔から、土砂崩れのことを「蛇抜け（ジャヌケ）」、「蛇崩え（ジャグエ）」と呼ぶ地域が存在していた（野本、2013）。それは、土石流が出た後には、大きな蛇が這ったような跡が山に残るからだと言われている。あるいは、数十年に一度、地中に住む大蛇や龍が、天に帰っていく際に、大規模な土砂崩れが発生するという伝説が残る地域もある。大蛇が地中から抜け出ないように、人びとは大きな木杭を山の斜面に打ち込むこともあったという。これを現代の土木工学的に解釈するならば、木杭による斜面保護工と捉えることもできる。また、斜面災害は、斜面の土質の状態と、降雨条件によって誘発される。大蛇や龍が天に昇って帰っていくという表現は、山の斜面に集中的に雨が降っている様子を表現していると考えることもできる。

　土砂災害における大蛇伝説に限らず、日本各地で人びとは自然災害に関連する事象を様々な怪異譚や妖怪伝承として語り継いできた。『日本怪異妖怪大辞典』には、自然災害に関わる妖怪伝承が多く収録されている（小松、2013）。たとえば、水難・水害に関連する伝承としては、河童によるものが多い。代表的なエピソードとしては、人間を水の中に引きずり込み、溺れさせて殺すというものである。さらに河童に引きずり込まれた場合は、肛門から尻子

玉を抜かれてしまうという。河童の呼称は全国で様々なであり、熊本県ではガワッパと呼ぶ。熊本県芦北郡田浦町の樋ノ口神社にはガワッパが祀られており、子どもが水難に会わないように地域の人びとは参詣する。また地域では、境内の小石を身に付けて泳げば溺れることはないと言い伝えられている。

　鉄砲水や洪水といった水害に関連する妖怪伝承のひとつとしては、岐阜県のやろか水をあげることができる。木曽川で雨が続いていた時、上流から「やろかやろか」と呼ぶ声がした。ある村民がこれに応えて「いこさばいこせ」と言った途端、川の水が増加し、大洪水になったという。やろか水に似た伝承として、香川県のカワジョロという妖怪がある。カワジョロは、「子が流れたのーオーイオイオイ」と泣くと言い、この泣き声が聞こえると川に大水が出るという。洪水前の川の様子や状況を妖怪現象として伝えている例である。

　福島県には、洪水時に白髭の老人が川を下ってくるという伝承がある。明治の大洪水時に、川上から巨大なボコテイに乗った白髭の老人が手に鉄の斧を持って降りてきて、洪水に耐えて唯一残っていた橋を打ち壊していったという。この伝承には、洪水時の水流の強さが表現されている。

　また三重県では、一目連という妖怪の存在が伝わっている。洪水時、一目連が神馬に乗って水中を駆け回り洪水を止めたという。この伝承には、地域社会に壊滅的な被害を与える大水害時に、その終焉と復興という希望を与える内容が含まれている。

　以上のように、災害リスクに関する妖怪伝承には、災害の予兆、発災時の状況の伝達、リスク回避のための行為規範などの要素が内包されている。重要なのは、災害リスクに関する情報が、妖怪伝承という形で地域の共有知として多世代にわたって継承されているということである。すなわち妖怪は、災害への危機意識をコミュニティで継承し、人びとが地域環境のリスク特性を認識するための防災教育において重要な意味をもつと考えられるのである。

　小松和彦は、「妖怪」という概念は様々な文脈で用いられ、その定義は一様ではないと述べている（小松、2011）。現代社会における妖怪のイメージとしては、漫画家の水木しげるによって描かれた多くのキャラクターを想定す

る人が多いだろう。小松は、妖怪について考える場合、妖怪文化の領域を、①出来事・現象としての妖怪、②存在としての妖怪、③造形化された妖怪、の3つに区別する必要があると述べている。①の場合、たとえば、夜の暗い道を歩いていると、急に前後がわからなくなり、前に進めないような感覚になる。このような現象は、人びとにとって不思議で気味の悪いものであり、それはひとつの妖怪現象として捉えられる。②の「存在としての妖怪」とは、①の場合のように、夜道で前に進めなくなるという現象を、「ぬりかべ」という妖怪存在のしわざとして解釈することである。そこで人びとは、ぬりかべという妖怪存在に行く手を阻まれないようにするために、木の枝で足元を払うという解決策を講じるようになる。最後に③の「造形化された妖怪」とは、たとえば水木しげるの漫画に描かれたように、土塀に手足が生えて目のついた「ぬりかべ」というキャラクターのことである。香川は、妖怪が多様化したのは江戸時代における人びとの合理的思考の定着が契機だと論じている（香川、2013）。人びとが妖怪現象を真に不吉なものとして捉えていた時代は、その恐れの対象をキャラクターとして描くことはなかった。しかし、江戸時代に入り、人びとが妖怪の存在を信じないようになったことで、鳥山石燕などの絵師によってある種の娯楽としての妖怪文化が広まり、そこで多様な妖怪キャラクターが生み出されたのである。

　重要なのは、妖怪が実際に存在するか否かという問いではなく、人びとが様々なリスク現象に対して、その説明装置としての妖怪を語り、受け継いできたという事実である。日本の風土性のなかで生じるリスクを表象する妖怪は、人びとに対してリスク発生時の状況を知らせ、その対処方法についての教訓を含み、また地域のなかで災害の履歴を継承していくためのシンボルとして評価することができる。

(2) **妖怪・怪異伝承の環境教育的側面**

　実際に、現代の地域のなかでリスクを回避するための装置として妖怪が語られていた例を紹介しよう。新潟県佐渡島の加茂湖という湖の主として伝わる「一目入道（いちもくにゅうどう）」と呼ばれる妖怪である。この妖怪は、

水木しげるの『妖怪大全』にも収録されている妖怪であるが、その存在は地元住民にほとんど知られていなかった。「一目入道」は、佐渡の伝承に関するいくつかの文献を参考に要約すると、おおむね次のような内容である。

　ある日、一目入道が陸に上がると、木につながれた馬を発見した。いたずら心からその馬にまたがり遊んでいると、運悪く馬主に見つかり捕らえられてしまった。そこで一目入道は馬主に次のようなことを言ったという。「お願いですから許してください。見逃していただけるなら毎日、加茂湖の魚を差し上げることを約束します。瑠璃でできたこの鉤を湖に垂らしておいてくれたら、そこに毎日魚をひっかけておきます。ただし、鉤だけは必ず湖に返してください。それがないと私は魚をとることができなくなります」。馬主はこの申し出を受けて、一目入道を解放してあげることにした。それから毎日、約束どおり湖に垂らした瑠璃の鉤には魚がかかるようになり、馬主は大喜びであった。しかしある時、一目入道との約束をやぶって、瑠璃の鉤を返さなかった。そうすると一目入道はたちまち怒ってしまい、それから毎年正月に子分を連れて集落を襲うようになったという。

　一目入道のたたりを恐れた集落の人びとは、瑠璃の鉤を埋め込んだ観音像をつくった。またその観音像を祀ったお堂が、加茂湖の潟端集落に残っている。潟端集落では、かつて一目入道が襲ってくるといわれている正月に「目ひとつ行事」という祭事を行っていた。この行事では、集落の男性たちが一晩中観音堂にこもって、戸や壁を叩いて大きな音を出したり、大声を出したりする。襲ってくる一目入道の一味を追い払うためである。しかしこの行事は、数十年前にすでに途絶えてしまった。今では、行事内容の詳細について知る人はいない。

　一目入道の伝承内容を見る限り、この妖怪は本来、無条件に凶暴な性格ではない。むしろ、気弱で友好的な印象さえ与える。ただ、約束をやぶる人間に対しては決して容赦しない。瑠璃の鉤を返さなかった人間たちは、加茂湖の恵みを享受することができなくなった。それどころか毎年集落が襲われるという災難にあうことになってしまった。このように、一目入道の伝承は、加茂湖という環境の恵みとリスクの両方を暗喩的に含んだ内容となっている。佐渡のなかのある地域がこの伝説を長く語り継ぎ、さらにそのための祭事を

継続して行ってきたということは、常に、加茂湖の資源の価値、あるいはそれらが枯渇してしまうことへの危機感、さらには集落を襲う何らかの災害リスクを意識する契機となっていただろう。

　また、一目入道は、地域の子どもたちにとっても重要な存在であった。高齢者たちの話によれば、かつて、子どもたちが遅くまで加茂湖で泳いで遊んでいると、「一目入道に足を引っ張られるから早く上がって帰ってきなさい」と大人たちから注意を受けたという。そうすると子どもたちは慌てて湖岸に上がり帰宅した。なぜ直接的に「溺れるから危ない」と言わずに、「一目入道に足を引っ張られる」という言説を用いるのだろうか。このことについて若尾が、「河童が人を水中に引きずり込んで、尻子玉を抜いて殺す」と言われることを例に、次のように説明している。

>　子供にとって、死という言葉は、どういう意味か、具体性がなく、分りにくい。それに反して子供の一部についている尻子が、取られると云う具体的な表現は、自己の体という子供にとって分りやすく、大切な一部が、取られるという恐怖感の方が強い（若尾、2000）。

　若尾の述べるように、子どもたちにとっては、体験しえない「死」という言葉、あるいは加茂湖の例でいうならば「溺れる」ことの苦しみよりも、水中から得体のしれない何かに自分の足を握られて引っ張られるということのほうが想像しやすい。さらに日常から、身体的にも視覚的にもその特性を理解している環境のなかで、子どもたちが想像しうるリスクについて大人から言葉をかけられた際に、頭の中に瞬時に恐怖心が芽生え、その恐怖を回避する行動をとるのであろう。このように妖怪は、子どもたちの身体感覚に即した形で、身の回りのリスクを伝えるためのひとつの装置と捉えることもできる。

　以上のように、神社の立地と災害リスクとの関係、あるいは妖怪の環境教育的側面に着目すると、神話や妖怪伝承を前近代的な迷信として捨象するのではなく、そのなかに、人びとのどのような関心や懸念が隠れているかということを考察することに、現代的な意味や価値を見出すことができる。日本

の多様な自然のなかで人びとは、豊かな恵みを享受すると同時に、資源の危機や災害とも向き合っていかなければならない。神社の立地や神々のご神徳、あるいは妖怪たちの性格は、それぞれの地域の環境特性と潜在的リスク、あるいはそれらと対峙してきた人びとの関心や思いを象徴する存在として捉えることができるのではないだろうか。そう捉えることで、地域空間を多角的に考える視点を得ることができる。風土性のひとつの表象としての神々や妖怪の存在は、防災や資源・環境問題を含んだ地域づくり、およびそのためのソフトな国土管理の技術に深くかかわるのである。

4　国土空間の奥ゆきをみつめるプロセス

　前節までに述べてきた日本の国土における多様な神々や妖怪の存在は、それらが実際に存在しうるか否かということは大きな問題ではない。柳田國男が述べたように、それらの存在を語り、伝承してきた人びとがいるということが重要なのであり、現代におけるその価値を考える上では、国土空間において語り継がれてきた神話や伝説をわたしたちがどのように捉えるか、またそれに立脚しながら国土空間のあり方、あるいは硬直してしまった日本風景へのまなざしにいかにして変化を加えるかということを検討しなければならない。

　身近な地域の環境に、興味深い伝承があることを地域住民が認識した際に、人びとはどのように感じるだろうか。ここでは、兵庫県・明石川における「玉津ふるさと見分けことはじめ」、および明石市立図書館において実施した「妖怪あんぜんワークショップ」の２つの実践事例をみながら、地域空間の奥に隠れた文化的歴史的背景を掘り起こし、新たな風景を獲得するためのプロセスについて論じる。

⑴　玉津ふるさと見分けことはじめ

　明石川は、神戸市北区から西区にかけて流下し、明石市の市街地を経て播磨灘へ注ぐ二級河川である。明石川流域には弥生時代から古墳時代の遺跡が

多く残っており、河口付近では畿内で最初に水田稲作が展開されたともいわれている。

　明石川の下流域に位置する神戸市西区玉津地区の神戸市立玉津公民館との協働により、2014年12月に、玉津地区と明石川流域の地域づくりに向けた「玉津ふるさと見分けことはじめ」というイベントを開催した。ゲスト講師に桑子敏雄教授を迎え、明石川の河口から中流部までのフィールドツアーを実施し、その後、玉津地区の課題と地域づくりの展望について議論するワークショップを行った。

　「ふるさと見分け」とは、桑子が提唱する空間の価値構造を認識するための手法である（桑子、2008）。この方法は、①空間の構造を把握する、②空間の履歴を掘り起こす、③人びとの関心・懸念を把握する、の3つの作業によって構成される。

　「玉津ふるさと見分けことはじめ」のなかで、明石川流域の重要な地点として共有したのが、中流域の雌岡山（めっこさん）に鎮座する神出神社である。神出神社は、別名天王山とも呼ばれており、スサノオノミコト、クシナダヒメ、オオナムチノミコトの三柱の神を祀っている。社伝記によると、スサノオとクシナダヒメが雌岡山に降臨し、そこで薬草を採取し、病苦の住民たちを救済した。この二神は、まじないを教授して厄災を払い、さらに農耕の指導も行い、人びとの生活を安定させたという。さらに、スサノオとクシナダヒメの間にオオナムチノミコトがこの地で生まれたことから、「神出」という地名が付いた。オオナムチは、出雲大社の祭神として知られるオオクニヌシノミコトの別名である。

　雌岡山に登ってみると、明石川流域が一望できる景色が広がっている。さらにその先には明石海峡、淡路島を望むことができ、天気の良い日には香川県の小豆島まで見通すことができる。「明石」の地名の由来も、この地に関連しているという説がある。雌岡山の真東に形も大きさもよく似た雄岡山（おっこさん）という山がある。かつて、雌岡山と雄岡山はそれぞれ女神と男神の夫婦の神であった。しかし、男神が小豆島の美人神に惚れ、雌岡山の女神が止めるのも聞かず、鹿に乗り小豆島まで美人神に会いに行こうとした。

その途中で男神と鹿が漁師に弓で撃たれ、共に明石海峡の海に沈んでしまった。そうすると、鹿が海のなかの赤い石になってしまった。この赤石（あかいし）が明石という地名の語源であるという。

　古代の人びとが明石川から淡路、小豆島へと続く空間スケールで、自分たちの暮らす環境のことを語っていたということは、神出神社の地に立って、そこから明石川流域、明石海峡、あるいは淡路島を眺望することではじめて納得できる。古代から変わらない地形の上に立ち、古代人の目になって空間を眺めることによって、自分たちの暮らす地域の風景に新たな価値を見出す事ができるのである。

　実際に、フィールドツアーに参加した地域住民は、明石川流域の玉津地区や明石に住んでいても、小豆島のことを意識することはなかったという。また、フィールドワーク後のワークショップで、ある住民は、「身近な神社で存在は知っていたが、この神社の意味することや伝説のことはまったく知らなかった」と述べた。さらに、「神出神社から改めて玉津・明石地区を眺めたことによって、地元をみる目がガラッと変わった」とも語った。このように、神出神社にまつわる神話や地名由来、さらに古代人がながめていたであろう風景のスケール感などの情報を、実際に現地を歩きながら多様な人びとが共有し、その意味するところを議論するプロセスが、そこに暮らす人びとの地域空間へのまなざしを刷新する機会になるのである。ワークショップでの議論のなかで参加者は、何気なく眺めている地域の風景を見つめなおす機会をつくり、新たな発見や潜在的な価値を見出すプロセスが重要になると語り、「玉津ふるさと探検隊」などの取り組みを提案した。

(2)　妖怪あんぜんワークショップ

　筆者は2016年から、妖怪を災害リスクに対する備えをコミュニティ内で継承する装置として捉え、現在における防災・減災方策として活用していくための社会実験として、「妖怪と地域の危険」をテーマにしたワークショップを展開してきた。このワークショップでは、子どもたちが「地域の危険な場所」を探し、さらにその場所について、①どのような妖怪が現れるか、②

妖怪はどのような悪さをするか、③妖怪に襲われないためにはどうすればよいか、という項目について考えた。ここで紹介するのは、2016年7月と8月に実施した明石市立西部図書館および明石市立図書館本館での企画である。これら2回のワークショップには、幼稚園児から小学生、中学生、高校生まで幅広い世代の参加者があった。

　ワークショップのなかで、図書館周辺のため池や道路、公園などを中心に歩いて回り、子どもたちがどの場所にどのような危険があるかを考えた。その後に、新しい妖怪を考え、参加者で共有し、妖怪の現れる場所を地図上にプロットしていく作業を行った。

　西部図書館でのワークショップに参加した小学校3年生の児童は、「つるつるねこ」という妖怪を提案した。この妖怪は、水路のなかの飛び石に化けて、人が知らずにその上に乗ると、足を滑らせて水の中に引きずり込んでしまう。つるつるねこに襲われないためには、石の上を渡る前に手で表面を撫で、滑らないかどうか確かめるとよいという。また、別の小学校3年生の児童は、「草がくれ」という妖怪を発表した。草がくれは、溝や集水桝の近くで草に化けしまうため、人がその上を通ると落ちてしまうという危険をもたらす。そこで、日常から道路の脇の草を刈り、管理しておくと、草がくれには襲われない。第2回目の本館でのワークショップに参加した小学生は、「さくばけ」という妖怪を考案した。この妖怪は、崖の上で柵に化け、人間がその柵にもたれかかると途端に消えていまい、その人は崖の下に落ちてしまう。この小学生が「さくばけ」を考えたのは、図書館本館の前に実際に急斜面な傾斜地があり、そこの老朽化した竹の柵に危険性を感じたからである。

　ワークショップ後の振り返りでは、子どもたちは「妖怪」を介して、日頃気にしないような身の回りの危険が認識できたと感想を述べた。この実践から、子どもたちを対象とした防災・減災教育において、まず地域の危険を認識するために、妖怪という装置は重要な役割を果たすと言える。

　自然災害を体験したことのない子どもや、災害発生から時間が経過し記憶が薄れた人びとにとっては、防災教育に対するモチベーションを保持することは難しく、またその教育内容が印象に残らないという可能性がある。重要

なのは、科学的な知見による自然災害の説明だけでなく、いかにして人びとが災害リスクに対する意識を保持していくための契機を創出するかということである。妖怪は、リスクについての人びとの懸念を後世に伝承していくためのひとつの社会装置としても捉えられることから、今後の減災方策の検討に重要な知見を示す。妖怪を知的資源として活用する防災教育の枠組みは、科学的な知見を与えるのではなく、人びとが災害リスクの捉え方、対処方法、さらにそのリスクの他者への伝達方法などを自身と環境との関係のなかで考える機会となることから、感性にもとづいた教育プロセスであると捉えることもできる。

⑶ 神々と妖怪のアフォーダンス

玉津のふるさと見分けツアーの後、そこに参加した人びとにとっては、住み慣れたまちの風景の見え方が変わったことは、参加者のコメントから明らかである。また、「妖怪あんぜんワークショップ」に参加した子どもたちにとっては、身の回りの環境を「妖怪」という装置を通して見つめなおすことで、普段は意識化されない様々なリスクが目に飛び込んできたのである。いわば、地域の環境や風景に対する新たなアフォーダンスを獲得したのである。

アフォーダンスは、心理学者であるJ.J.Gibsonが提案した概念である（Gibson、1979）。「供給する」と「〜できる」の両方の意味を合わせもつ「アフォード（afford）」という動詞を語源としたギブソンによる造語である。たとえば、固くて平らな平面は、人間や四本足の動物などに「立つこと」をアフォードするが、水面は立つことをアフォードしない。一方、アメンボという動物にとっては、水面はその上を移動することをアフォードするのである。アフォーダンスは常に、知覚者と知覚される対象との関係において出現する。しかしそれは、単に主体の視点に従属するだけでなく、対象のもつ不変の要素でもある。

神話や八百万の神々へのまなざしを通して、日本の国土空間の多様な意味や価値を見出すことができる。また妖怪が跳梁跋扈する環境を考えると、そこに暮らしてきた人びとのリスクへの深い関心と懸念を見出すことができる。

そのように、日本の国土空間を、物理的客観的な環境として眺めるのではなく、そこに多様な物語やメタファが込められた意味生成空間として捉えることで、国土の複雑性をとらえる視点をわたしたちは獲得できるのではないだろうか。日本の気候や地理・地形、さらに言説のなかで、八百万の神々や妖怪たちが生み出されてきた。いわば日本の国土空間のエッセンスがそこには込められている。神々と妖怪のアフォーダンスを人びとが獲得することは、先人たちの国土空間に対する多様なインタレストを知ることにもつながる。

5　国土管理の基層

(1) 時間・空間・人間の「あいだ」

　これまで述べてきたように、日本の国土を考える際には、プレートの働きや気象条件、火山や河川などにおける様々な自然現象とハザードなど、地球規模から個人の身体周辺まで様々なスケールでの空間的条件がかかわってくる。またそのような空間的条件のなかで日本人は、神社や信仰の対象となる神々、あるいは恐れや災いの象徴としての妖怪など、日本の風土性のなかで多様な文化的社会的装置を生み出し、語り継いできた。玉津ふるさと見分けの事例のように、現在を生きる人びとは、大局的風土性と局所的風土性[1]との間において、先人の様々な営みや努力の結晶を読み取ることが可能であり、空間のなかに刻まれた多様な情報や価値を読み解くことで、現在の目の前に広がる風景の価値を再評価することができる。そのプロセスは、身体的存在としての人間が、履歴をもった空間のなかで先人の営為と関心・懸念を理解し、またその結果としての表象に出会うことで、眼前の風景を再構築していく契機とも捉えることができる。再構成された風景は単に個人的主観的なものではなく、そのプロセスを共に体験した人びと、あるいは言説によって経験が継承された人びとと共有される。

　哲学者の和辻哲郎は、『風土』のなかで、他とのかかわりをもたない純粋な「個人」に先立って、まず「間柄」としての我々が原初的に存在すると述べる（和辻、1979）。さらに、人びとの自然とのかかわり方は、過去のその土

地において、人びとが歴史的にどのような行動をとってきたかということに大きく依存する。たとえば、ある土地における家屋の様式とは、地形、気候、採取可能な建築材料等の様々な制約条件の下で、人びとが快適に生活を営むためにとってきた判断・行動が固定化されたものなのである。制約条件は、時代時代で変化する。運輸技術が発達すれば、遠地からより良質の材料を運んでくることが可能となるだろう。それによって人びとは、より快適に生活するために家屋をどのような構造にするかということについて、さらに広い選択肢を得ることとなる。それらがひとつの「風土における人間の自己了解の表現」だとすれば、風土と歴史とは相即の関係にあるといえる。和辻の言葉でいえば、「歴史は風土的歴史であり、風土は歴史的風土」なのである（和辻、1979）。

　オギュスタン・ベルクは風土を、「ある社会の、空間と自然に対する関係」と定義し、「風土」のなかにあるすべての事象は、自然的・文化的・主観的・客観的・集団的・個人的のそれぞれの性質を同時に帯びていると論じている（ベルク、1992）。ベルクは、客観対象の次元でもなく主体の次元でもない風土に固有の次元を「通態的」と形容する。ベルクは、「鉛筆」というひとつの道具を例にあげて、通態的であるとはどのようなことかという説明を行っている（ベルク、2002）。

　ベルクによれば、鉛筆について考える時に、まず鉛筆の時空の位置を定めてから、外見、質量、構成要素などの分析を行い、最後に「これは鉛筆である」というように結論付けるやり方は、風土学的な考え方ではない。風土学的に考えるならば、鉛筆はなによりも「書くための物」として存在している。「書くための物」はまず、象徴的な体系としての「書き物」を想定する。このことは同時に、書き物が示す「言葉」という別の象徴的な体系をも暗黙に想定しているのである。さらに、「書き物」も「言葉」も、それらを表現の手段として利用しながら意志疎通を図る人びととのかかわりを想定している。これらのことを別の角度から考えると、「書き物は技術的な体系であり、そこには自然と人工の多くの物、とくに物質的な物の存在が想定されている」とベルクは述べる。つまり、鉛筆は、それを生産する材木を作り出す森林、鉛

筆の芯に使われる結晶した炭素、紙を生産するための製紙工場、などの技術体系と関係している。「鉛筆」というひとつの道具の実存的な場は、上に述べたような象徴的、および技術的な体系、さらに人間は地球に生きているという意味で生態学的な体系によって形成されるのである。

　書くための物としての鉛筆が存在するということは同時に、書き物、鉛筆を製造するための技術体系、鉛筆の原材料を作り出す森林などの存在の基礎となる。例えば、鉛筆が存在しなければ、原料を切り出すための場所としての森林は存在せず、仮に同じような森林が存在したとしても、それはまた人びとにとって別の意味をもった森林となる。実存的なあるひとつの鉛筆が存在するためには、一般的で客観的な意味での「鉛筆」が存在しなければならないのである。風土学的な視点において肝要なのは、「一本の鉛筆が存在するような現実を、鉛筆が前提すると同時に作り出すということを理解すること」なのである。以上のような意味において、「鉛筆の存在は通態的であり、風土にあるすべての物の存在は「通態的」なのである。そのうえで「風土」のなかの様々な現象は、「人間の社会と環境との総体のうちに・・・特定の意味＝おもむきを示して」おり、さらに「この意味＝おもむきの力を借りて、人間の社会と環境の関係が展開する」と述べる。

　ベルクの述べる通態性の概念は、本章で論じてきた日本の国土の地理的条件、歴史的文化的条件と、そこに暮らす人びとの環境認識との関係について重要な示唆を与える。すなわち、プレートや断層活動による地震とそれに伴う地形の生成、その地形と気候が織りなす風景のなかで生み出されてきた八百万の神々や妖怪たち、さらに様々なハザードにさらされながら災害リスクを回避しようとしてきた日本人の空間的営為は、それぞれが独立した要素なのではなく、通態的に不可分に結びついたものなのである。和辻の「間柄」の概念に即して述べるならば、時間・空間・人間の「あいだ」にわたしたちは風景の重要な意味をみてとることができる。この時間・空間・人間の「あいだ」の風景から読み取れる様々な情報は、防災・減災やまちづくり、環境保全、社会基盤整備などの国土管理の行為において、その方向性を定める上で重要な価値をもつ。

(2) 「わざわい」と「さいわい」の風景

　日本の国土における多様な自然現象が人間に牙をむくとき、それは災害となる。災害は、日本では古く災い（わざわい）という言葉で語られてきた。「わざわい」とは「わざ」と「わい」という言葉からなる。「わざ」とは本来、隠れた神の力、人の力を越えた大きな力、という意味をもつ。また「わい」、「わう」とは、「這う」と語源が同じであり、「賑わい」、「賑わう」のようにある物事が広がっていくような状態を表す。すなわち、「わざわい」とは、人の理解や力を越えた超越的な何かが広がっていくという意味をもつのである。近代化以降の社会において、わざわいは科学技術によって克服される対象となった。しかし、科学技術が発達する以前の日本では、様々な形でふりかかってくるわざわいを、人びとは八百万の神に祈ることで回避しようとしたのである。

　「わざわい」の対をなす言葉が「さいわい」である。「さいわい」は「幸い」であり、意味するところは、神仏などの他が与えてくれたと考えられる自分にとって望ましい状態のことである。万葉集では「幸（さち）」は「さき」と詠まれている。すなわち、「さいわい」は「さきわい」であり、「咲きわい」とも捉えることができる。何かが咲き誇る状態が広がっていく様子が「さいわい」の言葉に込められているのである。この「さいわい」の本来的な意味からも、豊かであり、時に脅威をもたらす日本の国土の自然環境に向き合いながら、日本人は、何者かが自分たちにとって好ましい状態を与えてくれることを希求していたことがわかる。またそこには、一定のあきらめのような感情を含んだ自然への畏怖を読み取ることもできる。自然環境の恩恵を受けながらも、理不尽に発生する災害リスクを受容し、いかにしてリスクを低減していくかということを日本人は常に考え、その痕跡が現在の風景のなかにちりばめられている。

　重要なのは、伝統的に人びとが、どのような形で「さいわい」を望み、「わざわい」を回避しようとしたのかということに着目することである。この視点をもつことが、今後のサステイナブルでレジリエントな国土管理に貢献するのではないかと考える。本章で論じてきたように、環境の価値構造を分析

するうえでは、日本の国土の地理・地形の形成経緯、また地形の上に存立する様々な社会基盤や文化的社会的装置の背景を理解しなければならない。言い換えれば、これからの環境保全や防災・減災、まちづくりなどの行為において、眼前の風景のもつ意味を読み解くまなざしを獲得することと、伝統的な日本の文化を適切に理解することが重要な意味をもつ。今を生きる人びとが、地形や景観、神社の立地、地域伝承の意味するところを認識することは、かつてその場所に暮らした人びとが地域空間をどのように捉えていたかを知ることにつながるからである。本章の結論としての提案は、環境の価値構造を分析するプロセスで、時間・空間・人間のあいだの風景に目を向け、日本の国土空間における「さいわい」と「わざわい」とのかかわり方を模索することを、これからの国土管理の基層として位置づけることである。

謝辞

本章のなかで取り上げた実践活動の一部は、JR 西日本あんしん社会財団の助成を受けて実施した。関係者各位に感謝申し上げる。

注

1 「局所的風土性」とは、「地域空間における微細な地理構造の変化によって生じる風土的特性」と定義して提案した概念である。たとえば、河川氾濫に対する住民のインタレストは、同じ集落であっても、家が河岸段丘の上下どちらに位置するかで著しく異なる。それは、洪水時に被害を受けるのは河岸段丘の下に居を構える人びとだからである。このように、環境問題や社会基盤整備への関心・懸念は、人びとの日常的な身体のロケーションと、その人の身体の周辺的な地理的構造との関係のなかにおいて形成される（髙田・豊田・桑子、2012）。

参考文献

香川雅信（2013）;『江戸の妖怪革命』、角川ソフィア文庫
桑子敏雄編（2008）;『日本文化の空間学』、東信堂
小松和彦編著（2011）;『妖怪学の基礎知識』、角川選書
小松和彦監修（2013）;『日本怪異妖怪大辞典』、東京堂出版
髙田知紀・梅津喜美夫・桑子敏雄（2012）; 東日本大震災の津波被害における神社の祭神とその空間的配置に関する研究、土木学会論文集 F6、Vol.68、No.2
髙田知紀・豊田光世・桑子敏雄; 自然再生における「局所的風土性」にもとづいたインタレスト分析と合意形成マネジメント、日本感性工学会論文誌、Vol.12、

No.1
寺田寅彦（2011）;『天災と国防』、講談社学術文庫
野本寛一（2013）;『自然災害と民俗』、森話社
古田尚也（2015）; 生態系を基盤とした防災・減災の促進に向けて、BIOCITY、No.61
ベルク，オギュスタン（1992）;『風土の日本』、ちくま学芸文庫
ベルク，オギュスタン（2002）;『風土学序説』、筑摩書房
吉村昭（2004）;『三陸海岸大津波』、文春文庫
若尾五雄（2000）; 河童の荒魂、in『怪異の民俗学3』（小松和彦責任編集）、河出書房出版
和辻哲郎（1979）;『風土―人間学的考察―』、岩波文庫
Gibson, James J.（1979）; *The Ecological Approach to Visual Perception*. Lawrence Erlbaum Associates
Renaud, Fabrice G., Sudmeier-rieux, Karen & Estrella, Marisol, Eds.（2013）; *The Role of Ecosystems in Disaster Risk Reduction*. United Nations University Press

第2章 ＜病＞の発生と価値マネジメント
―― 進化プロセスのなかのわたし

大上泰弘

はじめに

　人間は生まれ、そして死ぬ。それは、空に投げ上げられたボールが地面に落ちるように、ニュートンの運動方程式で記述可能な予測性のある運動ではない。一方で宇宙から観察すれば、人間社会は多くの粒子がブラウン運動のようにランダムな運動をしているシステムとして記述できるかもしれない。わたしがここで注目したいのは、人間の活動には予測どおりに動くいわば健全な相もあるのだが、予測通りに行かない相もあるということである。おそらくはそれは病と呼んで良いものであろう。なぜ病は発生するのだろうか。

　本章では、病とは何か、その病にいかに対応していくべきかについて述べる。まず、感染症や生活習慣病に注目し、病は外からやってくるように見えるが、実は人間の価値判断が生み出していることを述べる。次に、病を生み出している人間の価値判断を、物質から社会という構造の観点から整理する。最後に、それらの階層構造的分析に基づき、病への対応策としての価値マネジメントについて述べる。

1　病とは何か

　病と聞いて何を連想するだろうか。最もよく知られた病は風邪であろう。風邪とウイルス感染との相関関係は知られているものの、同じウイルスに感染しても風邪をひく人とひかない人がいるのはなぜか。それは風邪の発症に対してウイルス感染が必要十分条件ではないからであり、体調、遺伝的背景、

生活習慣など多様な要因によって風邪という疾患が成立するためである。

では風邪という病は、どのように規定されているだろうか。一般的には、発熱、鼻水、咳、体のだるさなど、罹患者が呈する症状で規定される。医学は自然科学を基に発展してきたが、風邪を物質的・科学的に定義することは現在でも難しいのである。多様な因子が規定している場合、個々の因子によって厳密に規定するよりも、より広い視点・上位の概念で括る方が理解しやすい。

一般的に病は、主観的な心身の状態として定義されているが、ここではより広い視点ということで、社会的視点を含めて捉えると、人間が「通常の生活」が送れないようになった状態ということができる[1]。

ここで注目したいことは、「通常の生活」という括りである。通常とは普通、あるいは日常的ということである。人々にとっての日常とは時代や文化に規定されるものである。したがって、通常とは、時代や文化と共に変わるのである。たとえば、戦前にはテレビ・洗濯機・冷蔵庫は通常の生活にはなかったが、1950年代に急速に普及し人々の通常の生活を変えた。さらには、1960年代には、カラーテレビ・クーラー・自動車が通常の生活道具となった。このように、「通常の生活」が時代や文化と共に変わることから、病も時代や文化と共に変わると考えることができる。

2 病はどのようにして発生するのか

現在、わたしたちの通常の生活の中にはどんな病があるだろうか。昔から変わらずに存在しているのが、風邪やインフルエンザである。一方、近年よく聞くようになった病は、高血圧、糖尿病、心筋梗塞、がん、認知症などである。逆にあまり聞かなくなった病としては、赤痢、らい病、結核あたりだろうか。

医療の知識がある人ならばこの変化を次のように説明するだろう。今も昔も変わらない病は、医療の力では制御しがたい病である。現代社会で増加している病は、塩、糖、脂肪の過剰摂取という生活習慣がもたらした病、あるいは平均寿命の延長に伴って増えてきた病である。一方、現代社会で減少し

ている病は、衛生状態の改善、抗生物質やワクチンが良く効いた病である。

　医療における知識や技術を時代や文化に含めれば、確かに医療の変化によって病の分布の変化を説明できる面はある。しかし、本章でわたしが注目したいのは、医療の変化や生活習慣の変化を含め、時代や文化を根底で動かしている人間の意識・欲求の変化についてである。その点について、本節では現代社会に現れてきた感染症や生活習慣病を例として、病の発生の元になっている人間の行為について述べる。

⑴　**新興・再興感染症**

　まったく新たに現われた感染症、あるいは昔あった病が再び現れてきた感染症は「新興・再興感染症」と呼ばれている。過去40年を振り返ると、ほぼ毎年のように新興・再興感染症が報告されている（岡部、2015年）。ここ数年注目されている新興・再興感染症としては、エイズ、エボラ出血熱が有名であろう。新興・再興感染症のほとんどが、ウイルス感染症である。というのは、人類はさまざまな抗生物質を開発してきたが、それらはウイルス感染症には効かないため、感染が拡大し社会的に大きな問題となる場合が多いからである。

　なぜこのような病が、突然人類社会に現れてくるのだろうか。国立感染症研究所、環境省、農林水産省等の感染症関連情報の記載内容を中心として、それらの病が出現した背景を検討することで、その原因が見えてくる（**表2-1**）。

表 2-1　新興・再興感染症とその出現・伝播の背景

代表例（発生年）	感染源	人へ伝播した背景
マールブルグ病（1967）	コウモリ・サル	動物実験用に野生動物を輸入
エボラ出血熱（1976）	コウモリ・サル	動物食の慣習
リフトバレー熱（1977）	蚊	ダム建設による灌漑の普及
エイズ（HIV; 1983）	サル？	性行動・不適切な医療
ハンタウイルス肺症候群（1993）	ネズミ	温暖化（エルニーニョにより餌となる松が大繁殖）
ウエストナイル熱（1999）	野鳥、蚊	野生動物の密輸
重症急性呼吸器症候群（SARS; 2003）	コウモリ、ハクビシン？	大量の人の高速移動
牛海綿状脳症（BSE; 1986） ニパウイルス病（1999） 高病原性トリインフルエンザ（H5N1; 1997） 新型インフルエンザ（H1N1; 2009）	牛（肉） コウモリ・豚 鶏 鶏・豚	肉骨粉飼料の導入 養豚場の拡大 養鶏場の拡大 鶏と豚の雑居飼育
サル痘（2003）	プレーリードッグ	ペットショップでの雑居
重症熱性血小板減少症候群（2011）	マダニ	気候変動・里山の荒廃（シカ、イノシシとの接触増加）

　近年出現した新興・再興感染症の一部を取り上げたが、感染源から人へ伝播した背景を列挙してみて明らかなことは、その多くが人類社会の近代化の過程で、人が自然に入り込んだり（＝開発）、農業を近代化（＝効率化）したり、野生動物を実験動物やペットとして輸入する中で起きているということである。つまり、人類社会をより効率化しようとする欲求が背景にあるといえる。

　ウイルス感染症以外の新興・再興感染症としては、腸管出血性大腸菌（O-157）、メチシリン耐性黄色ブドウ球菌（MRSA）などの細菌感染症がある。細菌感染症が出現してきた背景には、肉を生で食べたいという欲求、過剰に抗生物質を処方している医療がある。また、回虫、条虫などの寄生虫感染症もある。寄生虫感染症が再興している背景には、ペットブーム、衛生状態の悪い国への旅行、魚貝や家畜肉の生食、健康志向の高まりにより有機栽培作物を求める消費者の欲求がある。有機栽培作物には便を含む有機肥料を用いることから、寄生虫の卵が入り込みやすいのである。一方、ヒトの感染症ではないが、稲・小麦といった作物や、コウモリ・両生類に属する種を次々と死滅させる新興真菌感染症も深刻な問題となっている（Fisher MC, 2012）。背景

としては、国際貿易の拡大、地球温暖化など人類の活動の影響が想定されている。これらの新興・再興感染症の出現も、ウイルス感染症の場合と同様に、人類の食欲、健康志向、経済活動など豊かさを志向した強い欲求が背景にあることがわかる。

(2) **生活習慣病**

新興・再興感染症に加えて、生活習慣病の増加はもっと明確に、病が出現する背景に、人間の過剰な欲求があることを示している（**表2-2**）。

表 2-2　生活習慣病の原因とそこから帰結する致命的疾患

代表例	主な原因	帰結する疾患
高血圧	塩の過剰摂取	脳卒中、腎不全、心不全
糖尿病	糖の過剰摂取	腎不全、動脈硬化、心筋梗塞
脂質異常症	脂肪の過剰摂取	動脈硬化、心筋梗塞、狭心症
高尿酸血症	プリン体の過剰摂取	痛風、高血圧、糖尿病、脂質異常症
アルコール性肝炎	アルコールの過剰摂取	肝硬変、肝がん
慢性閉塞性肺疾患	喫煙	肺がん

これらの生活習慣病の物質的原因は栄養成分の過剰摂取に帰着するのであるが、その生活習慣の変化をもたらした背景にあるのは、技術開発を伴う人々の経済活動である（**図2-1**）。生活習慣病の観点で注目すべき生活習慣の変化は、偏食・過食、運動不足、睡眠不足、ストレス過剰、嗜好品摂取である。

図 2-1　技術開発と生活習慣の変化

偏食・過食
- 畜産業の近代化により肉の恒常的提供が可能になり、食事に占める家畜肉の割合が増加、野菜の割合が減少した。
- 食品加工技術の進歩に伴いインスタント食品、ファストフード、菓子類、ジュース類が増え、塩、糖、脂肪の摂取量が増加した。
- 食品保存技術の進歩により、一日中、一年中、望むときに食品が手に入るようになった（24時間営業のスーパー・マーケット、コンビニエンス・ストア）。
- 食品サービス産業の発展により、さまざまな種類の食品宅配サービスが普及した。

運動不足
- 公共交通機関が発達し、オートバイや自動車を手に入れたことで人は歩かなくなり、荷物も持たなくなった。
- エスカレーターやエレベーターの利用により、運動不足となり、エネルギーの消費量が減少した。
- 経済発展に伴い、あまり体を動かさない労働（＝ホワイトカラー）が増加した。
- インターネットの発展により通信販売が普及し、買い物に出かける機会が減少した。

睡眠不足
- 深夜営業の店舗が増加したことで夜の飲食が増える一方で、睡眠不足から朝食抜きの生活が増加した。
- 深夜までの仕事、遊び、さらにはSNSやインターネット利用に費やす時間が増加した。

ストレス過剰
- グローバル経済の中での競争により、仕事が忙しくなった。
- SNSが多数の人とのコミュニケーション過剰をもたらし、心身のストレスが増大した。

嗜好品摂取
- 経済発展に伴い、趣味やストレスが増加し、酒、タバコ、コーヒーなどを手放せない人が増加した。

・飲食物ではないが、ゲームやSNSを含めたスマートフォンから離れられないインターネット中毒（情報中毒）が見られるようになった。

　このように、経済発展を支えてきた食品関連技術、交通関連技術、電気関連技術、そして過剰労働が生活習慣病を生み出してきた。近年ではIT技術が生活のあらゆる側面に組み込まれ、生活習慣の変化に大きな影響力を与えている。重要な点は、これらの生活習慣の変化は、いずれも誰かに強制されて起きた変化ではなく、多くの人々が求めてきた豊かさ、つまり、求めてきた価値を実現した結果ということである。

3　価値システムとは

　人間にとって価値とは、各自が注目する度合いのことであるが、価値を各自の主観的な思いとして捉えていたのでは、比較分析することが難しい。したがって本章では、なぜ大切に思うのかという思いの根拠となる情報の特性を価値のシステム（価値の階層構造）として分析する。価値が階層構造をなすという視点は、人間を含めた生命の起源が、情報の生成・伝達・活用にあるという視点に基づいている（大上、2005）。生命現象は、分子―細胞―組織―器官―個体―社会というように階層化された構造を有しており、それぞれにおいて情報が生成・伝達・活用されている。したがって、それぞれの階層に価値の根拠を見出すことができる。以下、それぞれの階層における情報の生成・伝達・活用について見ていく。

①分子レベル

　多数の原子が結合し高分子になると複雑な三次元構造を形成するようになり、特定の構造が化学反応の方向性を規定できるようになるため情報を生成することができる。生命が高分子の段階で初めて生み出されたのは、高分子が情報を生成する機能を持つからである。この三次元構造を規定する際に鍵となっているのは水素結合であり、反応の方向は熱力学の法則に従っている。

②細胞レベル

　膜につつまれた高分子反応系において、高分子がある一定の空間に配置されることで、非線形・非平衡な化学反応により、秩序を形成・維持する仕組みが実現された。それが細胞である。たとえば、細胞の設計図としての情報はDNAに書き込まれているのであるが、DNAの塩基配列（一次元情報）を変換し、二次元・三次元構造として分子を配置することで、細胞は環境刺激に応答し、代謝活動を行い、情報をコピーする（＝子孫を残す）機能を実現した。

③組織レベル

　同じ細胞同士が特異的な接着分子を介して結合することで、単一の細胞では実現できなかった機能を生み出す。たとえば、皮膚や腸管の表面を覆っている上皮組織は、細胞間の結合が密であるために、水分の蒸発を防ぎ、細菌の生体内への侵入を防ぐことができる。これにより生体内という情報空間を生体外と区別することが可能になっている。このような非平衡系を維持することが、生命維持の本質である。このような構造が壊れると、系の内と外が平衡系に移行する（＝死）。

④器官レベル

　さまざまな接着分子、接着方式を利用し、複数の組織を結合することで生まれる高次情報処理の単位が器官である。たとえば、心臓という器官は、独立性を保持するために表面を上皮組織で覆い、主たる機能である拍動を行うために、結合組織である筋肉を適切な構造で配置している。またこの器官に酸素や栄養を与え、逆に老廃物を引き抜くために、別の結合組織である血液が血管を介して侵入している。器官は複数の化学反応を一つのカスケード反応に組み上げた機能単位であることから、心臓、肝臓、腎臓のように移植の単位として扱われている。

⑤個体レベル

　情報伝達分子により器官を機能的に結合し、さらに高度な情報処理機能を実現したシステムが個体である。脊椎動物では、複数の器官を適切に制御するために、情報処理組織の集中構造化を進め、血管-血液システムを介して情報を伝え、各器官から現状を伝える情報のフィードバックを受けることで、個体内の恒常性を

維持するシステムとなっている。進化のプロセスにおいては恒常性を実現するのみならず、環境情報を記憶し、新たな環境に適応すべく演算処理する機能も獲得した。体を制御することで演算した結果を体外の構造（文字、絵画、建築物等）として取り出すことができたのがヒトという個体である。

⑥社会レベル

個体を体外情報により結合し、より大きな時空間を制御することが可能となったのが社会である。より大きな時空間を制御するためには、多くの個体を結びつける情報システムが必要である。たとえば、狼では空間を伝わる匂いや鳴き声であり、ミツバチでは、餌のありかを視覚的に伝えるダンスである。それらの情報を受け取った個体は、社会を維持発展させるべく調和的な行動をとる。ヒトにおいては、時空間にしばられずに感覚や思考の結果を伝えられる言語という情報の体系を創り上げた。さらに、神経組織の仕組みを情報処理機械として体外に取り出し、コンピューターとして発展させ、記憶容量と情報処理速度において、生体システムをはるかに超える機能を獲得した。体外に取り出した情報を伝達する仕組みとして、光や電波を使い、地球上のみならず宇宙空間にまで情報伝達可能な距離を拡大した。これがインターネットとして個体間、社会の間を結びつける働きをしている。

このように、下位の階層が上位の階層を支える部分として機能するように情報システムが連鎖しているのが生命現象である。このように、価値が裏打ち構造的に連鎖している中でヒトを含めた生命が価値判断を行っていることを価値システムと呼ぶ。したがって分子から社会に至る生命現象を情報構造として捉え、各階層構造における価値判断の特性を分析するのが価値システムの分析である。

4　価値の階層構造

(1)　三つの階層

では、本章で取り上げた病という現象を、どのような価値の階層構造とし

て分析すればよいだろうか。支配的に働くルールが異なっていることから、以下の三つの階層で考えることにした（**図2-2**）。

①物質階層

物質同士の結合など、物質科学的法則（＝物質のルール）が支配的な階層。生命（分子―細胞―組織―器官）及びその外環境において働く物質科学的法則が該当する。個体も素過程としては物質科学的法則に規定されているが、人間は物語を構築・重視するように、精神の働きは必ずしも物質科学的法則に支配されないので、器官までの構造を物質階層とした。

また第2節で述べたように、地球生態系として、あるいは人間活動の結果として物質環境が変わると、その変化に応じて病が出現する側面があることから、病の理解の根底には物質科学的説明が必要である。

②生活階層

個体が生み出す欲求が支配的な階層。外環境と五感を通じて相互作用する主体（私）が、欲求を通じて確立した結果が生活習慣というルールである。人間は個体レベルでは、五感を使って、食べ、動き、寝る中で、さまざまな選択（＝意思決定）を行っている。その結果としての個々人の欲求にあった生活習慣が原因となって心身のバランスが変化し、各人の恒常性が崩れたり、病原体との相互作用が変化したりする。このような生活習慣が病を引き起こす原因となる。

③社会階層

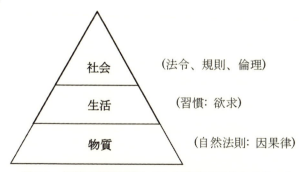

図2-2　価値の階層構造とそれを規定する主たるルール

体外情報で結びつけられた集団のルールが支配的な階層。人間は個体として生活するだけでなく、社会という一段高い階層の中で個体レベルの意思決定とは異なる力を受ける。社会階層には異なる目的でさまざまな集団が形成され、その集団を制御するために集団ごとに共通の情報処理のルール（＝法令、規則、倫理等）が設定されている。集団と集団の間に生じる相互作用からは物質科学的法則や個人の意思とは異なったレベルの病が生成する（＝社会病理）。

(2) 病の価値システム

本項では、前項で設定した物質・生活・社会という価値の階層構造に立脚し、病の例としてインフルエンザと生活習慣病を規定する価値システムについて整理する。

1 物質階層

物質階層とは、物質科学的法則によって選択が規定されている階層で、物理化学的な力や因果律で説明される階層である。したがって、選択するという過程を、物質間の特異的な相互作用を中心に科学・技術の視点から整理する。

①インフルエンザ

インフルエンザの物質的側面を把握するのに最も適した手段は、病原体の成分・構造の分析である。ウイルスは肉眼では見えない存在であるが、電子顕微鏡により高分子同士の結合状態を確認することができ、化学分析によりその元素や分子の組成を明らかにすることができる。また、分子生物学的分析により、遺伝子の構造やインフルエンザウイルスが宿主へ感染し、細胞内で増殖し、宿主に病を引き起こす分子間相互作用のプロセスが解明されている。

このような分子間相互作用の分析から、インフルエンザウイルスの物質特性がわかり、病が流行するメカニズムの理解や、薬剤・ワクチンの開発が可能となった。すなわち、空気が乾燥していると、ウイルス及びウイルスを結合した物質は飛散しやすく、気道組織のバリア機能が低下するために感染が

起きやすくなる。感染の結果として、宿主はウイルスを排除すべく、せき、鼻水、熱を出す。インフルエンザウイルスが細胞内で増殖し、細胞を破壊して出てくるプロセスに関与する酵素（ノイラミニダーゼ）が明らかとなったため、製薬会社はノイラミニダーゼに特異的に結合する阻害剤を治療薬として開発した。一方、ワクチンは人に免疫力を付けるために用いる病原性を失わせたウイルスである。免疫力とはウイルスの侵入を防ぐバリア機能、ウイルスと特異的に結合する抗体分子の産生機能、ウイルスに感染した細胞を攻撃する細胞機能の総体をさす。ワクチンは流行しているウイルスと同じものでなければ有効性が期待できないのだが、インフルエンザが流行してからワクチンを製造したのでは流行阻止に間に合わないため、世界保健機関（WHO）が行う流行予測に従い、あらかじめワクチンを製造し備蓄しておかなければならない。

②生活習慣病

　生活習慣病に共通するのは、どのような栄養をどれだけ摂るか、また栄養を摂る人の体質により発症が左右されるという点である。栄養摂取の分子プロセスには、食物から栄養素へ分解し、吸収し、全身の器官へ分配するシステムが関わる。小さい分子の方が消化酵素で分解されやすいので、満腹感を得るためにはよく噛むことが重要である。十分に分解された分子は、腸管からの吸収が速やかに起きる。しかし、よく噛まずに食べると糖分などが血中へ吸収され満腹感を得るまでに時間がかかるため食べ過ぎることになる。必要な栄養の量とバランスは栄養学的に示されているが、それらをどのような形態で摂るかも重要である。つまり、稲から炭水化物を摂る場合、未精製の玄米と精製米から摂るのでは、付随して摂るたんぱく質、ビタミン、塩のバランスが異なるため、主たる成分としての糖だけに注目してはいけないということである。加工度の小さい方が生体として本来のバランスを有しているので、栄養バランスを考慮した場合、自然物のまま摂るほうが良いのだが、人は加工により食べやすくした製品を摂ることで、栄養バランスを崩している。

　また、近年注目されているのは、体の各器官では固有の時計遺伝子が作動

していて、それぞれの器官の働きに時間変動があるということである（香川、2016年）。各器官の時計がずれてくるのを同期させるのが、朝あびる日光や食事である。栄養を取り込むに際し、体の各器官が同調していないと、体にストレスがかかり、病に至る危険性が高まる。

2 生活階層

　生活階層とは、生活習慣が意識・無意識の選択の結果によって規定されている階層で、欲求に惹起される行動で説明される。人間が生きるためには、本能や感性が行う無意識的な選択と、五感から得た情報を分析し、推論した結果に基づく意識的な選択がある。変動する環境条件に対し、生存のための欲求の発現バランスを最適化したのが生活習慣である。したがって、ここでは生活のルールを形成している欲求の視点から生活習慣を整理する。

①インフルエンザ

　経済的豊かさへの欲求から過剰労働、暴飲・暴食、睡眠不足などにより、心身へストレスが加わった結果として、インフルエンザへの感染リスクが高まると考えられる。毎年決まった時期にインフルエンザが流行するとわかっていても、短期間の現象なので、人々は生活習慣を見直すことはしない。

　また、固定した空間での生活以外にも、人間は地球上全体にわたって高速で移動する生活を送っている。移動という行為は、なわばりを含め生存圏を拡大するという生物の本能的欲求であるとともに、人間においては知的好奇心という欲求も加わっている。人間が移動する際に、人間に感染したインフルエンザウイルスも一緒に移動・拡散するため、わたしたちの欲求がインフルエンザの流行を促進しているということがわかる。

②生活習慣病

　物質階層で述べたように、栄養素との関連だけでなく、生活習慣病は栄養のとり方、たとえば、摂る時間・速度・順序といった生活習慣にも規定されている（香川、2016年）。各器官が活動開始するのに朝食は重要な摂取のタイミングであり、睡眠不足で抜く朝食、逆に趣味や仕事で深夜に摂る夜食は、器官の適切な活動を阻害している。また、子どものころに、「よく噛んで食

べなさい」としつけられるが、これには栄養と摂るという点では腑に落ちてない人がいるかもしれない。なぜなら、どうせ体に入るのだから噛んでも噛まなくても同じではないかと。しかし、よく噛むことで食事がゆっくりとなり、急激な血糖上昇を抑える結果、インシュリンの分泌が抑えられ、膵臓の疲弊を抑える効果があることがわかっている。また、食物繊維を糖分よりも先に摂ることで、腸管からの糖の吸収速度を抑えることができる。したがって、好きなものを、好きなタイミングで、素早く掻き込むという現代社会にマッチした食習慣は、生活習慣病の原因なのである。

　生活習慣病の原因で、食習慣に加えて重要な生活習慣は運動習慣である。原始の時代は生活の中で運動が自然に行われていたが、現代社会では意図して運動を行わなければカロリーが消費しきれず脂肪として蓄積し、さまざまな生活習慣病のリスクを高めている（Kyu、2016）。

3　社会階層

　社会階層とは、個人を越えた集団レベルで選択が規定されている階層であり、主たる動力学が集団のルールで説明される。集団のルールは、地域的・歴史的に積み上げられており、個々人のエゴとしての欲求を超え、集団を維持・発展させる倫理や道徳といったある種の理想が埋め込まれている。

①インフルエンザ

　インフルエンザに関わる集団として、家、学校、医療機関、交通機関などを挙げることができる。これらの社会構造には、以下に述べるように、それぞれの集団を規定するルールがある。

　家ではルールというほど厳しくはないが、家族の約束事として一つ屋根の下に集まり食事や睡眠といった家庭生活を営んでいる。家庭生活の中では近距離で接するため、インフルエンザは子供から親へ伝染することが多い。学校は教育基本法、学校教育法等の法律、及び各校の校則の下に体制が構築され、生徒が校舎・教室に集まって学校生活を送っている。子どもは低学年ほど近距離で密に交流することが多いためインフルエンザが蔓延しやすい。医療機関は医療法、医師法、医薬品医療機器等法等の下に体制が構築され、イ

ンフルエンザに罹った人、あるいは罹った疑いのある人が集まる。病院はインフルエンザの診断・治療をしてもらう場なので、患者にとっては治癒につながる場であるが、インフルエンザ以外の患者にとっては、インフルエンザに罹患するリスクの高い場となっている。交通機関の中でもとりわけ多くの人が利用する電車は、鉄道事業法、鉄道営業法等の法律の下に運営されている。電車は人々の移動で社会的役割を果たしているのだが、感染者が長時間共存する上に、感染者がさまざまな駅から散らばっていくことでインフルエンザの流行を促進している。

このように社会の中の集団は、そのルールに則って人々が活動することでインフルエンザを広めることに寄与しているのである。

②生活習慣病

生活習慣病に関わる集団として、食料を生み出している第一次産業、食品加工業、食品を提供するサービス業が挙げられる。第一次産業は農林水産業であるが、これらは農業基本法、農薬取締法、家畜商法、森林法等の法律の下で活動している。しかし、自然現象の下で活動していたのでは収入が安定しないため、大量・均質生産に向けて、品種改良、温室栽培、養殖、など人間がコントロールできる範囲を拡大してきた。日の出から日の入り、動植物の採取・捕獲ではなく、加工・保存・輸送という制御可能な業界のルールの中で経済活動をしている。コントロールに用いられているのは、電気・機械・化学エネルギーであり、自然現象に干渉したことで、収穫物の栄養バランス低下、食肉への抗生物質の混入、作物への農薬残留、土壌汚染などの問題をもたらしている。多くの食品で甘さが増す方向に製品の改良が行われている点は生活習慣病の増加要因として見逃せない傾向である。結果として、生活習慣病を増加させる方向へ社会を動かしているのである。

食品加工業及び食品サービス業では、食品衛生法、調理師法等の法律の下で、自然物であれば痛んでしまったり、一年の限られた時期にしか商品にできないものを、冷凍・加工することで長期保存を可能としている。また、加温するだけで食べられるインスタント食品を開発したことで、人々の食事の時間と場所を変えた。これらの加工により、塩分を増したり、各種化学物質

を加えて酸化や腐敗を防いだりするため、栄養バランスが偏り、消化・吸収・代謝に関わる消化管、肝臓、腎臓へのストレスは増加している。

5　病の価値マネジメント

　本節では、第4節で述べた物質・生活・社会という三つの価値階層別に、どのような認識上の課題があるか整理した上で、インフルエンザや生活習慣病に対応するのにどのように価値判断をすればよいかを述べる。このような価値の構造認識と価値判断のプロセスをまとめて「価値マネジメント」と呼ぶ。

(1)　物質階層の価値マネジメント
1　物質階層における認識上の課題
　本節で述べる物質階層の認識に影響を与える要素は、(図2-3) のようにまとめられる。物質階層の認識に最も大きな影響を及ぼすのが、測定と論理的な分析・推論であり、ここではそれらの限界性について述べる。

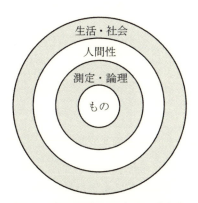

図2-3　物の認識を限定する諸条件

①測定の限界
　物質階層における価値判断は、現象を把握するために、現象を記述するパラメーターを測定するという行為に始まる。たとえば、天気の物質階層にお

ける判断の場合、温度・湿度・風向・風速・気圧などのパラメーターに分割して測定するということから始まる。大域的またはエネルギーの大きなレベルの現象を測定する場合には問題にならないのであるが、測定がミクロで、エネルギーレベルの小さな現象になると、干渉という問題が生じる。たとえば、温度測定では、部屋という大きなスケールの温度測定では問題にならなくても、1mm^3 の空間の温度測定では、測定機の温度が空間の温度に干渉してしまうため、測定という行為がもたらすエネルギーを考慮しなければ正確な値は得られないのである。さらにミクロな現象として素粒子のレベルに至ると、測定対象の素粒子のサイズよりも波長の短い光を用いなければ観測ができないため、高エネルギーでなければ測定自体が成立しなくなる。そうすると、素粒子の測定に用いる光が持っているエネルギーが素粒子にエネルギーを与えてしまうため、物理的に正確な現象を把握することは不可能となる。

②論理の限界

　最近は、センサーやコンピューター技術の発達により、人々の価値判断に関するデータが大量に集積しつつある。いわゆるビッグ・データである。たとえば、GPS情報により人々の行動パターンが記録され、ホーム・ページのアクセス・ログから閲覧や購買の履歴がサーバに残る。これによって人々の行動特性は把握できると思われるが、いくら大量のデータを集めても、データから何らかの価値判断をする際に用いる論理の限界を回避することはできない。

　人が現象を記述するのに用いる論理的記号としては、数学における記号がある。物理学で現象を記述する際には、数学記号が用いられるのだが、現象を完全に把握できたとするには数式を解析的に解かなければならない。しかし、自然界のほとんどの現象は非線形であり、非線形微分方程式の多くは解けないのである。その場合には、非線形性を表現する寄与の小さい部分を無視して、連続で単調な変化を示す線形部分のみで近似を行い、数値計算によって近似解を求めるのである。近視眼的には問題は生じないのであるが、これでは自然現象を把握できたとは言えず、長期的・大域的には無視した部分の

影響が表面化する。最もわかりやすい例が天気予報である。10分後の状況を予測できたとしても、一日後の状況は予測から外れてくるのである。

　わたしたちは、ものの長さを科学的に測定する場合は数値で表現する。また、その数値をどのように表現するかと言えば、自然の法則[2]に則って記述するのではなく、人間が任意に定めた1、2、3……という数字で決めざるを得ないのである。ここで用いる数字の体系が自然の法則を完全に反映できるかどうかはわかっていない。人間が設定する数字の範囲は、自然数に始まり複素数という広い概念に至っている。複素数で用いられる虚数は、現象の理解には使えても、自然物への対応はなされていないのである。

③人間という前提条件

　「①測定の限界」で述べたように、人間が観察・観測することによって、現象の生起・存在確率が変化することはあるが、自然の法則そのものが、人間によって変化することはない。しかし、物質階層は人々の価値判断から中立な階層であると言えず、観察・観測に入り込むことで避けられない最小限の価値判断がある。それは、観察主体が人間ということである。つまり、ある現象に注目するということ自体が、すでに価値判断になっているのである。荘子は、人間の行っている「大小、長短、善悪、美醜、生死」などの区別は、人間の勝手な認識・判断であるとした上で、人間の小ざかしい知恵・分別を棄てよとした（金谷、1996年）。しかし、それは人間が生きている限り不可能である。なぜなら、「生きていること＝人間という立場を維持すること＝人間が認識・判断するということ」だからである。人間の認識は人間が持っている構造と機能に規定されるのである。自然言語で展開する論理にも限界が内在している。たとえば「私は人間である」との言明において、「私」や「人間」には、言語化できない部分が含まれており、言語という閉じた体系では言い尽くせないのである。つまり、言葉の正しさを言葉で説明することには必ず限界がある。このように、物質階層の分析・推論を行うにあたって用いる論理にも限界があることを認識しておかなければならない。

　さらに、人間による測定という行為の限界性について考えてみよう。定規を使って長さを測定する場合、まず定規を作成しなければならない。定規は

長さの基準とするので、長さが変化しないような材料を選定しなければならない。これは奇妙である。長さを測定する準備をするのに、長さの尺度が必要なのである。とすれば、正確な長さは測定できず、その時点で変化が最も少ないような材料を選定するしかない。ここに測定の尺度に由来する誤差が入り込むことになる。その点で、現在最も変化がないと人間が考えているものは光の速度であり、時間の基準を別途原子時計で設定して、長さの単位を規定している。究極の精度は永遠に詰めていくほかないが、現実にはこれらの基準に基づいて、より変化の小さいもので定規を作成するのである。実際には、温度、変形、摩耗によって定規の長さは変化してしまうのだが、ともかく定規を製作したとする。これを用いて対象物の長さを測定する場合、数値をどのように読み取るだろうか。通常の生活の中であれば、目で見て、対象物の端を定規の基準点に合わせて、対象物の反対側の端が目盛りのどこに一致しているかを読み取るだろう。この読み取るという作業に誤差が入り込む。なぜなら読み取る人の視力が 0.001 であれば、端と目盛りの対応がぼやけて誤差が生じる。逆に視力が 2.0 であったとしても、最小目盛りの間に対象物の端が来てしまった場合には、目分量で読み取る他はないため、やはり誤差が生じる。さらには、仮に端が目盛りにピッタリ一致していると見えたとしても、目盛りにも幅があることを忘れてはいけない。その幅のどこに一致するのかは、いくら視力が良くても正確には判定できないのである。そこで、科学的な読み取りでは、測定者の感覚や能力による誤差が入り込まないように、読み取りを機械に行わせる。機械を用いる方法としては、対象物を挟むような治具を用いて、治具の変位を電気的に計測する方法がある。これだと視力に依存するよりも精度は高くできる。しかし、変位を精度よく測定するには、治具の動きを規定しているネジや歯車の材料選定と加工技術の精度が、変位の電気信号への変換には湿度や空間に存在する微粒子や電磁場が効いてくる。材料選定には人間が手に入れられる範囲（＝おおむね地球の表層）という制限がかかるし、加工技術にしても、加工のための機械を作るのは人間であり、人間が使い易いようにするので設計に人間的要素の制限が入らざるを得ない。たとえば、加工に時間をかければ精度を上げられるとしても、

そのために1,000年をかけるという選択はしないのである。このように、長さの科学的測定においても、身体の構造や動き方、神経系の作動特性が規定するところのヒトの思考特性が入らざるを得ないのである。

以上をまとめると、「①測定の限界」、「②論理の限界」では、自然そのもの、記号論理そのものが、認識上の限界を持っていることについて述べた。そして、「③人間という前提条件」では、人間という主体が知ろうとする行為が、得られる知の範囲を規定していることについて述べた。このように、人間の物質階層の理解度は、完全に向けて漸近するが、完全なる理解に一致することはない（図2-4）。科学・技術が発達すれば測定や論理の精度は無限に高まるが、人間性に起因する限界は決して超えることはできないのである。

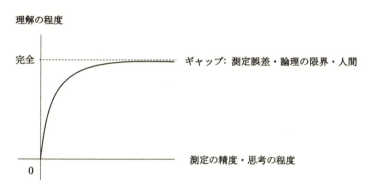

図2-4　理解度曲線

④研究への干渉

物質階層に関する認識は科学研究により深まるのであるが、その研究活動を行う主体が人間であるため、そこには生活階層や社会階層の影響が及んでくる。たとえば、インフルエンザや生活習慣病に対して、どのような内容の研究を誰に行わせるか、またどのくらいの研究費を配分するかという判断に、生活階層や社会階層のルールが影響を与えることは不可避である。

生活階層からの干渉としては、研究の方向に影響を与えるということが挙

げられる。たとえば、目の前にある脅威や、著名人の罹患した病に過大な注目が集まりがちとなる。一方、社会階層からは、経済成長や保健行政としてどの分野にどのように研究費を配分するべきかという省庁間の課題設定におけるバイアスがある。研究費の配分に関しては、第一に研究費を申請する研究者が病のどんな法則性をとらえているのか、また申請者がどの程度の知的好奇心を持っているのかを表明しなければならない。これに対し、研究費を配分する側（文部科学省、厚生労働省、経済産業省など）は、当該社会で問題となっているのがどのような病であるのか、またどの程度、研究の内容を理解し、説得されるかによって研究費の配分が決まる。研究費を配分する側が考慮し、かつ期待するのは、申請者が捉えている現象が、病の特性にとって本質的かつ重要なものかどうかである。研究費の配分に関する判断において、純粋に病の物質科学的法則の解明に向き合わない研究費の配分を行えば、長期的には誤った認識（＝知）を得ることになる。

　科学の進歩に伴い、解析の速度や精度が日進月歩で高まっている。先端知を得るには、より早く、高い精度で、できるだけ大量のデータを取得する必要があるため、実験には多大な費用がかかるようになっている。その費用を公的な研究費だけで賄うことは容易ではなく、病の研究においては、さまざまな局面で企業との共同研究が必要となる。したがって、科学者が厳密な科学的方法論をとったとしても、スポンサーの影響がないといえるかどうかが問われる時代になっている（栗原；2005 年）。したがって、近年では研究者に対しては学会報告や論文発表において、審査する側に対しては審査委員に就任するときに、背景にあるスポンサーについての情報開示が求められるようになっている。このような手順を踏んだ上で、個人の思い入れ（生活階層）、政治・経済状況（社会階層）からの干渉を極力排除した価値判断をすることが、物質階層における判断に求められる要件である。

2　物質階層における価値判断

　物質階層では測定や分析・推定によって現象を把握し、そこから導き出される結論の確実性、普遍性の度合いにより、事の重要性を判断する。重要性

とは完全な理解との距離を物差しとした価値判断である。

①インフルエンザ

　インフルエンザの特性に関する分子メカニズムは、まだ未解明の部分が多く完全理解までの距離を測りがたい。したがって、物質階層での判断においては、第一に人間にとってウイルスがどのような存在であるかを認識し、存在論的な関係性という大局的な判断をすることが重要と考える。

　ウイルスの科学研究の結果が示しているヒトとウイルスの関係は、次のように整理される。まず、ウイルスは宿主の生存機構を奪う形で増殖するので、宿主が存在しなければウイルスは存在できないし、ウイルスの増殖活動が宿主にとっての病という関係がある。ウイルスが増殖・拡散能力を高めることは、宿主の病態が深刻化することを意味し、宿主の減少・死滅につながる。宿主の生存能を越える病原性を獲得したウイルスの生存能力は、逆に弱体化する（＝自らを滅ぼす）ことになる。また、ウイルスは宿主の免疫系に排除されないように変異を起こす。一方、宿主はウイルスを撃退すべく免疫系を発達させる。したがって、宿主にとっての病は免疫系を進化させる契機となっている。

　これらのことから、インフルエンザウイルスは宿主と共進化してきた物質存在であると判断できる。宿主としての動物が存在する限りインフルエンザという病が、なくなることはないだろう。また、ヒトを殺すような病原性は一過的には存在しえても、長期的には減弱に向かう。このようなウイルス—宿主という大局的な視点からすると、生命システムは多様性の中で共存・進化するのであり、インフルエンザウイルスを根絶させるような対応はとるべきではないと判断される。

　第二には、ウイルス存在そのものではなく、ウイルスが起こす病、つまり人間の側の病態を認識し、物質科学的な判断をすることである。大局的に見れば、インフルエンザは毎年流行し、10年周期で大流行することから、コントロールできているとはいいがたい。

　そのような視点をふまえて、インフルエンザの医学研究が示している病態及び治療法の状況は、次の通りである。まず感染抑制について、ウイルスの

感染、宿主の防御のメカニズムを分子レベルで解明すべく研究が行われている。その結果としてさまざまなワクチンが開発されてきたが、感染を抑制できるワクチンはなく、感染後の発症を抑制できてもその抑制率は十分とはいいがたい。また、流行するウイルスの予測が必ずしも正確ではなく、製造中にウイルスが変異してしまうこともあるため、毎年有効性にばらつきが出てしまい、流行制御の確率も十分ではない。一方、感染によって生じる発熱に対しては解熱剤の開発が行われ、製品が普及している。ただし、解熱剤を服用すると熱が下がり心身は楽になるが、熱によるウイルスの不活性化が遅れるため治癒までの期間が遅れることになる。また解熱剤の一種である非ステロイド性抗炎症剤はインフルエンザ脳症のリスクを高める危険性も指摘されている。発熱の早期抑制という治療法は功罪一体といえる。さらに、インフルエンザウイルスの増殖機構に関する研究結果として、抗インフルエンザ薬（ノイラミニダーゼ阻害剤）が開発された。日本ではノイラミニダーゼ阻害剤が大量に処方されているが、発症期間の短縮効果は1日程度と小さく、副作用として異常行動を誘発する危険性が指摘され、抗生物質と同様に耐性ウイルスの出現を助長する可能性も問題とされている。

このように、現代の医療はインフルエンザを物質階層レベルで制圧しているとはいえない状況にある。したがって、特段の強い物質科学的干渉を求めず、あくまでも自然の法則に則って安静にするとの判断が妥当である。自然の法則に則るということは、物質階層における判断に、生活習慣や政治的・経済的要因、つまりこの後述べる生活や社会的階層におけるルールを持ち込んではならないということである。生活階層のルールを持ち込むと、各人の思い込みの影響で物質階層に起きている現象の把握にかかるバイアスが大きくなり、現象の解明が遅れるだろう。社会階層のルールを持ち込むと、予測に合わない現象により経済的損失をきたすことにもなりかねない。

②生活習慣病

生活習慣病は、外来の病原体を契機としていない点で感染症とは異なるが、(表2-2)で挙げた原因を「病原体」と見なせば同様に考えることができる。つまり栄養も多ければ病をもたらし、適切に摂取すれば抵抗力（＝体力）を

増強することにつながる。人類が誕生して以来、さまざまな病が存在し、時代や文化により変化してきたが、病が存在しなかったことはない。したがって、生活習慣病も根絶するというよりも、物質科学的法則をふまえ、どのように付き合っていくかが問われていると考えるべきである。

生活習慣病の病態については、生活習慣病そのものは自覚症状がなく機能障害も起こしていないことに注目すべきである。血圧が高くても、血液中の脂質濃度が高くても痛くもかゆくもないのである。したがって、治療への動機づけがないため長年放置される結果、致命的な疾患に帰結するのである。ただ、血液中の糖や脂質の濃度が高くても致命的な疾患に至らない人もいることから、個々人の遺伝的背景の影響が指摘されている。たとえば、慢性閉塞性肺疾患のほとんどは喫煙者であるが、喫煙者の少数しか慢性閉塞性肺疾患にはならないのである。

生活習慣病の治療法としては、（表2-2）で挙げた食品中の成分摂取を控えることが第一である。現在の医療では、食事指導と共に、降圧剤、血糖降下剤、高脂血症治療剤などが処方されている。致命傷の発症抑制につながるかどうかは、長年の経過を見なければわからないため、現在の治療法の是非は判断できない。ただ一つ明確なことは、治療薬は体にとっては異物であることは間違いないので、主作用を血液中のパラメーターの改善として確認できても、細胞にはストレスがかかっていると考えるべきである。したがって、大局的に考えれば、自然物で栄養摂取を制御するのが正しい判断である。一方、遺伝子解析技術のコストが下がり、各人のゲノム情報から体質が把握できる時代となれば、生活習慣病を防ぐ上で最も効果的な栄養摂取の仕方を、個々人にあった形でデザインできるようになるだろう。

(2) 生活階層の価値マネジメント
1 生活階層における認識上の課題

生活階層の認識を支配しているのは、感覚器及びそこから得られた情報を処理するシステムである。ここでは物質階層を動かしている主体である人間の認識特性について述べる。

①感覚器の特性

　生物には、環境から情報を得てその環境に最適な生存戦略を構築する能力がある。ヒトにおいて環境情報を取得するためのセンサーが感覚器で、その情報を処理して主体が得るのが、視覚、聴覚、触覚、味覚、嗅覚の五感である。それぞれの感覚器は環境情報のすべてを捉えることはできず、感覚器の特性に応じた情報しか得ることはできない（**表2-3**）。

表2-3　ヒトの感覚器が認識する情報と、ヒトとは異なる感覚器特性を有する生物

五感	ヒト	他の生物（例）
視覚	電磁波（400〜800nm）	昆虫は紫外線（300〜400nm）も認識
聴覚	音波（20Hz〜20kHz）	コウモリは高周波（30〜100kHz）を認識
触覚	物理的エネルギー（圧力、熱）	ヘビは熱（赤外線）で動物を認識
味覚	溶解性の物質	ナマズの味蕾数はヒトの30倍以上
嗅覚	揮発性の物質	イヌの嗅覚はヒトの感度の100万倍以上

　このように異なる特性を有している動物は、ヒトとは異なった感覚を有し、異なった世界像を持っていると容易に想像できる。同様に、同じヒトであっても、遺伝子多型、突然変異や老化により、感覚器の特性には微妙な差異が現れる。たとえば、視覚では視力の差異や色覚異常があり、聴覚では加齢により高音域は聞き取れなくなる。触覚、味覚、嗅覚では、個々人の活動により検出感度が変化する。職人と呼ばれる人々は、長年の経験で感覚器がその職業に必要な特性を持つに至っている。したがって、個々人の構築している世界像は微妙に異なっているのは自然である。

②「私」という精神機能の特性

　人間は分子から器官という物質階層の上に成立する個体の中で、自我（「私」）という機能を獲得している。つまり、「私」とは身体及び神経システムを保存するために、必要な情報を収集・加工・予測する中で保存される現象である。

　最もわかりやすい自己保存機能は、生存に直接的に関わる生理的欲求であ

る。生理的欲求とは、個体の生存を目的として情報処理、つまり価値判断を行う仕組みといえる。生理的欲求を担うのは大脳の奥まった所に存在する旧皮質や脳幹である。それらの部位が、食料を獲得し、眠り、排泄するなど、生存にとっての本質的な機能を担う。一方、大脳の表層にある新皮質は、個体の生存をさらに効率的にするための社会的欲求の生成（＝社会階層の生成）に関与する。個々人の情報処理においては、基本的には大脳新皮質の判断に旧皮質や脳幹の判断が優先するので、個体生存を優先した判断となる。

　生理的欲求を満たした結果、体温、呼吸などの身体機能は健全に保たれるが、ヒトは「私」という精神機能の拡充を図っている。身体機能を健全に保つには、自律神経系がストレスを受けないような生活習慣を作る必要がある。単純なものでは、太陽が昇っている時に活動し、日没後には睡眠をとるという生活習慣である。一方、人間はさまざまな道具を発明することで、基本的な生活習慣の中で身体にかかるストレスを回避、あるいは身体にストレスをかけてでも、できるだけ大きく、長く精神的満足が得られるようにしている。たとえば、身体的ストレスの回避という点では、打撲や摩擦によるケガや不快感を回避するために衣服や靴、雨風を凌ぐために住居を開発した。身体的なストレスを犠牲にして精神的快感を拡大するものとして、料理、芸術、スポーツなどを開発した。料理は、獲物をすぐに食べたいという欲求を抑え、美味を追求する行為である。精神的満足の中でも身体性から最も解離した快感は、経験を保持・活用するための言葉・文字の開発である。言葉や文字のなかった時には、不安定な記憶に頼らざるを得なかった。そこで、経験を再現し長期間保存するために、言葉や文字を開発し、それを物体として石や紙に刻印する技術も開発した。それぞれの発明品は、身体機能の拡充を越えて、「私」という精神機能に快感をもたらすものを生み出している。料理については、あまいものを常に手にする技術を開発し、血糖値が下がり空腹感が生じないよう、食事や間食を摂ることに寄与している。空腹の生じない状態は、精神的には快感で満たされていても、身体的には糖尿病という病的状態なのである。記憶の再現への拘りという点では、視覚・神経ストレスを負荷し続け、視力が低下する中でも、眼鏡、照明、記録メディアなどを開発し、精神

的快感を維持し続けている。その結果、先進工業国では、自然のサイクルに従って生活していた時代とはかけ離れた生活習慣が確立しているのである。

③「私」の不確定性

「私」の物質レベルの境界は比較的明確であるが、精神レベルでは明確ではない。たとえば、昔の私と今の私が同じであるかどうかは判断し難い。筆跡や声は変わっているだろうし、経験の蓄積で考え方も変わっているだろう。したがって、「私」の価値判断と言っても、不確定性が伴ったものと言わなければならない。

また、「私」という情報処理システムは、感覚というセンサーからの情報によって形成されたものだが、集めている情報量が膨大であるために、意識に登らない情報が無意識下で大量に処理されている（レイクル、2010年）。通常は「私」が意思決定の主体であると考えるが、心理学実験の結果によれば、無意識が先に意思決定していて、意識は後付でチェックするだけという考え方も提示されている（前野、2005年）。無意識下で判断が下されたとすれば、それは私が決めたということにはならない。私が判断するということの前提は、私という意識化された情報処理が自由意志として判断するということである。無意識の判断があったとすれば、それは外から見ればその人の判断であるが、責任ある判断とは言えないのである。この点で人類社会は、不確定ながらも、「私」という現象が責任を負うことで合意しているのである。この点は、犯罪を起こした時に精神疾患に罹患していた場合には、罪を問えないという法的な根拠（＝社会的合意）にもなっている。

2　生活階層における価値判断

主体としてわたしたちがなすべきは、それぞれが異なる感覚器（＝世界像）を持ち、不確定な「私」であることを踏まえ、自然の法則を反映した進化的な応答に基づき、まずは生存を確保するための生理的欲求に基づく判断を優先すべきである。一方、精神的機能である「私」が求める快感は、急いで実現すれば事故や犯罪など現代社会では危険と判断されることにつながりかねない。しかし、世代を超えるような時間をかけて維持・展開すれば、文明や

世界を変え人類の進化につながる可能性もある。

①インフルエンザ

　わたしたちはインフルエンザが毎年流行するとわかっているが、感染・発症する人が過半数となるような病ではないので、インフルエンザの流行期であっても、多くの人はいつもとさほど変わりなく生活しているであろう。感染リスクを意識する人は、手洗い、うがい、マスク、加湿器、のど飴で、感染予防に努める。受験生、医療関係者などはワクチンを接種する場合がある。感染したとしても、症状が軽ければ、咳をしながらでも外出し、仕事もする。

　このように、生活階層では、「私」という情報構造が求める快感を優先し、物質階層が求めている選択に反する思考と行動をとっていることになる。一方、病に罹患し、症状が重たい場合、わたしたちはどのような生活スタイルを取っているだろうか。暴飲・暴食を控え、体が冷えないよう衣服をまとい、部屋を暖かくするだろう。また、医師の処方にしたがい薬を飲み、布団に入り静養する。

　これらの行動は、病にかかる前に発現していた「私」の欲求をことごとく断っている状態である。健康な時に「私」の欲求を断つことは苦であるが、病にかかっている状況では、その欲求を断つことにより「私」に生じる苦を断つことができる。このことは「私」の価値判断で行われている面もあるが、細胞〜器官が従っている物質科学的法則に任せた物質階層レベルの価値判断といえる。つまり、生活階層の判断を弱めると、下支えしている物質階層レベルの判断が自然と立ち現われてくるのである。

　人間は自分のことは「私」が一番よく知っていると思っているが、精神構造としての「私」が細胞〜器官が健全に作動するために求めている選択をしているという保証はどこにもない。多くの場合、「私」という情報構造保存の欲求を考慮し、病に陥って初めて物質階層の要求から離れていることに気づくのである。その意味で病は、物質階層を進化させるとともに、生活主体である「私」を進歩させる現象といえる。

　物質階層におけるインフルエンザへの対応としては、病原体であるウイルスとの共進化を目指すべきとした。一方、生活階層における判断では、「私」

の存続が最優先となる。このような物質階層での価値判断との拮抗を踏まえて、多少の病は「私」の異常状態を気づかせる上での薬と肯定的に捉えるべきである。また、自らの生存能力を強化すべく、病への抵抗力をつける新たな生活習慣（＝新たな文化：ルール）を模索することも必要である。

②生活習慣病

生物としてのヒトは生理的欲求として自らのコピーを残すことを志向するが、それを達成してしまえば、その後の時間の価値は個体ごとに変わってくるはずである。現代文明は各人が不慮の事故で死ぬ確率を低減させているので、時間と情報は十分に与えられている。たとえば、一年寿命を縮めたとしても飲酒や喫煙はやめない、逆に一年寿命を延ばしたいので飲酒や喫煙をやめる、いずれも生活階層（生活習慣）の判断である。生活習慣病に関しては、現代文明が選択してきた生活習慣によるものであることから、各自の人生、つまり固有時間の価値の観点から、急がず生態学的速度で新たな「通常の生活」を熟慮していくべきである。

⑶　社会階層の価値マネジメント

動物が群れを形成するのは、捕食者及び餌場の発見の確率が上がり、自己の生存を確保する上で群れを形成した方が有利になるからである。一方、現代社会において、捕食者に襲われる危険、餌場の確保を意識しなくてよくなった人間は、なぜ集団を形成するのだろうか。

基本として家族という集団は、生存を確保するという目的において動物の群れに近いと思われる。一方、人間の形成するさまざまな集団は、情報処理が複雑化し、多様な環境情報が生成した結果として、多様な欲求を実現するために存在していると考えられる。

1　社会階層における認識上の課題

①集団の特性

人はそれぞれに価値システムを持っているが、同様の価値システムを有する人が集まって集団（グループ）を形成する特性がある。ちょうど物質階層

では接着分子が同類の物質や細胞を結びつけているのと同じである。個人として行動する場合とは異なり、集団は安心を保証する構造であるため、構成員は基本的には集団の動力学に従って行動する。たとえば、地理的な集団構造で見てみると、国レベルでは、国民の祝日には休暇をとり、正月には初詣に行く。都道府県レベルでは、方言や食習慣を共有する。市町村のレベルでは、祭りや町内会の活動を共有する。一方、活動目的別に形成された集団としては、政治団体、企業、メディア、学校、NPO、サークル・クラブなどがある。これらの団体は、地理的な集団構造と比べて集団の設立に自由度があり、また共有する価値システムにずれが生じたと判断した場合は、メンバーとして離脱する、または集団の解散ということもある。このように、個体に対する器官のように、集団の行動が社会レベルの現象の単位となっている。

②感覚共有の範囲

　社会という階層では、「私」の感覚・感情について他者との間で共有・合意が図られている。集団のスケールが小さい場合は、感覚器に入る情報を共有できるため、集団の中で感覚・感情の共有に問題が生じにくい。それが集団のスケールが構成員及び地理的な距離の面で大きくなると、感覚器に入る情報の共有が難しくなり、会話、文章、映像記号の共有が主体となる。そのために社会階層には、会話、文章、映像を伝達する機能として、出版、郵便、電話、テレビ、インターネット、物品を輸送するための機能としてトラック、鉄道、航空機などが存在している。

　集団の規模は、動物の場合は当然ながら五感で認識できる範囲で形成される。ところが人間の場合は、感覚の共有を越えて、記号や金銭だけで繋がる場合もある。この記号による集団の活動がさまざまな社会階層レベルの現象を生みだしている。たとえば、先陣を争う証券取引やメディアによる取材・放送、NPOや政治団体の主義・主張の違いによる論争・闘争である。特に注目したいのは、個々の主体ではなく集団という価値システムの間に問題（＝社会病理）が起きることである。たとえば、国家レベルなら戦争や貿易摩擦など、都道府県や市町村レベルなら、道路、ダム、その他の社会的建造物に関する行政と住民との間に起きる問題である。

2 社会階層における価値判断

　ヒトは思考する動物であるがゆえに、大脳旧皮質や脳幹の判断と大脳新皮質の判断には違いが生じるという問題、つまり悩みを誘発せざるを得ないようにできている。なぜ悩むかといえば、社会集団をつくるという行為の中には、個々人の欲求を超えた普遍的な欲求を創り出そうとしているためではないだろうか。

　集団のルールは、人と人が相互作用する中で生じる問題を効率的に解決するために生まれてきていると考えられる。しかし、集団の中で各人の価値判断が同じになることは考えられず、ある価値判断を行った時には、必ず摩擦が生じる。たとえ病を減じるとして取った価値判断でも、価値判断が自然や人々に影響を与えるものである限り、別の病を発生させざるを得ないのである。

　そんな中で人間社会の集団が実現するものには、もちろん主体としての「私」の快感を拡大する行為の延長線上にある場合もある。一方で、他の動物に見出し難いのは、主体を越えた何か概念上の理想を実現する活動である。その中では、主体の生理的欲求に反する場合も出てくる。多くの場合、功利主義で計算を行ったり、人権を思考したりする。相反する方向の思考が働き、決定し難い状況の中で働く力が倫理、道徳のような社会的正義への志向性である。社会的正義は個々人の身体維持のための栄養とは関係がなく、社会性という高次中枢機能を維持するための「栄養としての情報」と考えられないだろうか。

①インフルエンザ

　わたしたちの社会では、インフルエンザの流行を抑えるためにいくつかの社会的手段を講じている。以下にいくつか例を取り上げる。

　日本では1960年代から1990年代まで、インフルエンザに社会として対抗すべく小中学校においてワクチンの強制接種を行っていた。しかし、接種を継続しても流行は抑えられず、社会的価値があるとはみなされず中止された。実際には、ワクチンを打たなくても発症しない人が多く、発症者の割合

を 50% 程度減じる有効性では価値を実感しにくかった。また社会的流行を小中学校だけで抑制することにも無理があるだろう。さらに、重症化の抑制についての評価が難かしかったことで、ワクチンの有効性が明確に示されなかったという面があった。また、日本はインフルエンザの広がりを抑えるべく学級・学校閉鎖をかなり積極的に行っている国だが、元気な子供は家に閉じ込められてストレスがかかるため外出してしまい、また地域に流行がある限り再登校により流行してしまうため、効果に対しては疑問が呈されている。

一方、新型インフルエンザが発生した 2009 年には、日本政府は国内への侵入を防ぐ目的で、水際対策として国際便の到着する主要空港に検疫官を配置し検疫を実施した。しかし、感染直後では症状が現れないため侵入を止めることはできず、大多数の健康な人を何時間も引き留めることで人権の侵害であると批判を受けることになった。さらに、この新型インフルエンザの流行初期には、厚生労働省は発熱など感染が疑われる人を最初に診るために特定の医療機関に発熱外来を設定したが、心配した患者が殺到し、他の患者への対応ができない状況となり、設置後間もなく廃止した。インフルエンザは空気感染するため、当初から外来患者だけ隔離しても意味がないとの指摘もあった。

物質階層における物質間相互作用は物質科学的法則に則って確実に起きるのに対し、社会階層においては、法規則、つまり言葉が人々に作用するのだが、言葉のルール自体に矛盾があり、言葉の解釈も多様で、言葉で表現できない面も存在するので、社会階層を物質階層と同様に制御することはできない。

そんな中で、インフルエンザの流行を抑制するには、まず水際対策や患者の隔離については、社会機能を止めなければ実現できず、実施が困難であるとの事実を受け入れ、社会に存在する集団の機能を活かしながら、発症後の被害を最小化することに注力しなければならない。また、社会に流通する情報の正確さを確保することに気を配る必要がある。情報伝達のチャネルが多いと、不正確な情報、さらには攪乱を意図したデマが混じってくるからである。デマは集団のコアである安心を脅かすものであり、情報化社会に固有の社会病理である。正確な情報を信頼するメディアを通じて発信すべきであろ

う。

　次に、インフルエンザは国際的な現象なので、社会階層としては最も大きな国際社会レベルで起きているルール間の摩擦を見てみよう。

　強毒性を持つヒト・インフルエンザは、多くの場合、トリとブタを共存させる伝統的な畜産の形態のある地域で発生するとされている。それはトリ・インフルエンザウイルスで起きた変異が、ヒト・インフルエンザウイルスの感染しているブタに感染し、ブタにおいてヒト・インフルエンザウイルスと遺伝子の混合が起きるからである。そのような伝統的な畜産を国際的な圧力で辞めさせることは困難である。この問題は、伝統的畜産業（ローカル）と世界的公衆衛生（グローバル）というルールの衝突である。このような問題においては、集団の物質階層や生活階層が見えず、主として集団のもっている価値システム間の対立が顕在化する。国家間では文化、自治体間ではふるさと感の対立などである。地域が保有するルールは文化という価値として尊重しなければならない。すなわち、世界の公衆衛生は人類にとっての一つの大きな理想（社会的正義）なのであるが、効率を優先して伝統的畜産業を廃止するのではなく、地域文化が時間をかけて形成されてきたように、時代レベルの時間をかけて浸透を試みることが必要である。

　また、新型インフルエンザが発生した場合、感染国とのヒトの行き来を制限するかどうか政治判断が求められる。感染拡大を予防するには早めに渡航制限をかけるべきだが、リスクに対応するレベルの制限としなければ、自由貿易のルールに違反し、政治的・経済的ストレスを生じさせることになる。この問題は、渡航制限によって国際的な感染拡大を抑制する方策は有効性を持つのだが、タイミングと程度によっては、発生国に対して大きな経済的打撃を与えることになる。場合によっては実害及び風評被害で、廃業や自殺といった社会病理も生じる。病で亡くなるのと、経済破たんで自殺者に追い込まれるのでは、原因は異なるが人的被害という点で変わりがない。世界的に蓄積されてきたインフルエンザの医学的影響と経済的影響に関する知見を参考とし、影響の少ない手段から逐次的に講じていくべきである。政治的判断とは可能性（確率制御）の技術なのである。

その点で、国際レベルではWHO、国家レベルでは米国疾患管理予防センター（CDC）、非政府組織としては、インターネットを活用して感染症情報を共有するProMed、実際に現場に医師を派遣する団体として国境なき医師団などの活動がある。それぞれ異なったルールで動いているので、対策を一元化することは困難である。ただ、いずれも公衆衛生の実現という共通の社会的正義感を抱いている。感染症の起きている現場の状況を物質階層、生活階層レベルで正確に把握することはできない。したがって、社会階層のどのようなルールが有効であるかは自明ではなく、社会的正義感を共有する限りにおいて、多元的にアプローチする他ないであろう。

②生活習慣病

社会が発展するとストレスの回避と欲求実現の効率化が実現され、そのトレードオフとして生活習慣病が出現してくる。したがって、社会内に存在する多くの集団は生活習慣病を促進することに寄与していることを最初に認識すべきである。

一方、人間は生活レベルで欲求を満たすべく社会を発展させてきたが、同時に物質科学的法則の解明を進めた結果、生活習慣病を引き起こす物質的な原因や欲求との関連に気がついている。したがって、個々人の欲求制御には難しさがあるが、社会内集団としての取り組みが始まっている。食に関しては、化学肥料に対して有機肥料、化学農法に対して自然農法、ファストフードに対しスローフード、大量生産・大量消費に対し地産地消などである。これらを志向した生産者や消費者がグループを作ってインターネットを通してつながっている。電子情報伝達は効率化の象徴ともいえるが、社会の中で散在していたのでは消滅してしまうような活動も、つながることでともに与え合う形の共存・共栄が可能となる。これは個体レベルで脳内に新しい神経回路が形成されることに対応する。社会内の集団が誤解や競合することで社会病理が発生するが、生命システムの構造のように部分と全体が階層構造的につながり合うことで、社会病理の回復に寄与できる可能性がある。ここに一つの生命システムとしての進化を期待することができる。生活習慣病を減じようとする社会活動は、社会構造の改編・進化を必然的に伴う活動となるの

である。

6　おわりに

　科学・技術の発展に伴い、人類はさまざまな物質的果実を手に入れてきた。一方で、最も複雑な生命システムであるヒトの場合、病をもたらす病原体の影響を克服したとしても、自己システムに内在する病が残されている。それは、自己免疫疾患や癌など身体的自己を破壊する病、うつ・認知症・自殺といった精神的自己を破壊する病、窃盗・詐欺・殺人・登校拒否など社会と個人との間に起きる社会システムの病である。

　しかし絶望することはない。地球上に生命が誕生してからこれまで生命が存続してきた背景には、生命が摂動に対して頑健なシステムを創り上げてきたという事実がある。人類の歴史においても、人は自らの有する限界性を物質・生活・社会システムレベルで認識し、相互作用し、新たなシステム構築に向けてチャレンジし続ける存在なのである。つまり、現在の人間という生命システムにとって快適な定常状態を実現するのではなく、敵対的とも思われる病原体に対する備えを探り続けるという相互作用が生命進化の歴史なのである。五感では捉えにくいのであるが、わたしは生命システムの進化という大きな歴史の中に参画している存在であることを意識しつつ、「病との共生進化」という価値システムの中で生きていこうと思う。

注

1　本章では病を狭義の「病気」としてではなく、以下に述べる価値の階層構造に対応させた概念として考える。すなわち、ウイルスや栄養分子のような物質階層においては定常状態からずれた状態（＝物質的に定義された「疾患」）、生活階層においては、だるい・痛いなど主観的な不快を伴う状態（＝医療で定義された「病気」）、社会階層においては、集団の活動が引き起こす闘争、戦争などの摩擦（＝「社会病理」）を含めて考える。

2　本章では、物質階層で選択されている物質科学的法則に加え、ヒトの欲求が生み出す行動制御のルールや、ヒトの複雑な精神活動が生み出す感情や行動制御のルールを含めて、自然の法則と考える。

参考文献

大上泰弘（2005）；生体分子ネットワークからみたコミュニケーション『感性哲学5』95 - 107

岡部信彦（2015）；世界の感染症とその現況：Dokkyo Journal of Medical Sciences 42（3）163 - 169

香川靖雄（2016）；栄養学の歴史『BIO Clinica』31（9）104 - 108

金谷　治訳注（1996）；『荘子』第一冊［内篇］、岩波書店

栗原千絵子 斉尾武郎 共監訳（2005）；Marcia Angell『ビッグ・ファーマ 製薬会社の真実』、篠原出版新社

前野隆司（2004）；『脳はなぜ「心」を作ったのか』、筑摩書房

レイクル，M. E.（2010）；浮かび上がる脳の影の活動『日経サイエンス』6月号、34 - 41

Hmwe H Kyu, Victoria F Bachman, Lily T Alexander, John Everett Mumford, Ashkan Afshin, Kara Estep, J Lennert Veerman, Kristen Delwiche, Marissa L Iannarone, Madeline L Moyer, Kelly Cercy, Theo Vos, Christopher J L Murray, Mohammad H Forouzanfar（2016）；Physical activity and risk of breast cancer, colon cancer, diabetes, ischemic heart disease, and ischemic stroke events: systematic review and dose-response meta-analysis for the Global Burden of Disease Study 2013: *British Medical Journal* 354; i3857

Matthew C. Fisher, Daniel. A. Henk, Cheryl J. Briggs, John S. Brownstein, Lawrence C. Madoff, Sarah L. McCraw & Sarah J. Gurr（2012）；Emerging fungal threats to animal, plant and ecosystem health: *Nature* 484; 186 - 194

第Ⅱ部

コモンズ空間の保全と再生

第3章　森林管理と合意形成
——やんばるの森と世界自然遺産登録

谷口恭子

はじめに

　保全と利活用の対立が続く地域で、持続可能な森林資源管理計画を策定するためには、地域を主体とし、かつ、多様なステークホルダーが参画できるような合意形成プロセスの構築が不可欠である。本章では、沖縄本島北部に広がるやんばるの森の多くを占める国頭村が2011年に策定した「国頭村森林地域ゾーニング計画（以下、「本計画」とする。）」策定事業において、筆者と桑子が行った合意形成マネジメント手法を示す。関係者の潜在的な対立により森林管理計画の策定が困難な地域において合意に導くことができた理由は、生物多様性豊かなやんばるの森という通念に反して、村民の期待が「自然再生」にあることを明らかにし、これを計画のなかに組み込むことができたことである。本章では、保全と利活用の二項対立を克服する森林管理のための合意形成プロセスにおいて「ゆるやかなゾーニング」の概念のもつ役割を認識し、これを合意形成マネジメントに活かすことが重要であることを示す。

1　コモンズとやんばるの森

(1)　やんばるの森とは

　森林の保全と利活用をめぐっては、環境問題が認知され始めた1960年代頃から開発か保全かの対立が白神、知床等、全国各地で繰り返されている。特に奄美大島、沖縄島、西表島等の生物多様性の高い亜熱帯地域の森林では、森林伐採、林道建設、農地開発、リゾート開発等に伴い、その保全と利活用

のあり方が厳しく問われてきた。多様なステークホルダー（関係者）間のインタレスト（関心・懸念）が対立するなか、こうした状況を紛争に陥らせずに合意形成を図るにはどのようなプロセスを構築すればよいのだろうか。

わが国における亜熱帯林のなかでも、沖縄本島北部の「やんばる（山原）の森」とよばれる森林は、その生物多様性の豊かさでも最も貴重な地域のひとつである。この森は、2016（平成28）年9月に国立公園に指定され、今後世界自然遺産登録が予定されている。ヤンバルクイナ、ノグチゲラ、ヤンバルテナガコガネなどの多くの固有な動物が今も生息している貴重な森は、その多くが林業等により古くから人為的影響を受けながら今日に至っており、保全と利活用の間で多くの論争の的となっている。

1996（平成8）年には、やんばるの森の林道建設に対して、弁護士と県内の自然保護論者が現職知事等に対して住民訴訟を2度起こしている。また、日本生態学会や世界自然保護基金（WWF）ジャパン、日本自然保護協会（NACS-J）等の全国組織の自然保護団体も伐採や林道建設に反対する意見書を複数回にわたって沖縄県及び国頭村に提出している。2010年には県議会で林道建設費に対する議論が紛糾し、2011年3月の議会で林道計画の休止が決定された。

(2) ローカル・コモンズとしての森林資源管理

様々な自然資源のなかでも「森林」は、水源かん養、木材生産、治水・防災、保健休養の場、生物多様性の保全などの多様な機能を有しており、「コモンズ（共有財）」として議論の対象となっている。

コモンズ（Commons）に関する研究は、衰退の一途をたどる地域共同体における持続可能な地域資源の伝統的な管理システムを見直し、再構築するための理念と具体的な方法を提起することを目的として、経済学、法律学、環境社会学、文化人類学などの様々な分野で展開されている。日本では「私（Private）」と「公（Public）」の間にある「共（Commons）」的世界としての「入会地、共有地」研究として、法律学、林政学、経済学等の分野で研究が進められてきた。

法律学の分野で入会林野を研究する中尾（2003）は、入会権について、所有権のように相続されるものではなく、「入会権者であるかどうかを決定するのに一番重要なのは、いずれの場合にも入会林野の維持管理に必要な義務を負担し、本来の入会権者たちと部落住民として付き合いをしているかどうか」を問われる権利であり、「現在の慣習にもとづいて入会林野を管理利用している事実を法律上の権利として認める」ものとしている。入会権は、固定化された絶対的権利ではなく、その所有・管理形態は流動的であり、近代化による林野の管理形態の変化や人口や生活形態の変化による利用の減少に伴い、全国各地で入会的に管理されている森林が減少している。

経済学の分野では三俣・森元・室田（2008）が、コモンズを「①共有・共用する天然資源、②それらをめぐって生成する共同的管理・利用制度」と定義している。森林社会学者の井上（2004）も「自然資源の共同管理制度、および共同管理の対象である資源そのもの」と定義し、「資源と制度」の両方を対象としている。

井上・宮内（2001）は、コモンズ研究で重視する領域を、「自然資源を利用しアクセスする権利が一定の集団・メンバーに限定される管理の制度あるいは資源そのもの」である「ローカル・コモンズ」とし、そのなかでも「利用について集団内で規律が定められ、種々の明示的・暗黙の権利・義務関係が伴う『タイト（Tight）なローカル・コモンズ』」についての議論と研究が重要であることを指摘している。既存のローカル・コモンズを分析することによって、管理システムの継続に必要な要素を抽出することが、コモンズの再生や新たなコモンズの可能性を示すことになる。

しかしながら、「共的世界」である地域共同体そのものが衰退するなか、残された「タイトなローカル・コモンズ」の分析を行うと同時に、行政が主体となる「公的世界」に「共的世界」を組み込んでいくことが現実的な段階にきている。つまり、コモンズ論と同時期に研究が進められてきた「住民参加・市民参加」の視点を、具体的な森林管理にどのように組み込んでいくかということが緊急の課題となっている。

公共事業の計画段階等に住民意見を反映させるための「合意形成」や「住

民参加」の仕組みづくりについての研究・実践が都市、まちづくり、河川、道路、森林等の領域で進められている。合意形成の包括的な研究は、Susskind（2006）、猪原（2011）、原科（2005）等にみることができる。猪原（2011）は、「合意形成（consensus building）」について、理論面、方法面、実践面の3つの側面から進展し、かつ一体となって知識体系を構築するための研究としている。具体的には、理論面の研究対象は、用語体系の整備、「場」・合意内容・プロセス・個人などの分類、合意形成の外部要因やほかの分野との関係等であり、方法面の研究では、方法そのものや方法の評価・比較・選択・利用・改善・開発、評価方法や改善方法が対象となり、実践面の研究では、実践の現場であり実践の記録が対象となる。原科（2005）は、公共計画の具体的な策定事例を調査し、参加の課題と本当の意味での合意形成を行うためのプロセスとしての情報交流の場（フォーラム）、合意形成の場（アリーナ）、自由討論の場（ワークショップ）において、市民参加による計画づくりを支える具体的な手法を示している。また、参加協働型社会構築のための人材育成に取り組む世古（2009）は、「参加のデザイン」として「構成・プロセス・プログラム」の3つのデザイン理論に基づくワークショップの実践を積み重ねている。

　森林資源における合意形成や住民参加に関する研究としては、1980年代に起きた知床及び白神山地の国有林伐採問題以降、林政学の分野で柿澤（2000）、木平（1997）らが、森林管理計画の策定から管理・利用に至るまでの市民参加の必要性・意義を、米国国有林の事例の分析も加えながら示してきた。また、漁業者やＮＰＯ等の、職業や価値観を共有する団体による森づくりへの参加の取り組みについて、中村・柿澤（2009）らの報告がある。

　本章では、ローカル・コモンズを「地域社会のしくみにより、地域が持続可能性に配慮して共同管理してきた空間、地域共同管理空間」と定義し、「コモンズは、自然生態系とそれを維持管理してきた地域の土地管理のしくみ、伝統、文化などの社会的装置の両方を含んでいる」（桑子、2010）ものとして論考する。また、対象とした国頭村の森林資源管理は、村有林と県営林の公共事業としての整備が中心となっているため、コモンズの対象は、私有地を除く公有地を主とした。

第3章　森林管理と合意形成　113

　筆者と桑子は、以上に述べた既往研究をふまえた実践で、森林の管理においては、地域住民による市民参加の視点から、林業行政対環境保全行政、行政対自然保護論者、地域住民対自然保護論者等の二項対立を解決することが不可欠との認識から、そのための新たなコンセプトを行政と住民及び住民同士の話し合いのなかから創出することを目指した。そうしたプロセスにおいて見出したのは、多様で複雑な境界性を統合する「ゆるやかなゾーニング」という概念である。この概念を用いて多様なステークホルダー間の合意形成プロセスを構築することによって、深い対立のある課題を合意形成へと導くことに成功した。

　本章では、深い対立をもつ亜熱帯林の持続的管理という課題を解決したケースにおいて実践した合意形成プロセスの設計・運用・進行の具体的手法を示し、森林管理計画策定における「ゆるやかなゾーニング」概念の導入がどのような意味で本計画において決定的役割を果たしたかということについて論じる。

(3)　やんばる国頭村の森

　実践フィールドの沖縄県国頭郡国頭村は、沖縄本島の最北端に位置する面積19.2k㎡、人口4,922人（2015年）の、山と海を有する自然資源の豊かな村である。このうち、山林面積は16.4k㎡と総面積の84％を占め、沖縄本島の最高峰である与那覇岳（503m）をはじめとする脊梁山脈を分水嶺として、12の主要な河川と渓流が太平洋または東シナ海に流下している。主要河川の周辺の平坦地を中心に、東西に20の集落が分布しており、現在も集落毎の結束は固く、独自の文化を育んできた。年間をとおして温暖で湿潤な亜熱帯性気候と恵まれた自然資源により、漁業と林業を主とした1次産業が中心であったが、他の地方同様、自給率の低下とともに建設業、サービス業の占める割合が高くなり、現在は高齢化率27.2％（沖縄県平均16.1％）と典型的な過疎地域となっている。

　国頭村を含む沖縄本島北部の大宜味、東村3村の森林は、「やんばる（山原）の森」と呼ばれ、その6割（16,000ha）は国頭村に分布している。北緯27度

に位置するやんばるの森は、世界の亜熱帯地域の多くが内陸部の砂漠地帯であるのに対し、黒潮海流の影響で年間を通して温暖・湿潤な海洋性気候となっている。また、大陸の東側に位置することにより、大陸性気団と海洋性気団の影響を受け、梅雨と台風により多雨をもたらす。これらの気象条件が年間を通して動植物の生息・生育を活発にしている。

林野の約4割を占める国有林の半分は、米軍地位協定規約等により「米軍北部演習林」として使用され、残りは「勅令貸付県営林」として沖縄県が木材生産を目的とした経営管理を行っている。

1996（平成8）年のSACO合意（沖縄に関する特別行動委員会）が2002年度末に北部訓練場の過半の返還の報告を受け、環境省はやんばるの森を国立公園に指定することを公表し、林野庁は2009年に「やんばる森林生態系保護地域（案）」により返還後の国有林の森林管理計画を定めた。2013年1月には、やんばるの森を含む「奄美・琉球」が世界自然遺産候補地の暫定リスト記載が決まり、以降、奄美・琉球世界自然遺産候補地科学委員会の設置（2013年5月）等、環境省による登録に向けた具体的な取組が始まっている。

一方、保全と利活用の厳しい選択が迫られている林分を多く有する沖縄県は、林道計画の休止を受けて、2011（平成23）年度より有識者を中心とした検討委員会で、利用区分（ゾーニング）を含めた今後のやんばる地域の林業の方向性が検討された。つまり、国頭村では沖縄県の検討に先行する形で、「国頭村森林地域ゾーニング計画」の策定が始まった。

本計画における「森林計画」は、「森林地域をコモンズとして共同管理するための基本方針及び具体的な方法を示すもの」である。木平（2003）は、「「森林計画」とは「森林を管理するための方策」というだけではなく、一定の形式と内容とを整え、社会的に認められたもの」であり、森林法により設けられる森林計画制度を「典型的な森林計画」としている。また、光田ら（2009）は、森林計画手法を、計画レベルの段階で3分類（戦略・戦術・実行）、空間スケールにおいて3分類（地域・団地・林分）に分類し、「戦略レベル（Strategic level）森林計画」では主に広域にわたって資源の配置計画、長期計画における管理目標の設定などを、「戦術レベル（Tactical level）森林計画」では主に

5年や10年といった計画期単位での施業実施のスケジューリング、長期計画の管理目的に応じた中・長期計画での管理目標の設定などを、「実行レベル（Operational level）森林計画」では詳細にわたる施業指針の設定、単年度の施業実施計画などを取り扱うものと定義している。本計画は、「地域レベル（Regional level）」における「戦略レベル（Strategic level）」のゾーニング事例に分類することができる。

　森林計画の実効性を確保するための前提条件として、柿澤（2003）は「計画が公開・参加の原則に則って協働でつくられており、社会的に受容されていることである。具体的な手法をいくら用意してもこの基盤がない限り有効には機能しないし、そもそも社会的な合意なくして強制力をもった手法の導入はできない」とし、森林計画の実効性に地域住民の合意が重要であることを指摘している。2011年の森林法の改正では、「これまでの国が主導してきた森林を漏れなく3タイプにわけるゾーニングから、地域主導のゾーニングに転換することが重要」であり、「市町村森林整備計画を地域の森づくりのマスタープランとする位置づけが明確にされる」（小島、2013）とともに、林業の面的まとまりを条件とした森林経営計画制度の創設により、市町村を主体とした合意形成・協働の取組みが社会的に要請されている。

　筆者と桑子は、村の独自計画として策定した「国頭村森林地域ゾーニング計画」策定事業のプロジェクト・チームのメンバーとして、合意形成プロセスの設計・運営及び住民意見交換会での進行を行った。本章では、その策定過程において実行した合意形成プロセスを記述・分析し、具体的な手法を示した。

　本事業は、筆者と桑子がこれまで携わった合意形成プロセスを含む事業による理論的・経験的な情報を分析した上で構築した「社会的合意形成プロセスにおける設計・運営・進行の具体的手法」を用いて行った、多様なステークホルダーとの協働による一つの社会実験という意味をもっている。すなわち、本研究は、困難な合意形成の現場において、合意形成プロセスのための仮説を立て、これを当事者として問題解決の試みとして行った実践的・実験的研究と位置付けることができる。

2　森林資源の保全と利活用の対立の分析

　本計画策定事業推進のためにまず行ったのは、森林資源の保全と利活用の対立の分析である。保全と利活用の対立が続く地域で、地域の持続可能な森林管理計画を策定するために、なぜ「地域を主体とした社会的合意形成プロセス」が必要なのか。この問いについて、やんばる国頭村の森における保全と利活用の対立の原因と考えられる①「森林地域に張り巡らされている様々な境界の混乱」、②「限られた関係者による協議」、③「地域住民の意見の不在」の3つの視点から考察した。

(1)　森林地域に張り巡らされている様々な境界の混乱（情報整理・共有の問題）

　国頭村の森林地域には様々な法令、上位計画等に基づく区域指定が行われてきた。市町村の森林整備事業計画は、森林計画制度による機能類型区分を基本として、年度毎に造林、保育等が計画される。この機能類型区分では、造林や保育等の施業を禁止する「保護区域」に該当する区分が明確にされなかったために、保全か利用かの議論に混乱を引き起こしている。加えて、沖縄県が「沖縄県農林水産振興計画（2002~12年度）」に基づき2007年に認定した「木材拠点産地」では、伐採が禁止されている鳥獣保護区特別保護地区を含む、国頭村北部地域が木材拠点産地区域として指定された。

　混乱・矛盾した区域指定が保全を訴える自然保護団体の行政及び林業者に対する不信・反発につながっている。様々な行政機関による境界の混乱、すなわち基礎情報の整理・共有の問題が、保護団体、行政、林業者の信頼関係の悪化を招いてきた。

(2)　限られた関係者による協議

　筆者と桑子がやんばるの森における保全と利活用の二項対立を克服しようとした背景には、従来の森林管理は、行政を中心とした限られたステークホルダーによる意思決定に任せられてきたという認識があった。すなわち、国有林を主とした木材生産に主眼を置いた林政と大規模開発が続くなか、公害

をきっかけとした環境問題が認知され始めた1960年代頃から公益的機能を重視する森林整備へ転換された1990年代にかけて、開発か保護かの対立が各地で繰り返されており、「本当に大切なものはなにかということについて議論されないまま、まったく異なった価値が対立し、綱引きが行われ、一方が強行するか、あるいは低レベルの妥協が成立するという構図が支配的」（桑子、1999）であった。1998（平成10）年には、国有林管理計画策定経営過程に国民の意見を反映させるための公告・縦覧の手続きが導入されたものの、森林計画制度により策定される森林計画は、「一般の人がみても、何が書かれているのか、どのような森林をつくろうとしているのか理解することは、ほとんど不可能」（柿澤、2003）であり、「計画作成の事前に計画案を公開縦覧し、市民の意見を聞く仕組みが取り入れられるようになったが、市民の間にはまだ十分浸透していない」（西川、2004）など、地域住民の意向を積極的に取り入れることに対する行政側の消極的な姿勢が指摘されている。

やんばるの森の管理においても、克服すべき課題は、行政（県・村）と弁護士、自然保護団体の対立、生物学者と林学者間、いずれの場合も、木材生産を中心とする経済的価値観と、貴重な野生生物の保護・保全を是とする価値観の対立であった。

(3) 地域住民の意見の不在

エネルギー革命により薪炭が利用されなくなるまでは、村土の8割を森林が占める国頭村の多くの集落（字）は、「山稼ぎ」で生計をたてていた。薪は主要な現金収入であり、利用制限から造林、整備計画は各集落が主体に行っていた。現在でも伐採は、所有区分に関わらず、集落の許可を得た場所でのみ行われている。都市住民を中心に行われる伐採への抗議に対し、村民の多くは林業関係者に同情的な発言をしている。本事業で開催した住民意見交換会では、人の手を入れることで山の保水力が高まり、現在の生物多様性が保たれてきたのであり、決して手つかずのまま保護することがいいこととは限らない、といった意見が複数の区長から発せられ（第2回地区別住民意見交換会：2010年9月27〜29日：全4回実施）、都市部の保護団体との認識の乖離が感じら

れた。また、なぜもっと林業の必要性について理解してもらえるよう、国頭村から情報を発信しないのかという意見もあった（第3回住民意見交換会：2011年2月26日）。

やんばるの森の林齢分布を研究する齋藤（2011）は、やんばるの森の自然保護を巡る論争の一因を「地元住民や林業関係者と地元以外の人々との森林の成り立ちに関する歴史認識の相違」と捉えている。今も昔も生活のために管理・利用してきた地域住民の「森林に対する認識・想い」が、これまでの森林管理計画の策定等の林政に反映される機会はほとんど提供されてこなかった。

3 「国頭村森林地域ゾーニング計画」

やんばるの森の保全と利用の対立を解決するための森林管理計画を策定するためには、①「森林地域に張り巡らされている様々な境界による混乱」の解消、②「経済的価値と学術的価値の二項対立」への新たな価値観の導入、③地域住民の意見の取り込みが重要と考える。筆者らは、これらの3つの課題を解決するためには、地域を主体とした森林管理計画を「社会的合意形成プロセス」を経て策定することが不可欠との認識を持つに至った。

「国頭村森林地域ゾーニング計画」は、国頭村が森林法による地域森林整備計画とは独立に国頭村独自の森林地域の将来ビジョンを定め、村独自の考え方として発信するために策定した。具体的な計画策定にあたって、プロジェクト・チームは、現在の様々な関係機関により設定されている複雑な境界を読み解き、これを地図上に示した。さらに、この資料を関係者で共有・認識できるようにし、この共通認識にもとづいて、これまで十分に組み込まれてこなかった地域住民の声を反映させた。このようにして、多様な関係者による合意形成の成果を、「基本方針」及び「ゾーニング計画」という形で表現できたのである。

以下では、合意形成の成果である「国頭村森林地域ゾーニング計画」（2011、国頭村）について、その特徴を中心に概説する。

⑴ **基本的な考え方（基本方針）**

　基本方針では、やんばるの森のこれまでの役割を示した上で、つぎのような将来像を目標とすることで合意を得た。

　国頭やんばるの森は、琉球王朝成立以来、沖縄本島の木材や薪炭の供給に活用されてきました。蔡温による林政の確立後は、林政八書等による森林保護管理の思想と技術による森林の保護育成が行われ、近代以降も戦後の復興材を供給するなど、沖縄本島随一の木材生産地としての位置を占めてきました。

　現在のやんばるの森は、4つのダムを要し、水資源を本島中南部に供給することで、水源かん養機能としての需要も高まっています。さらに、生物多様性の高い地域として、また、二酸化炭素の吸収源として、その重要性がますます認識されています。他方、近代化の過程で生じた環境の劣化が多方面から指摘されています。

　そこで、国頭村では、やんばるの森を後世に引き継ぐために、その多様な機能をつねに考慮するとともに、一面的な管理を排し、地域の視点に立って、組織横断的な取り組みのうちに、官民協働のなかで総合的・包括的・計画的管理をめざします。

　この目標を達成するために、琉球王朝以来の森林保護管理の思想と技術を学びつつ、百年単位の時間的視野をもちながら、「森林のすべての恵みを人と生き物が持続的に享受するための包括的な森林の管理事業」を新たな「森林業」として定義し、その実現を図ります。

　とくに重視する点として、多くの固有種を育むやんばるの森特有の生物多様性における価値を保全し、地球環境問題における脱温暖化に貢献するとともに森林を含む河川流域の再生を行い、教育・研究を基調としたツーリズムを振興することにより、観光を含む新たな森林業のあり方を実現します。

　上記の目的を実現するために、①残すところ、②守るところ、③再生するところ、④利活用を図るところを区分します。なお、この区分は、客観的なデータにもとづいて、地域の生活・文化の歴史・地域社会の持続可能性を踏まえ、決定します。

(国頭村、2011)

基本方針の内容についての協議では、沖縄本島中南部の水がめとして重要な役割を果たしていることや、戦後復興期に多くの木材を中南部に供給したことなどを協議参加者があらためて確認し、歴史的にも、現在においても、国頭村の森林資源が様々な形で利用されながらも、豊かな生物多様性の価値が保たれていることについて認識を共有した。

また、2001（平成13）年に国頭村が策定した「北部訓練場・安波訓練場跡地利用計画」の審議会で生まれた造語「森林業」は、その後の村の土地利用計画等でも「森林のすべての恵みを人と生き物が持続的に享受するための包括的な森林の管理事業」として定義し、国頭村の森林資源管理の将来ビジョンを象徴する言葉として、本計画の基本方針に盛り込んだ。

⑵　村独自のゾーニング区分の設定

本計画では、基本方針の協議の段階で、森林整備計画の3区分にとらわれず、村独自の区分として、「①残すところ、②守るところ、③再生するところ、④利活用を図るところ」の4区分を設定した（表3-1、図3-1）。区分に際しての基本方針は以下の3点とした。

1　連続性の確保

多くの固有種を育むやんばるの森特有の生物多様性を保全するために、「①残すところ」と「②守るところ」の各エリアが、連続的に分布するように配慮した。

2　緩衝地帯の設定

「①残すところ」の周辺に「②守るところ」を緩衝地帯として配置することで、「①残すところ」と「④利活用を図るところ」は極力隣接しないように配慮した。

3　流域単位の検討

「③再生するところ」は、山から海までの流域単位の再生を検討できるように設定した。

第 3 章 森林管理と合意形成 121

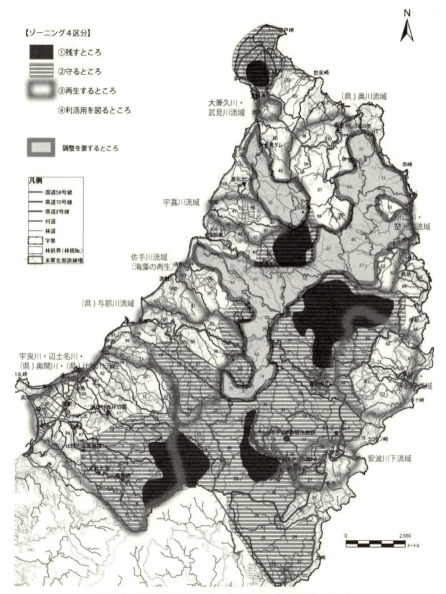

図 3-1 森林地域ゾーニング計画図（国頭村、2011）

表 3-1 森林地域ゾーニング区分の概要（国頭村、2011）

ゾーニング区分		①残すところ	②守るところ	④利活用を図るところ
林業	伐採方法	禁伐	小面積・分散化	皆伐は1か所5ha以下 隣接地は避ける
	森林管理		水源涵養機能・生物多様性の向上	早生・有用樹種の植林・保育
	林道	新設を控える	仮設作業路のみ	環境に配慮する
環境教育・ツーリズム	立入	利用者数制限の検討		積極的活用
	散策路整備		最小限の整備	環境配慮した整備
	施設整備		研究・教育目的の施設	環境配慮した施設整備
	既設林道活用			積極的活用
生物多様性保全等	学術研究	水土保全、希少種・生物多様性保全のための研究の推進		
	希少種保護	生息環境の保全	生息環境の整備	
	密猟・盗掘防止	既設林道を利用したパトロール体制の検討		
	外来種駆除		駆除活動の推進	
森林業	新たな森林業創出		生物資源（薬草・薬木）の積極的活用	
	遊休農地の活用			積極的活用

※「③再生するところ」は、流域ごとに再生目的に応じた利活用を検討するとともに、その他ゾーニング区分の利活用方針に準じる。
※沖縄県の県営林については、林業経営に供されてきたことから、「調整を要するところ」と位置付け、これまでの森林整備や今後の経営計画等を踏まえ、取扱いについては県と調整を行い、区分を検討する。

(3) 「ゾーニング計画図」の作成

1 ゾーニングに必要な要素を重ね合わせる

　国頭村の森林地域の基礎資料として、法規制、上位計画、流域情報、植生、野生生物（希少種）の生息状況、施業内容、観光・レクリエーション施設、文化遺産、地域の要望等について情報を収集し、GIS（Geographic Information System：地理情報システム）で整理した。特に検討委員会や住民意見交換会で要望のあった文化遺産や希少種の情報については現地調査を追加で実施し、その結果を迅速に検討委員会資料に反映させた。

2 「残すところ・守るところ」の抽出

4区分する際の前提条件となるのが、法的規制区域及び森林法に基づく地域森林計画等の上位計画である。これらのうち、伐採や立入制限のある地区をまずは「残すところ（保存：preservation）」として設定した。また、国有林に関しては、沖縄県北部国有林の取り扱いに関する検討委員会において、2009年に米軍基地返還後のゾーニングが行われているため、「保存地区（コアエリア）」を「残すところ」、「保全利用地区（バッファーゾーン）」を「守るところ（保全：conservation）」として設定した。

次に、森林法に基づく地域森林計画の「森林と人との共生林」を「守るところ」として設定した。当地域は、国頭村が策定した「国頭村森林整備計画」において、「伐採を控える地域」として独自に定義されている。

最後に、ゾーニングの基本方針である「連続性の確保」を目的として、研究者の聞き取り調査と航空写真解析により「原生的な森林」として抽出された地域（佐藤ら、2011）をそのまま「残すところ」として設定した。

ここまでを「残すところ・守るところ」として保全を優先する地域の抽出とし、次に木材生産を行っていく地域の抽出に入った。

3 「利活用を図るところ」の選定

国頭村内の森林地域の人工林率は約20％と低く、その多くは、県営林に分布する伐期を過ぎた7齢級（約35年生）のリュウキュウマツ林である。森林簿及び現存植生図よりGIS化したリュウキュウマツ林の分布をもとに、木材生産を目的とした「利活用するところ」を抽出した。

プロジェクト・チームは、以上の作業を事務局及び作業部会で終了した時点で、ゾーニング計画図原案として検討委員の意見を求めた。図面とあわせて、ゾーニング区分ごとの利活用の具体的な内容についても協議を繰り返したが、利活用区域における具体的な内容は、林業の規制に直結する問題であり、議論が紛糾した。特に、皆伐面積の上限の設定や、伐採対象とする林分の特定への反発が林業者から挙がり、各区分の考え方と区分設定の見直しが作業部会で続いた。その後、地区別住民意見交換会での意見や、県営林担当部局との調整の結果、県営林エリアは「調整を要するところ」として「白抜き」

で表現することで、合意が形成された。今後、沖縄県農林水産部森林緑地課が2013年に策定した利用区分（やんばる型森林業の推進～環境に配慮した森林利用の構築を目指して～（施策方針））をもとに、本計画を見直す必要がある。

4 「国頭村森林地域ゾーニング計画」における合意形成プロジェクト・マネジメントの実践

　本計画では「合意形成」を、主催者側が作成した案に対して「同意を取りつける」ことや、複数の選択肢を準備し「多数決の原理で決める」ことではなく、「多様な意見の存在を承認し、それぞれの意見の根底にある価値を掘り起こし、その情報を共有して、解決策を創造するプロセス」とし、このプロセスを実現するための「プロジェクト・マネジメント」を実践した。本項では、本計画で筆者らが実践した「合意形成プロセス手法」、つまり、「多様な意見の存在を承認」するための「合意形成プロセスの設計」及び「価値を掘り起こし、情報を共有し、解決策を創造」するための「合意形成の運営と進行」について論ずる。

(1) 検討委員会の設置

　森林計画制度に基づく国頭村の森林整備計画は、地域森林計画書の機能類型区分をもとに、県の担当者及び森林組合職員と協議しながら村経済課林務担当者が作成するものであり、その他の森林管理に関わる協議でその他の関係者が関わることはこれまでにほとんどなかった。本計画の検討委員会の特徴は、以下の3点である。

　第1に、村役場組織に関しては、村全体の総合計画などを担当する企画商工観光課を主体とし、経済課及び林道担当課である建設課が検討委員に加わるとともに、作業部会メンバーとなり、役場組織を横断する事業体制を整備することで、円滑かつ迅速な情報収集・交換につながった。

　第2に、行政、利害関係組織に加え、有識者、漁協、商工会、区長会、NPOによる検討委員会を組織することで、多様な価値観を取り込んだ議論

が展開された。

第3に、国立公園指定及び世界自然遺産候補地登録を目前に控え、国頭村の森林についてまずは国頭村民で議論する機会をつくることが重要と考え、検討委員は、座長を除く全員を国頭村民とした。中立的立場の第三者を話し合いの座長（ファシリテーター）とした上で、村民だけで議論したことが、長年の信頼関係を基盤とした積極的な議論展開につながった。

⑵ **プロジェクトの目的の共有**

本計画を策定する意義については、土地利用の規制につながる協議が始まった検討委員会の中盤（第5回検討委員会）まで、国頭村林務担当者や林業関係者から質問が繰り返された。それでなくても自然保護団体や県議会からの林業に対する圧力が強まる中、なぜ村自らが厳しい利用規制を表明する必要があるのかという林業関係者の問いに対し、森林管理の理念や環境配慮の姿勢を示すことが持続可能な森林資源の利活用につながること、法令に基づく森林整備計画ではそれらの理念や姿勢がうまく表現できていないことが、行政やその他の検討委員により繰り返し語られたことで共通認識を持つことができた。

保護と利活用が厳しく対立しているなかで、「ゾーニング」を行う場合、最も重要なことのひとつは、「プロジェクトの目的を明確にし、関係者間で共有する」ことである。そのための作業として「基本方針」の策定がある。計画を策定する目的を設定するなかで、まずは合意を得られやすい将来ビジョンから話し合うことである。特に森林の育成・管理には、他の公共事業以上に長期的な視点から計画を策定することが不可欠である。そのために本計画では、具体的なゾーニング区分及び利活用の内容について合意が困難な部分については、計画の「理念」にあたる「基本方針」に示した長期的なビジョンに戻り、議論を繰り返した。

⑶ **合意形成プロセスの設計・管理**

合意形成プロセスを重視した森林計画策定事業を実施するためには、従来

の事業全体のプロジェクト・マネジメントに加え、合意形成プロセス自体の設計・運営・進行が重要である。

本計画の策定では、2009（平成21）年度12月からゾーニング基礎情報の収集整理を開始し、翌月から2010（平成22）年度末までの1年3か月間に、8回の検討委員会と3回の住民意見交換会を行った。前半の5回で、計画の骨子となる基本方針を作成し、それに並行して第3回の検討委員会から具体的なゾーニング計画の内容に入った。中間にあたる第5回の検討委員会の後には、「ゾーニング計画（原案）」に対する説明と意見収集のために、村内を4地区にわけて各集落の代表者数名を招聘した。その後の第6回検討委員会では、集落の意見を反映させた「ゾーニング計画（案）」について議論が紛糾し、当初予定より1回検討委員会を増やし合意が形成された。

策定スケジュール（図3-2）の示すとおり、各委員会の議論の結果を「原案」または「案」の形で明文化し、これを住民意見交換会で公開・説明・協議を繰り返すことで、最終案に対してだけでなく、計画策定の様々な段階で、よ

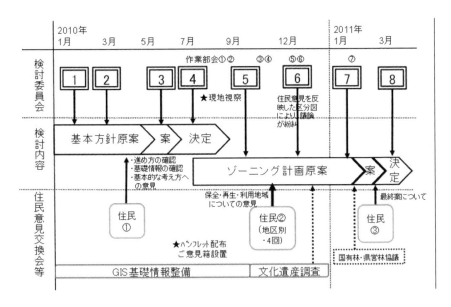

図3-2　「国頭村森林地域ゾーニング計画」策定スケジュール

り多くの住民意見を反映させることができた。国頭村において、地域計画や森林計画の策定段階で、複数回にわたって住民意見を反映させる手順をとることは初めてであり、プロジェクト・チームは、こうした手続きを踏むこと自体に対して、森林整備計画やその他の地域計画関連業務の策定に携わる行政関係者の理解を得ることに細心の注意を払った。

⑷　共有すべき情報の集積統合と提供・共有

　特定のプロジェクトにおいて合意を形成する上で必要不可欠なことは、プロジェクトに関係する基礎情報を多様なステークホルダーにわかりやすい形で提供・共有することである。そのためには、専門用語を極力避け、わかりやすい図表を作成するなどの工夫が必要である。宮本（2010）は情報共有を積み重ねながら、協議関係者間の信頼を構築していく様子を「土俵づくり」と表現している。信頼関係の構築は時間を要する大変な作業だが、不信、失望、侮蔑などにより信頼関係は一度で喪失する。これまでに前例の少ない多様なステークホルダーによる協議であるため、信頼関係構築のための時間と創意工夫を惜しみなく尽くす必要がある。加えて、協議の中で求められた新たな情報を迅速に収集整理し、協議に反映させることも必要である。

　本事業においては、現在の様々な境界情報については、GISを活用したデータの集積統合を行い、それぞれの境界情報が有する利用規制内容を明確にした上で、村独自のゾーニング区分を行うことにより、森林地域の様々な境界の混乱を解決した。地域住民はもちろんのこと、検討委員においても行政の林務担当部局、林業者、研究者以外は、様々な法規制や新たに設定された木材拠点産地等の多くは初めて知る情報であったため、希望する委員に対しては、事務局が個別に説明することで、情報の共有に務めた。特に、検討委員会や住民意見交換会で要望のあったデータのうち、山林内の集落で残していきたい文化遺産として、猪垣、炭焼、藍壺、棚田水路や住居跡などの生活遺産について、保全を求める声が多く出された。また、現在その多くが使用されてないが、将来世代に引き継ぎたいものとして、山中で使われていた集落の水源地については、その流域全体を保全したいという意見がいくつかの集

落から挙がった。これらの意見に対しては、後日聞き取り及び現地調査を実施し、その結果を迅速に検討委員会資料に反映させることで、①客観的なデータによる検討委員会での審議、②科学的な根拠に基づくゾーニング計画図の策定、③意見を迅速に反映する事務局に対する委員からの信頼につながった。

また、「やんばるの森」には、①持続可能な資源管理（杣山の境界測量と経営）、②リスク管理（資源枯渇、渇水・洪水の管理）、③風水思想による山林管理（魚鱗型造林法）を特徴とする林政を確立した蔡温（1682-1761）の林政（『林政八書』）、戦時中は激戦地となった中南部の住民にとって最後の砦として、戦後は、復興材の供給、そして現在は水がめとしての過去から現在に至るやんばるの森の役割についても、森林管理の過去の歴史や思想についても基本方針の検討作業を経る過程で共有することとなった。

⑸　住民意見交換会の開催とファシリテーション

プロジェクト・チームは、森林計画策定プロセスで欠落していた住民の声を反映させるために、住民意見交換会を設定した。住民意見交換会は、村民全体から広く意見を聴くと同時に、検討委員会等での協議に関する情報を提供し、その取り組みについて理解を深めてもらうことも重要な目的とした。地域住民を対象とした意見交換会は、検討委員会で基本方針（案）、ゾーニング原案、ゾーニング（全体）計画（案）が策定された3回のタイミングで実施した。特にゾーニング原案策定時の中盤においては、村内4地区で開催することで、より多くの地域住民からの意見の収集に努めた。

地域住民の森林管理に対する関心を高め、住民意見交換会での参加率を高めるために、本計画の策定期間前半部の「基本方針（案）」策定後（2010年5月）に、本計画を説明したパンフレットを全世帯に配布した。また、策定期間中は、役場内に意見箱を設置するとともに、協議過程の資料や住民意見交換会の資料の縦覧を行った。

検討委員会を含む意見交換会では、①出された意見を否定・批判しない、②意見の理由（なぜそう考えるのか）についても必ず確認する、③参加者全員の発言を目指すこと等を暗黙のルールとしてファシリテーションを行うこと

で、中立公正な討論が確保され、創造的な議論につながった。

　なお、すべての発言について、協議記録を作成した。検討委員会では、前回の記録を検討委員に確認してもらい、自分の発言に間違いや変更がある場合は修正した。この作業には、①発言がきちんと記録されることで、発言への責任感が増す、②すべてを書き起こすことで協議記憶が鮮明に蘇り、同じ議論の蒸し返しを軽減させる、③「言った、言わない」の議論を避けることができる、④議論に参加できなかった協議の内容を共有できるという効果がある。国や都道府県の事業の多くで実施されていることではあるが、可能な限り実行することが、スムーズな運営につながる。

5　「国頭村森林地域ゾーニング計画」における「ゆるやかなゾーニング」概念

　以上のように、本計画の策定では、やんばる国頭村の森における保全と利活用の対立の原因である①森林地域の様々な境界の混乱、②限られた関係者による協議、③地域住民の意見の反映がないという、3つの課題を解決するための合意形成プロジェクト・マネジメントを実現した。本計画では、持続可能な森林管理計画策定の「ゾーニング」のために、目標とする森林の機能を設定する従来のゾーニングではなく、多様な価値観を重ね合わせた、「ゆるやかなゾーニング」概念の導入による対立構造の克服を目指した。協議では、特定の境界への固執による議論の硬直化を避けるために、まずはGISによる情報の統合によって境界の複雑性を多様なステークホルダーが認識し、「ゆるやかなゾーニング」概念が必要であることを共有した。加えて、創造的合意形成プロセスの構築により、地域の人々から「自然再生」への期待を明らかにし、これをプロセスに組み込むことで生まれた「再生するところ」による重層的な意味も含め、「ゆるやかなゾーニング」と呼ぶことにした。

　つまり、「ゆるやかなゾーニング」とは、既存の多様なゾーニングに住民の意見を反映した上で重ね合わせた「包括的・統合的ゾーニング（すなわちゆるやかなゾーニング）」である。「ゆるやかなゾーニング」は、①GISソフト

を使った多様な情報の集積・統合によって境界の複雑性を多様なステークホルダーが感じることができたこと、②創造的・建設的合意形成プロセスの構築により、地域の人々から「自然再生」への期待を明らかにし、これをプロセスに組み込むことで生まれた区分「再生するところ」によって形成された合意の成果である。

具体的には、第2回地区別住民意見交換会（2010年9月27～29日：全4回実施）において、保全と利用に関する意見以外の質問項目（下記①～④）を具体的に設定したことで、地域住民の「生活の営み」に近い森林の価値を掘り起こすことができた。

① 残したい・守りたい地域（禁じ山、水源地等）
② 残したい・守りたい文化遺産（住居跡、猪垣、藍壺・炭焼窯跡等）
③ 再生したい地域（湧水、河川等）
④ 地域づくりや観光等で活用したい地域（散策路・観光施設の整備、周辺集落との連続性等）

質問項目③をきっかけとして、「保護」でも「利活用」でもなく、これまで提案する機会がなかった河川再生や田んぼの復元、水源涵養機能向上等のための森林整備を行ってほしい等の意見が、多くの集落から出された。これらの意見を集約することによって、「再生するところ」というゾーニング区分が生まれた。

また、質問事項④で地域住民から出された、森林地域の「生活の営み」に関する価値を評価し、猪垣に代表される山間部の生活遺産等の調査を実施し、調査結果を本計画に迅速に反映した。水源地の保全、今後散策路を整備してツアーなどに活用したい生活遺産の保全・復元、農産品の付加価値をつけるための流域全体の保全等の様々な住民の生活の営みのなかで重要な視点が計画の検討に加えられることで、「保全か利用か」の二項対立の議論に新たな視点・価値観を加えることとなり、「再生するところ」として豊かな森林像が創出された。

6 世界自然遺産登録を目指して

　本計画策定事業では、これまで困難とされてきた保全と利活用の対立を克服する森林計画を策定するためには、国や県からのトップダウン型ではなく、「地域を主体とした社会的合意形成プロセス」を実現することで、森林管理に直接関わる行政や林業関係者に加えて多様な関係者からの意見を盛り込むことが可能となり、結果として、保全と利活用の単純な線引きではない包括的・統合的ゾーニングとなったことが合意につながった。

　特に、地域からの要望を聞き取ることで明確になった「再生するところ」の視点は、住民参加型の話し合いがあってはじめてゾーニング計画に反映することができた項目である。また、住民に提示した「ゆるやかなゾーニング」の概念が、森林管理計画に地域住民の想いを反映するのに有効であった。

　最後に、やんばる国頭村の森の持続可能な森林資源管理を考えていく上での今後の課題について論ずる。

(1) 世界自然遺産登録に向けての課題

　2003年の世界自然遺産候補地に関する検討委員会で、知床、小笠原諸島、琉球諸島3候補地が選定されてちょうど10年となる2013年1月、「奄美・琉球」の暫定リスト記載が決まった。暫定リスト記載までにこれほど時間がかかったのは、「絶滅危惧種の生息地など重要地域の保護担保措置の拡充」の課題解決、つまり「沖縄本島北部やんばるの森」及び「奄美群島」の国立公園の指定が進まないことにあった。加えて、やんばるの森の国有林の約半分は米軍北部訓練場のため、遺産区域に含めることができない。

　日本の世界自然遺産登録地は、知床、白神山地、屋久島、2011年に新たに登録された小笠原諸島の4か所である。世界遺産条約（1972年採択）に指定された地域では、世界遺産として認められた価値を将来にわたって保護することが世界遺産条約に定められており、関係行政機関と関係団体で構成される世界遺産地域連絡会議の設置と世界遺産地域管理計画の策定が行われる。4つの登録地に共通するのは、いずれも世界遺産地域の80％以上が国有林

であることである。環境省による国立公園、または林野庁による森林生態系保護地域に指定され、保護のための法律がトップダウンで設定できた地域といえる。

　環境省は1996年から国立公園指定のための施策を展開している。2014（平成26）年9月には、「奄美・琉球世界自然遺産候補地科学委員会」による協議が始まり、2016年9月に「やんばる国立公園」が誕生し、2年後の2018年の世界自然遺産登録を目指している。奄美・琉球世界自然遺産候補地科学委員会の下部組織である琉球ワーキンググループの第1回会議（2014.12.11）では、奄美・琉球管理計画（案）の基本方針に、「生息・生育地の維持・改善及び生態系の機能強化のための計画的・能動的な自然再生の推進」が挙げられており、これまでの自然遺産登録地の管理基本方針にはない特徴のひとつであることを強調している。世界自然遺産登録を、地域住民が望む自然再生推進の絶好の機会ととらえ、本計画の実現を目指して、地域を主体とした多様なステークホルダーによる合意形成プロセスを経て取組み続けることが重要である。

⑵　「林業」から「森林業」への転換

　国頭村では、2001（平成13）年に米軍訓練場返還予定地の保全と利活用についての審議会で、「森林業」という言葉が生まれた。そこでは、森林業を「森林のすべての恵みを人と生き物が持続的に享受するための包括的な森林の管理事業」と定義し、本計画の検討委員会でも新たな森林業の創出について活発な意見が交され、その結果は基本方針にも盛り込まれた。国頭村で「森林業」ということばが使われるとき、その言葉には新たな林業の転換に対する積極性や明るい展望を感じる議論につながる場面がしばしばある。この森林業の創出には、生物多様性の保全・向上が不可欠である。

　出口が見いだせない亜熱帯林業の解決策に、環境省、沖縄県、国頭村の行政担当部局は様々な取組を林業者に投げかけている。環境省と沖縄県の協働で行っている外来種対策事業（マングースバスターズ）は、これまで建設コンサルタントが委託事業として行い、地域住民の雇用の場となってきたが、今

後は、国頭村森林組合へ委託するための準備が進んでいる。

また、貴重な野生生物の密猟・盗掘防止のための林道パトロール事業が、環境省と地域協議会の協働で試験的に実施されている。やんばるの森ではマニアや業者による甲虫類、カエル類、ラン科植物などの密猟・盗掘が長期間にわたって続いている。生物多様性の保全、貴重な野生生物の保護が当たり前になった現在ではあるが、その保全・保護のために費やされる税金は少ない。貴重な野生動物の繁殖への配慮のために、林業者に伐採の制限や約半年の生業の自粛を強いる現状を勘案すれば、密猟・盗掘を防止するためのパトロールや生息状況等の基礎調査を、山に精通した体力のある林業者に役割として担ってもらうなどの配慮や努力が行政側にも必要である。当然林業者にもそれらの役割を担うための研鑽が求められる。

この他にも、不法投棄調査・パトロール、造林木のモニタリング調査、ヤンバルテナガコガネの増殖事業、林道管理等、欧米の国立公園では一般的となっているフォレスターとしての役割を担っていくことで、多様性豊かな「森林業」を創出することが、持続可能な森林資源管理の実現につながる。

⑶ **亜熱帯林の資源管理に関する合意形成プロセス研究**

沖縄県国頭村のやんばるの森は、世界自然遺産に値する学術的価値を有する亜熱帯林として、国内では特殊な事例と位置付けられるが、グローバルな視点からみると、アジア地域の類似した森林地域の資源管理に関する合意形成プロセス研究として典型事例ということができる。特に、東南アジア地域の持続的森林管理に関する合意形成については、インドネシア、マレーシア、タイ、フィリピン等で研究が行われている。これらの地域で共通していることは、ローカルからグローバルなコモンズへの急激な変化のなかで地域住民の権利が普遍的価値や経済的価値のために奪われていることである。特に政治情勢が不安定な地域はその傾向が顕著であるが、どのような状況においても、地域住民の声の反映が地域の課題解決の基礎的要件と考える。

地域の多様なステークホルダーの参画のためには、基礎自治体が主体となって地域の将来ビジョンを創造することが不可欠である。本計画の策定で

は、しばしば明確な線引き（ゾーニング）によって顕在化する対立構造を克服するために、合意形成が可能な事項とそうでない事項を明確にしながら、地域の将来像を描くことを目的としたプロジェクトデザインとマネジメントを行うことが重要であることを示した。次のステップとしての森林管理の具体的な実践にむけた合意形成プロセスの構築、さらに、類似環境を有するアジア地域や森林管理以外の事業への応用可能性の検証は、今後の重要な課題である。

参考文献

井上真・宮内泰介（2001）;『コモンズの社会学―森・川・海の資源共同管理を考える―（シリーズ環境社会学 2)』、新曜社

井上真（2004）;『コモンズの思想を求めて』、岩波書店

猪原健弘編著（2011）;『合意形成学』、勁草書房

柿澤宏昭（2000）;『エコシステムマネジメント』、築地書館

柿澤宏昭（2003）;木平勇吉;『森林計画学』、朝倉書店

桑子敏雄（1999）;『環境の哲学』、講談社

桑子敏雄（2010）;地域共同管理空間（ローカル・コモンズ）の維持管理と再生のための社会的合意形成について、南山大学社会倫理研究所編『社会と倫理』第24号

小島孝文（2013）;森林・林業再生プランの目指すもの―森林計画制度を中心として―、林業経済研究 59-1

木平勇吉（1997）;『森林管理と合意形成（林業改良普及双書 125)』、全国林業改良普及協会

木平勇吉（2003）;『森林計画学』、朝倉書店

齋藤和彦（2011）;森林簿にもとづく沖縄県国頭村域の林齢分布の分析、環境情報科学論文集 25

佐藤大樹・後藤秀章・小高信彦・末吉昌宏・野宮治人・田内裕之・杉村乾・根田仁・阿部眞・長谷川元洋・服部力・齋藤和彦・山田文雄（2011）;沖縄ヤンバル地域の森の利用と生物多様性、森林総合研究所　平成22年度版　研究成果選集

世古一穂（2009）;『参加と協働のデザイン―NPO・行政・企業の役割を再考する―』、学芸出版社

中尾英俊（2003）;『入会林野の法律問題　新装版』、勁草書房

中村太士・柿澤宏昭（2009）;『森林の働きを評価する―市民による森づくりに向けて―』、北海道大学出版会

西川匡英（2004）;『21世紀に向けた森林管理　現代森林計画学入門』、森林計画学出版局

原科幸彦編著（2005）；『市民参加と合意形成―都市と環境の計画づくり―』、学芸出版社
光田靖・家原敏郎・松本光朗・岡裕泰（2009）；基準・指標の理念に基づく森林計画手法に関する検討、森林計画誌42（1）
三俣学・森元早苗・室田武（2008）；『コモンズ研究のフロンティア―山野海川の共的世界』、東京大学出版会
宮本博司（2010）；宇沢弘文；『社会的共通資本としての川』、東京大学出版会
Susskind, L. and Cruikshank, J.（2006）; Breaking Robert's Rules: The New Way to Run Your Meeting, Build Consensus, and Get Results, Oxford University Press, Inc.（ローレンス・E．・サスカインド、ジェフリー・L．クルックシャンク（2008）；『コンセンサスビルディング入門―公共政策の交渉と合意形成の進め方』、有斐閣）

第4章　地域環境ガバナンスの実践
—— トキの野生復帰事業から佐渡島自然再生プロジェクトへ

豊田光世

1　視線の先にあるもの

「加茂湖は、ずっと前からそこにあるけど、ただそこにあるというだけ。全然気にしたことはなかった・・・」。

佐渡島にある加茂湖という汽水湖で、環境保全の活動を進めてきたキーパーソンの一人が、以前の加茂湖とのかかわりを振り返って、述べた言葉である。この湖は、4つの河川の流れを集めて両津湾へと注いでいる「最下流に位置する水辺」だ。下流の水辺だということは、流域の環境から大きな影響を受けてきたということだ。しかし一方で、この湖の環境が悪化したとしても、多くの流域住民は直接的な被害を受けるわけではない。加茂湖の環境変化によって多大な影響を受けるのは、この水辺を生業の場とする地元の漁業者である。それ以外の多くの人びとにとって、加茂湖は、近くにあったとしても、日常生活において存在を意識する必要のない環境なのである。

冒頭の発言をした人は、さらに次のように話していた。「いかに「そこにあるもの」に目を向けるかが問われている」と。

「見る」という言葉は、英語では「理解する（I see）」という意味を含むと、イーフー・トゥアンは指摘している。見るということは、「環境のいろいろな刺激を組織して、指向性をもつ生物体にとって意味のある記号をもたらす流動的な構造にしていくという、選別的かつ創造的な過程」だと、彼は述べる（トゥアン、1993：24-25）。「意味を見いだす」ということが、目を向けるという行為の先にあるのである。ここでは、その過程が「創造的」なものだと表現されている。このことは、見いだされる「意味」が人によって異なるこ

とを示唆している。それぞれの感性、経験、好みなどによって、人はさまざまな意味を環境のなかに見つけていく。

　地域の環境は、意識を向けるか否かにかかわらず、近くに存在している。環境は、わたしたちを「取り巻くもの」である。加茂湖は、佐渡島の玄関口に位置するため、多くの人びとが、この湖を日常的に目にしている。確かに島の人びとの視線の先に、加茂湖は存在している。ただし、この水辺に目を向け、何らかの意味を見いだしている人は、ごくわずかである。「ただそこにあるだけ」なのである。

　そこにあるものに目を向けるということは、視線が向けられた先にあるものを、自分にとって意味のあるものとして認識し、何らかの価値を見いだすことである。まずは、身近な環境の存在を意識することから、「見る」ことは始まる。何か一つでも意味を見つけることができたら、理解につながる。一方で、何の価値も認識できないまま無関心でいれば、いつの間にか身近な環境の劣化は進んでいく。また、未開発の自然に何も意味を見いだすことができないがゆえに広がった無謀な開発も、近代化の過程においてわたしたちは経験してきた。

　環境が人びとの意識から遠ざかるという問題は、あらゆる場所で生じている。都市化したライフスタイルが普及するなか、自然に囲まれた農山村においても、身近な環境に目を向けずとも日常生活を送れるようになった。かつては貴重な地域の資源だった自然環境が、資源として機能しなくなり、放置され、荒廃するという問題に直面している。食料や燃料の供給源であった里山は、継続的な管理が不要となり、竹の繁茂が進む。管理が行き届かなくなった森林を、木材供給源として再生させたくても、コストを考えると割に合わず、放置せざるをえない。小規模農地は、生き物の生息地や地下水の涵養源など、さまざまな機能をもっていたが、産業としての発展が難しく、放棄が進む。河川や水路は治水や効率的な維持管理のためにコンクリートで固められ、すぐそばを流れていても、人びとの日常から遠い存在になった。命を支える貴重な水が流れる場所から、汚いものを流す排水路に姿を変えてしまった所もある。そうなると、汚いものには蓋をしろということで、暗渠化され、

人びとの目の届かないところに追いやられていく。湿地や干潟はことごとく姿を消した。その結果、自然のサイクルや浄化機能が著しく低下してしまった水辺もある。

　日本各地で「里」の環境、すなわち暮らしに身近な自然環境の荒廃が進み、生き物の生息環境の劣化、汚染の深刻化、自然災害の増大などといった問題が生じている。自然は、わたしたちの意識からますます遠のいていく。わたしたちが目を向けなくなったことで、自然環境の劣化はとめどなく進んでいく。

　環境問題とは、一体誰が引き起こしている問題で、誰が解決の責任を担っているのだろうか。ゴミ、エネルギー、温暖化、生物多様性、大気・土壌・水の汚染など、問題によって「ステークホルダー（利害関係者）」や「責任の所在」は異なるだろう。共通して言えることは、どんな環境問題でも、わたしたちの生活と深く、そして複雑に関係しているということだ。ただし、その関係を認識することは必ずしも容易ではない。特に「生物多様性の損失」や「地球温暖化」などといったグローバルなレベルで議論されている環境問題は、わたしたちの日常生活とのかかわりが見えづらい。行為と結果の因果関係が、明瞭でないからである。都市化したライフスタイルの利便性を享受しているわたしたち全員が、こうした環境問題に大なり小なり関与していて、皆が何らかの責任を負っているはずだ。ただし、全ての人に責任があると言ってしまうと、誰も責任を取らないということになりかねない。課題解決に向けて自分がアクションを起こさなくても、誰かが解決してくれるという他者依存の気持ちも生じてくる。

　豊かな環境を少しでも保全し、次の世代へと継承していくためには、問題解決のための具体的なアクションが必要となる。わたしたちが自然環境をいかに利用し、維持管理していくか、あるいは保全していくかということが問われている。別の言葉で言えば、地域環境の「ガバナンス」をめぐる問題と対峙する必要性が生じている。

　ガバナンスとは、「統治」を意味する。この言葉は、1980年以降、「ガバメント（政府）」に代わる新たな公共の担い手を検討するなかで議論される

ようになった。企業や NPO など、民間で公共サービスを担う主体が増えるなか、「小さな政府」を奨励し、公共セクターと民間セクターの連携が重視されるようになっていった（山本、2008：1-34）。環境や自然の問題は、公共の空間や資源にかかわる問題であり、政府、自治体などの行政組織が問題解決の中心的役割を果たすだろう。同時に、課題解決の方策は、地域で暮らす人びとの営みや関心と乖離したものであってはならない。そこで、多様な主体の連携が重視されるようになった。行政主導のトップダウンの意思決定に代わる、人びとの参画と協働によるガバナンスのあり方が議論されているのである。

　わたしは、地域環境のガバナンスをいかに実現するかを明らかにするために、人びとが集い、共に考え、アクションを生み出す過程をデザインする合意形成の実践研究に従事してきた。主な研究フィールドは、佐渡島である。この島では、トキの野生復帰事業が進んでいる。一度絶滅した種を再び自然の環境に戻す、壮大な自然再生の試みである。この事業は環境省が中心となって進めてきたが、「里の鳥」として知られるトキとの共生には、地域の人びととの連携が不可欠であり、自然と暮らしの豊かさをいかに両立させていくかが課題となっている。

　佐渡島には、里の原風景が多く残っている。四季折々変化する農村漁村の風景は、島の自然資源の豊かさを象徴している。ただし、高齢化・過疎化が深刻化するなか、自然の持続的な利用と管理が、困難な状況となってきているのも事実である。先に述べた通り、自然資源の荒廃には、ライフスタイルの変化も深く関係している。佐渡市は、エコアイランド構想を政策の一つとして掲げ、自然と共生するまちづくりに向けた施策を展開しているが、農地や森林の荒廃にはなかなか歯止めがかからない。道路や水路などのインフラの整備によって利便性が増している一方で、自然景観や生態系の分断と劣化という問題も生じている。トキとの共生という大きな目標のもと、地域の産業やライフスタイル、これからの島のあり方を問い直す機会が生まれつつある。

　わたしは、佐渡島で、多様なインタレストをもつ人びとが集う対話の場をつくり、地域課題の解決に向けた協働の創出を試みてきた。こうした取り組

みの背景には、一人ひとりの視点は個性的で多彩だということと、異なる視点を重ね合わせるからこそ新たな理解や価値を生み出せるという思いがある。参画や協働の価値の真髄は、異なる視点の化学反応がもたらす創造的思考にあると、わたしは考えている。

　さまざまな視点を重ね合わせていくことの意味について、桑子（2005）は、歌川広重の「深川萬年橋」の風景画を例に挙げて論じている。この風景画で印象的なのは、大きな亀の姿である。放生会の日、まさにこれから川に放たれようとしている亀である。この亀は、橋の上に置かれた桶の取手に吊るされていて、首をあげて欄干の先にある風景を眺めているかのように見える。亀の視線の先には、川を行き交う帆掛け船や雄大な富士山が見える。ところで、この風景画は、一体誰の目線を象徴しているのだろうか。欄干と桶の取っ手で切り取られた風景は、極めて低い位置にあることに気づく。子どもの視線なのではないだろうかという想像が膨らむ。橋の上を歩いているだけでは見えない萬年橋の風景は、子どもによって発見されたのかもしれない。そして周囲の人たちにも共有されていく。それぞれの視点で発見したことを他者と分かち合うことができれば、わたしたちが風景・環境を見る目はもっと豊かになるのではないだろうか。桑子は、「視点の共有と視線のにぎわい」という言葉で、人びとの多彩な感性が重なり合わさることがいかに重要であるかを表現した（桑子、2005：179-182）。

　個々の人間に見えることには限度があるが、視点が重なり合うと、より多くのことが見えてくる。一人ひとりが見ているものが違うからこそ、人が集まることで環境を見る目が広がっていく。もちろん、こうした過程には、意識や考え方の差から生じる戸惑いや葛藤もある。ただし、異なる見方が顕在化するからこそ、それらを変化させて新たな発想を生み出す契機が生まれてくる。

　わたしたちが佐渡島で開いてきた対話と協働の場は、まさに視点の共有から課題解決を創造することを目指してきた。それぞれの人が認識している地域の課題や価値を重ね合わせて、包括的に地域環境を理解する場を作り、具体的に何ができるかを考えていくのである。対話を通して環境の理解を深め、

その解決策を探っていくことが、地域の課題と対峙していくうえで、極めて重要だ。佐渡島での研究活動は、トキとの共生をめぐる対話からスタートしたが、人びとの多彩な関心と融合しながら、より包括的な環境保全や地域づくりの実践へと発展していった。さまざまな取り組みがつながりあって創発的に発展していく、地域の基盤が徐々に形成されつつある。

2　トキとの共生から包括的再生へ

　トキという鳥をご存知だろうか。暖かな桃色の羽が印象的なペリカン目トキ科の鳥で、*Nipponia nippon* という学名をもつ。この鳥は、水田や畦を主な餌場とし、人の暮らしのすぐそばで生息するため、「里の鳥」と称されている。トキは、かつて東アジア一帯に生息していたが、19世紀後半から徐々に姿を消していった。日本でトキの個体数が急速に減少し始めたのは、明治時代に入り、江戸幕府の鳥獣保護制度が全廃されてからである（長田、2013）。戦時中に進んだ燃料確保のための森林伐採や、戦後拡大した農薬の使用なども、トキの生息環境の悪化につながった（永田、2012）。絶滅に瀕したトキの日本最後の生息地となったのが、佐渡島である。1934年に天然記念物、1952年に特別天然記念物に指定されたことで、トキの保護に向けた国家的な施策とともに、地元の人びとによる草の根的な保護活動が進んでいった。また、1967年に新潟県がトキ保護センターを設立してからは、専門家が参加しての保護活動が展開されるようになった。しかしながら、トキの個体数は減少し続け、人工繁殖を試みるも成功には至らず、2003年に国内生まれの最後のトキが死亡した。

　一度は絶滅したこの鳥を、野生復帰させるプロジェクトが、今世紀に入って始動した。中国との連携で進めてきたトキの保護が成果を生み、飼育下でトキを繁殖させることに成功したからである。トキの個体数が徐々に増えるにつれ、この鳥を野生復帰する計画が現実のものとなっていった。2004年に改定された「トキ保護増殖計画」のなかで野生復帰事業の展望が示された。環境省は2007年4月に放鳥前のトキの飛翔力や採餌能力を訓練するための

「野生復帰ステーション」を開設し、放鳥に向けた取り組みを具体化していった。

　「野生復帰」という言葉からは、トキが野に放たれることで人の手から離れていくというイメージをもつ人がいるかもしれない。しかしながら、実際はむしろ逆のことが生じる。里の環境がハビタットであるため、放鳥されることでトキと人の密接なリンクが形成されていくのである。トキ保護の歴史は、野生復帰という新たなステージに入ったことで、大きく転換したと言える。そこで、トキの野生復帰事業の舞台となっている佐渡島では、トキとの共生に向けて、生き物豊かな農村環境の再生に取り組むこととなった。環境保全型農業の推進、ビオトープの造成、河川や森林の自然再生などが推進されてきたのだが、こうした取り組みは、地域の人びとの参画なしでは実現しえない。したがって、トキとの共生という目標を、地域の人びとがどのように評価しているかということが重要な観点となる。トキの野生復帰は、人びとの意識や価値観、そして社会と深く結びついた事業なのである。

　トキの第一次試験放鳥は、2008年9月25日に実施された。トキが日本の空から姿を消したのは、1981年のことであるから、27年ぶりに日本の空にトキが戻ったことになる。種の保全がグローバルな問題として深刻化するなか、わたしたちに大きな希望を与えてくれる歴史的出来事だった。その後、毎年約2回、10〜20羽のトキを放鳥しており、放鳥から8年経過した2016年9月25日の時点で、放鳥個体と野生下で生まれた個体を合わせて、217羽のトキが野外に生息していると推定されている。生息域は、放鳥拠点である新穂地区にとどまらず、真野・畑野・佐和田・相川地区、小木・羽茂・赤泊地区に拡大した。放鳥前、トキは人気の少ない環境を好むと予測されていたが、大規模圃場が広がる平野部でも、トキが群れをなして空を飛ぶ姿を見ることができるようになった。

　わたしは、放鳥前の2007年4月から、東京工業大学桑子研究室のメンバーとして、トキとの共生に向けた合意形成の実践研究に参加した[1]。この合意形成研究の目的は、トキとの共生に向けてどのような課題があるかを明らかにし、その課題を解決するための社会的プロセスを検討することである。そ

こで、わたしたちは、トキとの共生をめぐる課題や夢を地域の人びとと話し合う、意見交換ワークショップを開くことにした。「佐渡めぐりトキを語る移動談義所」と名づけたワークショップを、3年間の研究期間内に計43回開催し、さまざまな年齢、立場の人びとと「トキとの共生」について考える機会を設けた。

　移動談義所の取り組みを開始して最初に見えてきたのは、「トキとの共生」という目標が、地域の人びとのなかで十分に共有されていないという課題だった。背景には、トキの野生復帰事業を小佐渡東部鳥獣保護区のエリアで重点的に進めてきたというゾーニングの問題と、「希少種の保存」「生物多様性の保全」などの価値が人びとの日常の関心と乖離していたという問題がある（豊田・山田・桑子・島谷、2008）。重点エリアから離れていた地域で暮らす人びとは、トキについて知る機会もほとんどなかったという。島全体でトキとの共生について考えていくためには、ゾーニングにとらわれずに広域で話し合いの場を設ける必要があったが、人びとの関心はトキよりもむしろ高齢化、過疎化、福祉、教育、産業などにあり、これらの関心とトキをいかにつないでいくかという観点が必要だった。また、農家の間ではトキが稲を踏み荒らす「害鳥」として知られており、この鳥を野生復帰させることに対しては、未知なる被害に対する不安の声もあった。

　こうした状況を踏まえ、地域の関心にもとづいて移動談義所の話し合いをデザインし、トキとかかわりがないと感じていた人も参加できる場を創出した。廃校舎再生が中心的テーマとなった岩首談義、女性たちと福祉の課題について語ったおんな談義、小・中学生と一緒にトキと環境について考えた子ども談義など、地域のインタレストを緩やかにつなぎながら、トキとの共生の意味を多様な観点から考えていく対話が蓄積されていった。談義は、一人ひとりの思い、抱えている不安、未来に向けた希望などを語り合う場である。自分の考えを人に伝えること、あるいは他者の考えに耳を傾けることを通して、共感したり、違いを感じたりしながら、地域が前進するための手がかりを考えていく。談義の「義」は、「正義」、「義務」、「義捐」などの言葉が示唆するとおり、公共の善を意味している。さまざまな視点からの考えが重な

り合うからこそ、わたしたちは義を談ずることができる。それぞれの人の感じている不安や課題を大切にしながらも、地域としてどのように発展していくことができるか、自分たちは何をしてみたいのかを考えていくことが、移動談義所の目指すコミュニケーションであった。

　談義がきっかけとなって、いくつかの実戦的成果が生まれた。その一つが、加茂湖という汽水湖の保全に向けた協働のしくみの構築である。トキは海洋性の生物を餌としないうえに、加茂湖はトキの餌場として深すぎるという理由から、この水辺はトキと関係づけて語られることがほとんどなかった。しかし、トキとの共生に向けて加茂湖水系の河川整備事業が始まることとなり、状況が一変した。河川の自然再生事業が加茂湖でのカキ養殖にマイナスの影響を及ぼすことを懸念した漁業者が、トキの野生復帰事業に反対意見を掲げ始めたのである。地域の産業とトキのどちらが大切なのかという二項対立が生じるなか、この対立を克服すべく加茂湖流域を保全するためのしくみを作ることとなった。このしくみは、加茂湖という水辺を舞台としたガバナンスの一つの試みである。

3　加茂湖再生にかける思い

　加茂湖は、大佐渡、小佐渡の山々に抱かれた国仲平野の東端に位置する周囲約17kmの汽水湖だ。日本百景に選定された景勝地で、かつては「越の湖」という名で親しまれていた。境川という幅30mほどの水路が、この湖を両津湾とつないでいる。この川は、以前は非常に浅く、流れが速かったため、大雨が降ると、湖岸が洪水になっていたという。そこで、20世紀のはじめ、境川を深く掘り下げる掘削工事が行われた。この工事のあと、両津湾から海水が入り込むようになり、汽水の環境へと変化した。こう

図 4-1　加茂湖畔には牡蠣小屋が並ぶ

した環境の変化を受けて、カキ養殖業が導入され、主産業として発展してきた。湖面に浮かぶカキ筏と、湖畔のカキ小屋が独特の風景を作り出している（**図 4-1**）。

　加茂湖の風景の美しさは、今でも変わらない。湖の北側にそびえる金北山が湖面に映る風景はひと際美しく、人びとを魅了する。一方で、環境への負荷が徐々に深刻化しているという問題がある。近代化の過程で、加茂湖の姿は大きく変わった。流域から生活・産業排水が流入したことと、矢板護岸の設置による渚の消失が合わさって、富栄養化が進んだのである。2009 年には、二枚貝に致死的ダメージを与える赤潮プランクトンが発生し、以後、カキ養殖業者を毎年脅かすようになった。そうなると、養殖業から離れていく人は増加する。養殖筏の数は、最盛期である 1970 年代には 3000 台を超えていたが、2015 年には約 500 台に減少した。組合員数も、かつては 200 名ほどいたが、今ではその 3 分の 1 以下になっている。いかにこの湖の環境を再生・保全していくかということが、残された地元の漁業者にとって急務の課題である。

　わたしが加茂湖の漁業者と出会ったきっかけは、加茂湖に流入する天王川という二級河川の自然再生事業である。この事業を市民参加で進めたいという新潟県の依頼で、東京工業大学の桑子研究室が合意形成のマネジメントを行うこととなり、2008 年 3 月から 2010 年 7 月までの間に計 10 回の座談会を開いた。話し合いの中での最大の論点は、天王川の下流に位置する加茂湖の環境であった。湖でカキ養殖業を営む人びとは、湖の環境悪化とそれに伴うカキ漁の不振について訴えた。トキのための自然再生によって再び水の汚濁が進み、漁業に悪影響を及ぼすとしたら、事業に賛同することはできないというのが、多くの漁業者たちの主張だった。天王川と加茂湖を一体的に再生できないかという意見も出されたが、河川区域は河口まで途切れているため、河川整備事業の中で加茂湖の再生を進めていくことはできなかった。そこで漁業者や流域住民が主体となって加茂湖の保全に取り組んでいくこととなる（豊田、2008；高田、2014 など）。

　加茂湖の環境について考えるうえで、無視することのできない条件があっ

た。この湖が佐渡市所有の「法定外公共物」という位置付けにあるということだ。河川法や海岸法などの法制度によって行政機関が直接管理していない公共の水域なのである。法定外公共物は、通常、地域による自主的な管理を前提としている。集落が維持管理してきたような水路や農道など、小規模なインフラが指定されていることが多い。ただし、加茂湖は規模が大きく、容易に自主管理できるものではない。加茂湖の保全に向けて、漁業者や加茂湖漁業協同組合が重要な役割を担うことには違いないのだが、この湖の環境が流域全体の暮らしや産業から影響を受けていることを踏まえると、湖畔に点在する複数の集落をつなぎ、幅広い層の人びとに協力を呼びかけていく必要がある。そこで、漁業者、流域住民、行政関係者、研究者の有志が集い、2008年7月11日に「佐渡島加茂湖水系再生研究所（通称「カモケン」）」という協働のしくみを立ち上げ、加茂湖の保全に向けて人がつながるきっかけを作り始めた。

　カモケンは、人びとの知識や経験を生かして、加茂湖の保全に取り組む市民研究所である。異なる立場の利害を超えて加茂湖の環境について考えていくことを目指し、初代理事長には桑子敏雄教授が着任した。

　カモケンの特徴は、参加者の多彩な感性と経験を生かすことにある。異なる立場の人びとが対等な立場で考えるということは、必ずしも容易ではない。立場の違いのなかには、声の力の差につながる「ヒエラルキー」が潜んでいるからだ。このヒエラルキーを克服していくこと、例えば、研究者と市民、行政と市民、漁業者と流域住民、そして大人と子どもの間にある階層的な差を取り除くことが、多彩な声を共有する場を作るために不可欠なのである。こうした課題認識のもと、カモケンでは「みんなが先生、みんなが生徒」というキャッチフレーズを掲げることにした。学び合う関係づくりも、協働のしくみを構築するための一つの重要な試みである。

　2010年3月、わたしが理事長の役目を引き継ぐこととなり、草の根的な活動の展開にさらに力を入れた。加茂湖の保全に向けて何ができるだろうか。考えを共有する談義の場を繰り返し設けた。漁業者のなかから、「湖岸にヨシを再生できないか」という声があがった。加茂湖の湖岸は、1970年

代から実施した農政事業によって8割以上が矢板護岸で囲われており、陸地との分断が課題となっている。周囲からの地下水の流れの遮断、渚の消失による浄化作用の低下、水辺文化の衰退などが生じている。かつて、岸辺には豊かなヨシ原が広がっていたという。加茂湖の昔の風景を覚えている人たちは、その美しさや子どもの頃に遊んだ経験を懐かしんで語る。ヨシ原再生をきっかけに、本来の加茂湖の美しさや、この水辺との多彩なかかわりを取り戻したいという気持ちを抱いていた。

　ヨシは、水質浄化の機能や、富栄養化を改善する働きをもつと言われている。また、生き物の産卵場所や生息場所としても重要な役割を果たす。小さな水生生物は、ヨシの隙間に隠れて、大きな敵から身を守る。ヨシ原は、陸と水の境界が曖昧な緩衝地帯である。陸地から水辺へとつながるなだらかな渚の地形は、豊かなエコトーンだった。加茂湖が子どもたちの遊び場であったのも、ゆるやかな水際が形成されていたからである。ヨシ原再生の取り組みには、自然の風景を取り戻すというだけでなく、さまざまな環境的・文化的意味が含まれている。

　カモケンは、2010年の夏から、秋津地区の「こごめのいり」という小さな入り江でヨシ原再生の活動を始めた[2]。計画作りから、設計、施工、資金調達までを市民が中心になって進める「市民工事」である。深く切り込んだ入り江は、吹き溜まりとなっていて、加茂湖でも最も環境が悪いと地元の人は話していた。他の候補地もあがっていたが、あえてこの入り江を選んだのは、条件の悪いところで良い変化を生み出すことができれば、加茂湖全体がよくなるという希望につながるとの意見があったからである。

　この入り江には4本の水路から雨水や土砂が流入していた。流れ込んでいた土砂を沖の方へと運び、ヨシ場を広げた。また、強い波による侵食を防ぐために、ヨシ場を竹のしがらみで囲んだ。水際はシルト状の堆積物で人が歩けるような状態ではなかったが、カキ殻を漉き込んで土壌の改良を試みた。その結果、ヨシの茂る水辺が再生されていった。

　こごめのいりのヨシ原再生は、人と加茂湖のかかわりを変化させる大きなきっかけとなった。まず、島内の小中学校が環境学習で加茂湖を訪れるよ

図 4-2　ヨシ原再生後のこごめのいり

うになった。水際に近づいて加茂湖を観察したり、地引網や柴づけ漁という伝統漁法で生き物調査をしたり、遠くから見るだけだった加茂湖とさまざまな形で関われるようになった。2011 年には、環境学習に来ていた小学生からの提案で、ヨシ原を横切る遊歩道を作った（図 4-2）。この道ができたことで、人の集う水辺という雰囲気がますます高まった。近隣の漁業者は、子どもたちの姿が加茂湖に戻ったことを、心から喜んでいた。

　ヨシ原の維持管理のために、ヨシを活用する試みも始まった。かつては暮らしを支える貴重な資源だったが、近代的なライフスタイルのなかでは、活用の場面がほとんどない。できるだけ手間のかからない活用方法がないか考えた結果、堆肥を作ろうということになり、刈り取ったヨシに米ぬかを混ぜて寝かせておいた。2 年後、硬いヨシが黒い色をした柔らかな土に変化していた。鼻を近づけてみると、いい香りがした。この土を使って湖畔に小さな畑を作り、作物を育て始めた。

　ヨシを土に還す試みはうまくいったのだが、もっと多くの人が参加できる活用の方法はないだろうか。特に子どもたちが楽しめるような取り組みでなければ、加茂湖の保全に向けた参加の輪は広がらない。ヨシで炭やペレット、アート作品を作るなど、いくつかの方法を試みたが、規模や手間を考えるとどれも課題が残った。大きな可能性を感じたのが、ヨシで舟を造るという案である。「葦（あし）舟[3]」という言葉は聞いたことがあったが、実物を見たことがある人はカモケンの参加者のなかにはいなかった。そうしたなか、カモケン理事の髙田知紀氏が関西の環境保全のイベントで葦舟づくりの活動を展開している人びとと出会い、みんなで舟をつくるという夢のような案が現実のものとなっていった。加茂湖のヨシは、汽水域に生息しているということもあって、とても細く、力をかけるとすぐに折れてしまう。わたしたちが育てたヨシで果たして舟ができるのだろうか。不安を胸に、2016 年 7 月、

関西から3人の指導者を招いて[4]、舟づくりに挑戦した。

　2日間のヨシ舟づくり体験ワークショップの参加者は延べ100人を超えた。子どもから大人まで、これだけ多くの人たちが加茂湖に参集したことは、水辺の未来を考えていくうえで、大きな希望となった。秋に刈り取り保管しておいたヨシをソーセージ状に束ね、それらを組み合わせて形を作っていく。ヨシの束をまとめるために使ったのは、カキ養殖で使う黒いロープだ。このロープをヨシに巻きつけて、参加者全員で両側から引っ張ると、徐々に舟の姿が現れていった。一本ではすぐに折れてしまうヨシが、束ねることで非常に強い部材になっていく。きつく締めるほど浮力が増すということから、全身の力を込めてロープを引っ張った。舟を作っていく過程は、まるでヨシに新たな命を吹き込んでいくかのようだった。初日の夕方までには、大人二人が乗れる大きさの舟が完成し、子どもたちによって「宝船」と命名された。翌日に試乗会を行った。地元の神主の方の協力のもと厳かな進水式を執り行い、安全と加茂湖の発展を祈願した。ついに舟が加茂湖に浮かんだときには、参加者から大きな歓声があがった（図4-3）。カモケンのメンバーとしても活躍している漁業者の一人は、「加茂湖の歴史が変わった」と満面の笑みを浮かべていた。

図4-3　湖面にヨシ舟が浮かび歓声が沸き起こる

　加茂湖は着実に人が集う水辺へと変化しつつある。こうした変化によって、より多くの人が加茂湖に目を向け始めている。ヨシ原再生の取り組みも少しずつ広がってきた。2013年度からは、加茂湖漁協とカモケンが連携して「加茂湖活動組織」を立ち上げ、水産多面的機能発揮対策支援事業の助成を受けて、ヨシ原や藻場の再生、湖岸の清掃などをさらに広域で展開している。事業の拡大は大きなチャンスではあるが、落とし穴もある。計画した作業を期間内に終わらせることに人びとの関心と労力が集中し、連携や協働の意義が置き去りになる可能性があるからだ。そこで、改めて、ヨシ原再生という行為の意味を問い直す必要がある。

わたしたちは、何を目的に加茂湖のヨシ原再生に取り組んでいるのだろうか。湖岸に生息するヨシが根を広げ、生息域を拡大していくことなのだろうか。もちろん、それは大切な目標の一つであるが、水辺づくりは「人と環境のかかわりあいの再生」だということを覚えておく必要がある。そのために、協働のプラットホームを構築し、市民工事というスタイルで、保全活動を進めてきた。「何を再生するか」だけではなく、「誰がどのように再生するか」ということが、加茂湖の環境保全において極めて重要な問いなのである。いかに多くの人に加茂湖を見てもらうか、この水辺に価値を見いだしてもらうかが、ガバナンスの主体を育むうえで不可欠な観点である。2015年からは、流域住民である藤井英樹氏にカモケンの代表をバトンタッチした。加茂湖でのマリンレジャーを進めてきた経験を生かし、水辺を楽しむという視点から、加茂湖の保全にかかわる人の輪をさらに広げていっている。

 環境の保全、そして維持管理は、時限的な取り組みではない。環境のさまざまな変化に応じて、持続的かつ順応的に進むものである。異なる世代がつながり合って、考えや思いを共有しながら、試行錯誤を積み重ねる。失敗しながらも少しずつ前進するレジリエントなコミュニティの生成が、ガバナンスの力強い基盤となっていく。

 地域には、そうした前進を渇望する人びとがいる。カモケンの草の根的な環境保全の取り組みは、湖畔にある「両津福浦」という集落に伝播した。この集落では、高齢化社会への不安を吹き飛ばすような、ユニークな活動が展開している。

4　両津福浦のカッパと防災のまちづくり

 両津福浦（以下「福浦」とする）は、加茂湖の湖畔にある人口350人ほどの集落だ。両津港から佐和田・相川方面へと伸びるバス通りの国道を挟んで、南側が加茂湖に面した低地、北側が大地へと続く緩傾斜の住宅地になっている。車で国道を走るだけでは、道沿いの住宅しか目に入らず、集落の個性というのはなかなか伝わってこない。

しかしながら、2012年からの4年間、福浦集落の住民は、地域の地形、歴史、文化を生かした多彩な活動を展開し、他の集落の人びとが視察に訪れるほどになった。きっかけは、加茂湖の市民工事を進めていたカモケンのキーパーソンの一人である松村かな氏が、この集落の住民だったことにある。集落住民の間では、地域の活力が低下していることや、高齢者の一人暮らしが増えていることについて、不安が増大していた。そこで、集落の中高年層で結成されている「福友会」のメンバーが中心となり、まちづくりに向けた活動をスタートした。

桑子敏雄教授とわたしたち研究者がアドバイザーを担い、人びとの関心や個性を生かして、地域課題のソリューションを創出する合意形成と、期限内に着実に活動を展開するためのプロジェクトマネジメントについて学ぶ機会を提供した。また、市民工事の理念を共有し、自分たちでできることから形にしていくことの意義を伝えた。その結果、3年間のうちに、少なくとも6つのプロジェクトが展開し、地域環境のガバナンスという点からも多くの実戦的成果が蓄積された。

最初に行ったのは、地域の特徴と課題を捉える「ふるさと見分け」という町歩きワークショップである（桑子、2008：12-17）。このワークショップは、さまざまな立場の人が集い、「空間」「時間」「価値」という3つの観点から、地域の特徴を読み解いていく試みである。町歩きの前には、桑子教授から、次のようなアドバイスがあった。「まず地形を見ましょう。地形を見るために、雨になりましょう。風になりましょう。光になりましょう（桑子、2016b）」。雨になると細かな地形の勾配が見えてくる。風や光になると、大きな地形の特徴や季節の変化などが見えてくる。このフレーズには、五感を研ぎ澄まして地域の環境に目を向けてみようというメッセージも含まれている。どんな小さな気づきでも構わない。街を歩きながら、気づいたことを付箋に書き込み、地図や模造紙に貼り付けていく。気になるところは人それぞれ異なる。多彩な気づきを共有したのちに、どんな活動に取り組みたいか参加者全員で考えていった。町歩きの後の話し合いの結果、次の4つの活動に取り組むこととなった。

①福浦・中ノ沢災害避難ルート整備
②歴史年表作成
③伝説や伝統・文化を記載した小冊子作成
④福浦地区ふるさとマップづくり

　活動を一つに絞るのではなく、複数のプロジェクトを同時に展開したことで、異なる関心をもつ人たちが参集することにつながった。集落住民に回覧で参加を呼びかけ、「福浦ふるさと会」というプロジェクトチームを結成した。佐渡市の「佐渡おこしチャレンジ事業」の支援を受けて、3年間という期間を設けて活動に取り組んでいった。リーダーの松村昭南氏は、複数の取り組みの進捗状況を共有するためのタイムラインを作成し、全体をマネジメントしていった。

　最も大掛かりな事業は、①の災害ルート整備であった。ふるさと見分けでは、住民の8割ほどが海抜2〜6mの低地で暮らしているということが議論された。2011年の東日本大震災での津波被害を見たとき、他人事とは思えなかったと言う。また、町歩きの途中、かつて道として使用されていたけれど、今は全く通れなくなった集落背後にある里山について話が上がった。そこは鬱蒼としていて薄暗く、ゴミを投棄する絶好の場所となってしまっていた。この裏山を整備し、津波避難道を市民工事で作るというアイディアが生まれていった。

　裏山の山林は佐渡市が所有する公有地であったため、道づくりの活動を進めるためには市の許可が必要である。避難道の整備が、福浦と近隣集落の非常時のリスク軽減、ならびに日常のアメニティの向上を目的として行う公共性の高い事業だということを市に説明し、福浦ふるさと会が市から10年間借用（年毎の更新）する許可を得て、道の整備を進めた。ボランティアでの協力を申し出た地元の土木建設業者の支援のもと、皆で図面

図4-4　市民主導で作った津波避難道

を描き、作業を行い、2本の避難道を完成させた。急いで丘の上まであがれる「カッパの逃げ道」と、足が悪くてもゆっくりと避難できる緩やかな斜面の「シャガの散歩道」である（図4-4）。これらの道を登りきると、標高21mの地点まで避難することができる。

　自然災害に備えるということは、日常のなかで「非日常」を想定し、できる工夫を積み重ねていくということである。そこで、この避難道を散歩道として人びとの生活のなかに浸透させるために、福浦ふるさと会は、お散歩マップを作成した。マップには、シルバーカーを押しながら歩いた場合の所要時間を記載するなど、高齢者の視点からの備えを充実させていった。

図4-5　カッパに扮して避難道をPR

　この道づくりを基軸に、さまざまなプロジェクトが展開していった。例えば、③の事業に取り組むなかで、集落に伝わるカッパ伝説を生かし、遊び心のある地域プロモーションを進めていこうということになった。そこで、避難道の開通式では、参加者全員がカッパに扮して渡り初めを行った（図4-5）。語り部の女性を招き、子どもたちとカッパ伝説を聞く会を開くなど、整備した道をコミュニティ空間として醸成させていく工夫も始まった。こうした活動を通して、女性たちの視点から元気な地域づくりを考える「福浦の未来を考える女性の会（通称「福浦カンガルーズ」）」が2013年10月に誕生し、家に引きこもりがちだった高齢の女性たちが集う場を作り、地域の結を再構築している。

　この集落の活動が優れている点は、アイディアを着実に展開・発展させるためのルールを定め、参加者の意識向上につなげたことである。

　ルール①　ナイナイ（人、時間、金）はタブー。小さな事から一つひとつ積み重ねましょう。

　ルール②　できるだけ多くの人が協働して作業を進めて、交流の場をつくりましょう。

これらのルールは、住民が自ら定めたものである。高齢化が進むなか、できない理由を挙げるのは簡単であるが、それでは地域力が高まらない。福浦ふるさと会のメンバーの平均年齢は、2012年の結成当時で71才であり、プロジェクトを3年間継続することさえも容易ではなかった。それでも、住民の有志が集い、より安全で暮らしやすい地域となることを共通の目標として、自らの手で生み出せるさまざまなアクションを模索し、実現していった。

　市民参加の質について考えるための指標の一つに、アーンスタインが示した「市民参加の梯子」がある（Arnstein、1969）。行政のアリバイ作りとしての説明から、市民とのパートナーシップ、市民による自主管理まで、意思決定への参画の度合いによって、市民参加の深さを8段階に分け、より深い参加を実現していくことが重要だと彼女は述べている。福浦の事例は、最も深い参加とされる市民主導にあたる。もちろん全ての公共事業が市民主導でなされればよいのではない。事業によって適した市民参加のかたちがある。ただし、身近な環境のガバナンスでは、地元の人びとが認識した課題をもとに、実践を生み出していくことが重要となる。そのような観点を踏まえると、福浦の人びとの挑戦は、市民参加のモデル的事例である。

　また、福浦の取り組みは、高齢化を地域コミュニティの弱体と同一視するような考えを、問い直す契機でもあった。カッパ祭りの企画を精力的に進めていたのは、80代後半のメンバーだった。力強すぎるほどのリーダーシップを発揮していた。また、参加者の最高齢者は、活動開始時点で95歳を超えていた。彼は、「杭打ちはできないけど、ゴミは拾えるし草むしりもできる」といって、道づくりの作業にも毎回参加した。「この歳になって地域のために何かできるとは思わなかった。ありがとう」と、活動を振り返って彼は語っていた。日本の歴史上、最大スケールの市民参加事業と言われる「奈良の大仏造営」において、聖武天皇は「一枝の草一把の土を持ちて像を助け造らむと情に願はば、恣に聴せ（『続日本紀』巻第十五、天平十五年十月）」という言葉を残している。自分ができることを少しやってみる、その心意気を互いに尊重する関係性を作ることで、市民主体のガバナンスの土壌が徐々に形成されていくことを福浦の事例は示している。

5　地域環境をコモンズとして醸成する

　本章で紹介した2つの事例に、わたしは、アクター（実践者）の一人としてかかわってきた。参与観察や社会調査という形の事例研究ではなく、自らがガバナンスの推進に参加し、そのなかでの経験と葛藤をもとに、環境倫理学的視点から考察を行ってきた。環境はだれのものなのか、誰が保全を担うのか、なぜ保全するのか、なぜ参加と協働が必要なのかといった問いについて、さまざまな保全活動に従事するなかで対峙した。

　これらの事例を通して問い続けてきたことがある。地域の自然資源をいかに「コモンズ」へと変容させていくかということだ。コモンズは、資源の枯渇や汚染といった環境問題が深刻になるなかで、持続的な資源活用を考えていくための道標として着目されているコンセプトだ。「コモンズ」という言葉は、「共有財産」「共有地」と訳されることが多い。「共有」とは、「私有」や「公有」と比較される所有の一形態を表す概念だが、コモンズは、「所有」という観点からのみ特徴づけられるものではない。この概念が包含しているのは、集団による資源の「共同利用」という営みである。また、利用に付随する「管理」や「保全」といった側面も含んでいる。コモンズを切り口として環境について考えていくということは、所有と利用のかかわり、並びに利用、管理、保全をめぐるルールやしくみのあり方に目を向けるということである。

　また、コモンズは、「権利」の概念とも深く結びついている。入会地の入会権や、水利権、漁業権などのように、ある特定の集団（村落共同体など）が、優先的あるいは排他的に、自然資源の利用が許される。権利を所持している人たちが、適切なルールのもと利用と管理を進めてきたからこそ、持続的な自然資源の活用とマネジメントができていたということを、近年のコモンズ研究は示している（Cox、1985；Ostrom、1990；Ostrom, Burger, Field, Norgaard and Policansky、1999など）[5]。

　地域の環境をコモンズへと変容させるという時、必ずしもわたしは、伝統的資源管理のルールやしくみを参考に、自然資源の利用や保全を進めていく

ことの重要性を主張しているのではない。かつてのコモンズは、資源の過度な搾取や枯渇を避けるために、誰に利用の権利があるのかを明示し、ルールを厳守することによって成り立っていた。こうした伝統的コモンズのほかに、異なる特徴をもつコモンズを醸成させていく必要があるのではないかとわたしは考えている。できるだけ多くの人がかかわりながら地域環境を保全するための、自然資源利活用のしくみである。こうした考えの背景には、過疎化、高齢化、ライフスタイルの変化などによって、自然資源の過少利用や放棄が進んでいることへの問題意識もある。資源の過少利用の問題は、従来のコモンズ論の枠組みを逸脱しており、コモンズを別の視点から解釈していくことが重要だと言われている（飯國 2012）。利用できなくなったものに新たな利用の可能性を見いだし、資源として保全していく。さまざまな人が利用することで、ある環境が「地域の宝」となり、大切に守り育てられていくようになるしくみを構築したいと考えている。

　ところで、利用とは、価値にもとづく行為である。人は対象に何らかの価値を認めるから、それを利用しようとする。一方で価値が認められなければ、資源として活用されることはないだろう。自然環境にどのような価値を認めるかは、人によって異なる。もちろん、グローバル・コモンズと称される大気、水、大地などは、全人類が生命存続のために必要とするものだ。そのため、全ての人にとって価値あるものであるはずだが、一般的に水が大切だということと、今目の前にあるこの水資源が大切だということは必ずしも直結しない。同様に、森林が地球の重要な自然資源だということを理解していても、だからといって集落の里山を保全しなければということにはならない。グローバル・コモンズは巨大な資源プールであるため、個々の資源とのつながりが見えづらい。一方、地域環境のガバナンスでは、身近に存在する具体的な環境にどのような価値を見ているかが重要となる。

　人は環境に対してさまざまな価値を見いだし、あるいは無価値だと判断し、そうした価値認識の影響を受けながら行動している。自然環境ガバナンスの方向性は、人びとが環境に対してどのような価値を認識するかによって大きく変化する。何を「よい」と思うか、「必要だ」と思うかによって、かかわ

り方は異なってくる。

　本章で紹介した事例をもとに、環境に見いだす価値と自然資源の利用について、もう少し具体的に考えてみよう。加茂湖の場合、この水辺と最も深いかかわりをもつのが漁業者である。漁業者たちは、加茂湖に良好な漁場としての価値を見いだしている。外海と比べて波が穏やかであるため、強風の続く冬期を最盛期とするカキ養殖業に従事するうえで、好条件である。そのため、かつてから加茂湖は良好な漁場として知られてきた。

　その漁場としての価値が、揺らぎ始めてきた。富栄養化が進むことで、赤潮プランクトンが発生するようになり、安定した漁業に影響を及ぼすようになったからである。すると、中心的な使い手である漁業者の中には、産業を通しての加茂湖との関わりを絶つ人も現れ始めた。そういった人びとにとって、漁場でなくなった加茂湖は、「関係のない場所」になってしまうのだろうか。関わりが無くなっていくということは、身近な環境で起きていることに目を向けづらくなるということでもある。

　環境問題が深刻化することで、漁場としての加茂湖の機能が低下しているのだとしたら、使い手である現役漁業者にとって、生業を継続する条件はますます厳しくなる。先にも述べた通り、下流にある加茂湖は、流域の営みのさまざまな影響を受けているということを考慮する必要がある。加茂湖を漁場としてだけではなく、さまざまな価値をもつコモンズとして再生できないかという考えのもと、カモケンという協働のしくみを作り、多彩な活動を展開してきた。漁業者が加茂湖に見る価値と、それ以外の人びとが見る価値は異なるだろう。加茂湖に近づいたことのなかった人びとは、初めて目を向けることで、次々とこの水辺の価値を発見するにちがいない。そこで、カモケンは、学びの場、憩いの場、挑戦の場（ヨシ原再生の市民工事はまさに挑戦だった）として加茂湖を活用し始めることで、多彩なかかわりを創出し、より開かれたコモンズとして醸成させていこうとしているのである。

　一方、福浦の場合、避難道を整備した裏山に価値を見いだしている人はいなかった。不法投棄の場として都合がいいと考えていた人はいるかもしれないが、近年は利用されていなかったため、多くの住民の意識から消えていた。

そうした忘れ去られた場所が、集落の課題解決の場として活用されるようになったことで、さまざまな価値を生み出すようになっていった。まずは、防災拠点としての価値である。山を開いて道を整備したことで、安全安心なまちづくりのために、不可欠なポイントとなった。散歩コースとしてこの場所を活用する人も増え始め、福祉的な機能を果たすようになっている。また、道が完成してからは、この場所で語り部の会が開かれた。子どもたちも多数参加して、地域に伝わるカッパ伝承を楽しんだ。交流の場、学びの場としても、裏山が活用されるようになり、地域のコモンズとして発展し始めている。

　これらの事例は、新たなコモンズ再生という観点から大きな成果をあげつつある。どちらの事例でも、環境にさまざまな機能と価値が見いだされ、かかわる人が着実に増えている。ただし、コモンズ再生のためには、単に関与する人を増やせばよいわけではない。「利用」は「維持管理」と合わせて成立するものであるが、前者ばかりが促進されると、後者がないがしろになる可能性がある。

　そうした問題は、例えば次のような出来事に現れている。ある場所の風景の価値を多くの人が認め、利用し始めたことで、破壊的な結果を招いた2つの事例を見てみよう。まずは、北海道美瑛町の「哲学の木」をめぐる葛藤である。広大な畑にうつむき加減で立つポプラの木は、立ち姿がまるで考えているように見えることから、このような名前で親しまれてきたという。美瑛町を代表する風景として愛でられ、多くの観光客を惹きつけてきた。しかしながら、訪問者のマナーの問題、例えば田畑への侵入やゴミの投棄などが深刻化するようになった。所有者は、迷惑行為をやめてほしいと再三訴え、行政機関への協力も求めてきたそうである。残念ながら状況は改善されず、所有者は哲学の木を伐採するという苦渋の決断に至った。

　また、次のような例もある。棚田景観が美しいある農村では、訪問者が風景をじっくり味わえるように広大な展望広場を整備した。風景の価値が広まるにつれ、訪問者は増加する。増加した訪問者を受け入れるための施設が必要だということで、広場の建設が決定したのだろう。だが、皮肉なことに、この広場自体が農村景観の価値を損ねてしまった。畦畔の曲線が美しい大小

さまざまな棚田がならぶ風景の中に、突如四角いアスファルト敷きの駐車場兼広場が現れる。広場だけが、周囲とのつながりを拒絶しているかのように、なじむことなく存在している。この広場から棚田の風景を見る人には、広場のある風景は見えていない。目の前に広がるのは、四季折々の棚田の風景である。それならば、観光という観点からは問題ないのではないかという見方もあるだろう。観光の活性化によって農村再生の可能性が生まれるのだとしたら、観光インフラの充実化は必須なのだから。

　わたしが、哲学の木や棚田の展望広場の例を通して提起したい観点は、風景は単に見る対象として存在すればよいのかということである。風景は、開かれた価値である。誰もがその場所を訪れ、楽しむことができる。多くの人に共有される価値である一方、コモンズ的な価値からは乖離している。

　造園という視点から景観論を論じたガレット・エクボは、風景を次のように捉えている。「風景というものは、風景を共同してつくりだす自然や人間社会と同様に、静的でも固定的でもない。それはたえず発展し、成長し、変化し、進歩し、退歩している。・・・景観はあるのではなく、なるのである。それは過去から現在を経て未来へと連続する諸過程の複合の結果である（エクボ、1972）」。

　風景は、その場所にかかわる人びとの長期的な営みの結果として、生起するものだということである。特に里の風景は、あらかじめ作られたイメージや計画をもとにデザインされるのではなく、人びとの重層的な働きかけによって、時間をかけて形成されるものである。風景を愛でるという行為が、その働きかけとは乖離した第三者的な視点からにとどまる場合、むしろ風景の価値を破壊することさえある。哲学の木を美しい風景だと楽しみつつ、田畑に立ち入ったり、ゴミを投げ捨てたりした人たちは、この風景を生み出している、その土地に生きる人の働きに気づくことなく、風景の価値を消費したにすぎない。同様のことは、どんな場所でも起こりうるし、すでに起きているであろう。

　農山村では、過疎化が深刻だ。今までのような共有地管理のしくみだけに頼るのでは、地域の自然資源の保全は難しい。もちろん全ての環境を保全す

る必要はないし、不可能でもある。ただし、保全したい環境があり、そのための協働の輪を広げたいと考えた場合、「風景」は、多くの人と環境の価値を共有し、参加の輪を広げていくために、今後ますます重視されるだろう。ただし、風景が静的なものとして捉えられ、その背景にある営みや周囲とのつながりとは乖離した状態で評価されてしまうと、ここで挙げたような問題が生じる可能性がある。

風景をいかにコモンズとして昇華させるかが問われている。第三者的な関わり方ではなく、風景を発展させていくための営みを多くの人びとが理解し、そのプロセスに参画できるような工夫が必要だ。その手がかりが見えてきた時に、地域環境のガバナンスに向けた可能性が大きく広がっていく。

6　多彩な声を生かし創造的に考える

本章では、地域環境の保全のために、多様な人びとがかかわる場を作り、異なる価値をつないでいくことの重要性を述べてきた。さまざまな立場の人がつながることで達成される環境の価値の多元的な理解は、多彩な保全活動を展開していくための、スタートポイントとなる。ただし、参加と協働を拡大していくことは、それほど容易なことではない。環境保全の取り組みに従事している人だったら、参加の輪を広げていくことがいかに難しいか、日々の活動を通して実感していることだろう。

多様なアクターは、しかしながら、異質なアクターでもあることを認識すべきだと、菅（2006）は述べている。異質なアクターとは、自然資源の活用や維持管理をめぐって異なる見解をもつ人びとである。考え方の違いは時に対立を生み出す。特にどちらかの立場しか尊重できないような場合は、軋轢や葛藤などのネガティブな状況が生まれてしまう。

人びとの見方は多彩だ。人は、同じ場所に立っていても、異なる風景を見ている。例えば、旅人が足を止めて美しさに酔いしれる棚田の風景が、その場所で生きた人にとって、つらい労働の記憶しか呼び起こさないことがある。2つの見方はどちらも共感できるものであるが、棚田の保全について意思決

定が迫られるような場合、単なる「見方の違い」以上の意味が発生する。どうすべきかを話し合う過程で、美しい景観を保全すべきという立場と、維持管理の労働を考えると放棄はやむを得ないという立場に分かれるかもしれない。異なる声は、やがて、どちらの意見が正当かという議論に発展し、ぶつかり合う可能性がある。

　こうした衝突は、地域の内と外で頻繁に起こりやすい。外部から持ち込まれた自然保護の論理と、その土地で暮らす人びととの意識の差は、これまでにも指摘されてきたことである（菊地、2006；関、2007など）。環境問題がグローバルなレベルで議論されるなか、自然保護を訴える主張は、正当性を認められやすく、その他のインタレストを抑圧しがちだ。地域住民の発言が、グローバルな環境思想の潮流と同調しない時、前者は個人的なものとしてないがしろにされてしまうことがある。その土地と結びつきが希薄な地域外の人びとが、農山村の自然を市民の共有財のように見ることで、自然の状態や利活用に対して外部から批判的に発言するような状況も生じる。藤村（2006）は、自然資源とのかかわり方が多様化したことで生じうる「発言力の差」について考察し、例えば、伝統的コモンズを市民社会化する「パートナーシップ入会権（松木、2000：21）」のようなものの発展により、むらの人の発言力の根拠が問われはじめると述べている（藤村、2006：121）。

　地域資源の保全をめぐる価値的葛藤は、地域の内部でも起こりうる。都市化したライフスタイルが普及し、ローカルな自然資源の利用が減少するにつれ、地域のなかでも身近な環境とかかわりなく生活する人が増えているからである。例えば、第一次産業に従事していない人にとっては、たとえ農山村で暮らしていたとしても、地域の自然が自分の生活とはかかわりのないものとなっていることがある。また、過疎化高齢化などの社会的な変動により、今までとは同じように維持管理できなくなった環境を今後どうしていくかということについては、意見が分かれるだろう。地域資源の利活用が低下するなか、環境問題に関心のある都市住民の方が、農山村で都市化した生活をしている人たちよりも、自然資源に対して高い関心をもっている場合もある。

　では、異質なアクターが存在し、それぞれの主張があるのだとしたら、誰

の発言が尊重されるべきなのだろうか。「本源的所有（鳥越、1997：53-55）[6]」という概念が代表するように、土地と最も結びつきが強い、長い間その土地に働きかけてきた人の権利を優先するという考え方がある。土地の所有とは別に、労働の投下によって生まれる耕作権のようなものを認めていくというもので、所有の本源性を示している。自然資源が地域住民により積極的に利活用されていた時代は、こうした考えにもとづいて行為の正当性の了解を得ることができたかもしれない。ただし、資源の利用者が減少するにつれ、本源的所有といった考え方が象徴する権利は、今後弱まっていく可能性がある。同時に問題となるのは、最も結びつきが強い人びとが資源の劣化を仕方ないこととして受け止めていく場合である。環境の悪化は仕方ないという見方をもっているとしたら、地元の主張として尊重すべきなのだろうか。

　「誰の発言が尊重されるべきか」という観点から考えていくだけでは、ガバナンスの問題は行き詰まってしまう。むしろ、人びとのさまざまな声、そのなかに生じうる声の力の差を踏まえて、地域環境のガバナンスについて考えていくためには、異なる声をいかにつむいでいくかという視点が必要となる。そのための「合意形成」をいかに展開していくかということが重要な論点であると、わたしは考える。

　「合意形成」は、広く解釈すると、複数の人が話し合いを通して意思決定をしていくことを指す。まちづくりや公共事業への市民参加が重視されはじめた20世紀後半から、パブリックな合意形成の重要性が議論されるようになった。異なる見解をもつ人びとが意見の違いを乗り越えて共に意思決定を行う必要があるにもかかわらず、それが達成できない場合に、合意形成が必要となる。この言葉の定義はさまざまで、必ずしも見解が統一されているわけではない（猪原、2011）。どのように「合意形成」を理解するかということによって、話し合いの実践的アプローチは異なってくる。

　「合意形成」という言葉は、しばしば「利害の調整」や「同意の取り付け」などと混同して使われることがある。しかし、これらの言葉は異なる意味を含んでいる。「利害の調整」は、そもそも話し合いを前提としているわけではない。調整役を担う人が、関係者の見解を聞き、合意点を検討したり、あ

るいは、あらかじめ用意された案の了解を求めたりする。「同意の取り付け」でも、同様に、解決策を考えるプロセスが誰かの手に委ねられている。同意を求めるということは、相手を説得するということだ。用意した案に対する人びとの賛同をいかに獲得していくかが焦点となる。

桑子は、合意形成を「対立・紛争の現場で問題をどのように解決するかという課題に応える方法（桑子、2016a：3）」としているが、おそらく「利害の調整」や「同意の取り付け」を対立と紛争を解決するためのアプローチと考え、実践している人もいるだろう。こうした意思決定の仕方と合意形成は、根本的に異なっている。大きな違いは、対立・紛争を解決していくプロセスに人びとの参加を求めているかどうかという点にある。合意形成では、話し合いに参加した人びとが共に考えることが重要であり、そのためのコミュニケーションプロセスを設計していくことが求められる。

共に考えるということは、視点を重ね合わせて解決策を生み出すことだ。一人ひとりの見方やアイディアは、地域環境がもつさまざまな意味を理解するため手がかりであり、策を考えていくための大切な資源である。意見は多彩であればあるほど、解決策を生み出す可能性は広がっていく。ただし、多彩な意見を資源と捉えていく見方は、まだ十分に浸透していないように見える。

合意形成をめぐって、よく次のような声が聞こえてくる。「さまざまな意見が出ると、まとめることが難しくなる。すべての意見を反映できるわけではない」という不安の声である。話し合いの場に50人が集まったとすると、50以上の意見が出てくる可能性がある。最終的に1つのアイディアに集約しないとならないのであれば、多くの意見が反映されないことになり、結局は不満が増大するのではないだろうか。選択肢はあらかじめ絞っておいたほうが混乱を防げる。

このような不安の声は、合意形成の根本的な誤解から生じている。異なる意見があるということは、幅広いアイディアの資源があるということだ。50の意見が集まった場合、それらを整理・分析し、いくつかを組み合わせて、新たなアイディアを生み出せばよい。収集された多彩な意見は、発想のプー

ルなのである。課題解決に向けた策を生み出す可能性は、例えば、5つの意見しかない場合と比べて、格段に高くなる。

　また、誰が解決策を考えるのかという点においても、誤解がある。話し合いに参加する人が解決策を生み出す主体なのである。一部の人（行政関係者や専門家という立場の人であることが多い）が考えた選択肢から選ぶというだけでは、創造的な話し合いとは言えない。それぞれの人が、自分の考えに固執するのではなく、異なる視点をつむぎながらアイディアを生み出していく役割を担っている。視点の違いを超えて共有可能なアイディアを生み出していくプロセスに多くの人がかかわることは、納得のいく結果を生み出すために必要であるし、また、自ら問題を解決したという達成感、ならびに結果に対する責任感を醸成するうえでも重要だ。問題を解決するための創造的合意形成は、問題を解決する人を生み出す契機でもある。地域の環境問題について共に考え解決していく創造的対話のプロセスは、ガバナンスの主体の生成につながっている。

　参加や協働を人びとのエンパワーメントにつなげるためには、形式的な市民参加を進めても、かえって逆効果だ。例えば、松村（2013）は、里山保全の事例をもとに、「ガバメント型公共性」が残ったまま、関係するアクターが行政のセットした舞台に立たされると、常に「協働」が行政の下請けと変質する可能性をはらみ、当事者は生きがいを感じることができないと述べる。市民参加や協働が、労働力の提供に陥るのではなく、地域の活力へとつながるためには、地域環境を保全するプロセスとその成果に対して、いかに「オーナーシップ」を実感できるようにするかが重要だ。先に述べた合意形成のポイントは、オーナーシップを高めていくために不可欠な視点である。

　オーナーシップとは、日本語で「所有権」と訳されるが、ここでわたしが意味するのは、主体的な創造的活動を経て得られる達成感のようなものである。オーナーシップを醸成するためには、何を保全するかということだけでなく、どのように保全するのかというプロセスが極めて重要である。まず、一人ひとりが思いを語り始める。アイディアを出し合い、課題解決に向けたアクションを考えて試みる。実践を通して見えてきた課題に対峙し、さらな

るアイディアをめぐらせ新たなアクションへとつなげていく。地域環境のガバナンスに向けて、こうした試行錯誤の循環が発展していくためには、協働のしくみを作り、共に考え挑戦するプロセスをデザインしていく必要がある。本章で示したカモケンや福浦ふるさと会の事例は、しくみづくりとプロセスデザインの具体的なアプローチである。

　豊かな地域環境の発展に向けて、わたしたちのまわりにはさまざまな課題が山積している。アイディアを生み出すことを楽しみながら課題と向き合う創造的挑戦を通して、未来への道筋が徐々に見えてくる。

注

1. 環境省地球環境研究総合推進費「トキの野生復帰のための持続可能な自然再生計画の立案とその社会的手続き（F-072）」、サブテーマ8「トキの生態環境を支える地域社会での社会的合意形成の設計（代表者：桑子敏雄）」で実施した研究である。
2. こごめのいりでのヨシ原再生はW-BRIDGEの研究活動助成によって実施した。
3. ヨシはかつてアシと呼ばれていたが、「悪し」を連想させる言葉であることから、ヨシと呼ばれるようになった。
4. 特定非営利財団法人（現株式会社）アカルプロジェクトの協力による。また、ヨシ舟づくりによる加茂湖保全の取り組みは、公益財団法人山口育英奨学会の2015年度自然環境保護活動助成事業の支援を受けて実施した。
5. コモンズをめぐる議論は、ギャレット・ハーディン（Garrett Hardin）の「共有地の悲劇（The Tragedy of Commons）」という論文がきっかけとなって活発化した。ハーディンは、人口増加が引き起こす自然資源の危機を、共同牧草地を例に挙げて説明した。功利主義的人間観を前提とすると、牧草地を使用する農家は、それぞれの利益を増やすために規模を拡大していく。その結果、飼料である牧草が枯渇し、やがては家畜も農家も存続の危機に立たされる。ハーディンは、自然資源が有限であるということを踏まえ、人口増加が進めば、資源の奪い合いを避けることはできないと論じたが、彼の主張に対して、「資源利用のルールのないコモンズはあり得ない」、「これまでの長い歴史のなかで、サステナブルに維持されてきた共有地は多く存在する」などの反論が提示されてきた。一方で、こうした批判は、ハーディンの重要な主張を見逃しているという見方もある。例えば、ハーシャル・エリオット（Herschel Elliott）は、ハーディンが提示した最も重要な考えは、人倫の基本的価値、すなわち「自由」や「平等」を尊重するだけでは、サステナブルな社会を構築することは出来ないと示したことにあるという（Elliott, 1997）。

6 本源的所有の概念はカール・マルクスの思想にもとづいている。共同体的所有のことで、共同体内のすべての生産者がその生産に必要な手段を所有（占有）していることを示している。

参考文献

飯國芳明（2012）；コモンズの類型と現代的課題．新保輝幸・松本充郎編；『変容するコモンズ―フィールドと理論のはざまから』ナカニシヤ出版

猪原健弘（2011）；合意形成学の構築．『合意形成学』勁草書房

エクボ，ガレット（1972）；久保貞・中村一・吉田博宣・上杉武夫編；『景観論』鹿島出版会

長田啓（2013）；トキ野生復帰のこれまでと今後―持続可能な農村地域の構築に向けて―．ワイルドライフ・フォーラム 17（2）：5-7

菊地直樹（2006）；『蘇るコウノトリ―野生復帰から地域再生へ』東京大学出版会

桑子敏雄（2005）；『風景のなかの環境哲学』東京大学出版会

桑子敏雄（2008）；方法としての空間学．桑子敏雄編；『日本文化の空間学』東信堂

桑子敏雄（2016a）；『社会的合意形成のプロジェクトマネジメント』コロナ社

桑子敏雄（2016b）；『わがまち再生プロジェクト』角川書店

菅豊（2006）；「歴史」をつくる人びと―異質性社会における正当性（レジティマシー）の構築．宮内泰介編『コモンズをささえるしくみ―レジティマシーの環境社会学』新曜社

関礼子（2007）；自然をめぐる合意の設計．松永澄夫編；『環境―設計の思想』東信堂

髙田知紀（2014）；『自然再生と社会的合意形成』東信堂

トゥアン・イーフー（1993）；『空間の経験』筑摩書房

鳥越皓之（1997）；『環境社会学の理論と実践―生活環境主義の立場から』有斐閣

豊田光世（2008）；トキと共に生きる島づくりと加茂湖・天王川再生．水資源・環境研究 21：74-78

豊田光世・山田潤史・桑子敏雄・島谷幸宏（2008）；「佐渡めぐり移動談義所」によるトキとの共生に向けた社会環境整備の推進に関する研究．自然環境復元研究 4：51-60

永田尚志（2012）；トキの野生復帰の現状と展望．野生復帰 2：11-16

藤村美穂（2006）；土地への発言力―草原の利用をめぐる合意と了解のしくみ．宮内泰介編『コモンズをささえるしくみ―レジティマシーの環境社会学』新曜社

松木洋一（2000）；「中山間」地域の多産業化と入会共有地の市民的構造改革．『農業方研究』35：10-24.

松村正治（2013）；環境統治性の進化に応じた公共性の転換へ―横浜市内の里山ガバナンスの同時代史から．宮内泰介編；『なぜ環境保全はうまくいかないのか―

現場から考える「順応的ガバナンス」の可能性』新泉社
山本啓（2008）；ローカル・ガバナンスと公民パートナーシップ―ガバメントとガバナンスの相補性. 山本啓編；『ローカル・ガバメントとローカル・ガバナンス』法政大学出版局
Arnstein, S. R.（1969）; A Ladder of Citizen Participation. *Journal of the American Institute of Planners* 35（4）: 216-224.
Cox, S.J.B.（1985）; No Tragedy on the Commons. *Environmental Ethics* 7: 49-61.
Elliott, H.（1997）; A General Statement of the Tragedy of the Commons. *Population and Environment* 18（6）: 515-531.
Ostrom, E.（1990）; *Governing the Commons: The Evolution of Institutions for Collective Action*. Cambridge University Press: New York.
Ostrom, E., Burger, J., Field, C.B., Norgaard, R.B. and Policansky, D.（1999）; Revisiting the Commons: Local Lessons, Global Challenges. *Science* 284: 278-282.

第III部

環境問題のコンセプト戦略

第5章　自然再生と「ランドケア」
―― 持続的資源管理システムの構造から

前川智美

はじめに

1　新しい資源管理の方法の必要性

　1992年の環境と開発に関するリオ宣言以来、市民参加による環境問題解決に向けたアプローチの重要性は、自然再生の促進と新しい資源管理の仕組みの開発が求められている現代において、世界共通の認識となっている[1]。とくに、人口の急激な増減や生活様式の変化をはじめとする各国・各地での社会的環境の変遷に伴い、伝統的な資源管理の仕組みは変化を迫られている。とくに日本では、農村地域における人口減少と高齢化により、入会など従来の資源管理の仕組みを維持することは困難になってきており（九鬼、2011）、新しい資源管理の仕組みが必要とされている。しかしながら、環境問題への取り組みにおける市民参加を実現する方法については、各国・各地での実践事例に関する研究の集積を待っているところであり、未だ確立された段階ではない。筆者によるオーストラリアでの現地調査をもととした自然再生・維持管理運動「ランドケア」の仕組みに関する構造分析も、これら実践事例研究のうちのひとつである。

2　本章の目的と方法

　ランドケア運動では、1986年の発足以来、農業者をはじめとする有志の地域住民で結成・運営される地域活動グループ「ランドケア・グループ」を基本単位とし、一つひとつのグループがそのメンバーによる意思決定に基づきながら、それぞれの地域のなかで多様な自然再生・維持管理活動をおこなっている。この運動は、1986年にひとつ目のランドケア・グループが発足し

て以来、全国各地でグループが立ち上がり、2013年現在、5,000以上の地域グループのネットワークを有するオーストラリア最大の自然再生・維持管理運動として展開されている。筆者は、地域住民による団体運営と活動実践を通じた資源管理の仕組みがもつ基盤的な制度と精神がどのようなものであるかを明らかにするため、この運動に着目し、運動発祥の地であるヴィクトリア州に焦点をあて、現地調査を実施した[2]。

　本章では、筆者による既出の研究で示したランドケア運動の構造における制度的な特徴を概説しながら、同じく現地調査によって得られた情報をもとに、運動における制度的な特徴と一体となってこれを構成している、その精神的な特徴を示す。このことにより、ランドケア運動の構造を、社会現象としてより包括的に表現することを目的とすると同時に、その精神的特徴がもつ思想的な意義を明らかにする。

1　ランドケア運動とは

(1)　森林の喪失・土壌劣化・在来生物の減少

　ランドケア運動発祥の地であるヴィクトリア州は、オーストラリア大陸の南東部に位置しており、州の人口の多くは大都市メルボルンとその近郊に集中している。ヴィクトリア州には、東部地域に大陸最大の山脈グレート・ディヴァイディング山脈が通り、北部地域には、隣接するニュー・サウス・ウェールズ州との州境である大河マレー川が流れるほか、国立・州立公園を含む灌木の森や熱帯雨林、湿地、海岸などが数多くある。

　このようなヴィクトリア州においてランドケア運動が誕生したのは、1986年のことである。オーストラリア国内で農業や環境保護の分野で地域の現場の人びとや産業、政府機関とともに働いてきた有識者たちによると、多くの植物と動物の種の絶滅を含む土壌と生物多様性の喪失、塩害、外来動植物の繁茂、水質の悪さが、オーストラリアの直面している深刻な環境問題である（Johnson, Poussard and Youl, 2009）。とくに、現地の研究者は、森林伐採が土壌や動植物へ与える影響の大きさを指摘すると同時に、残された森林を保全す

る必要性を説いている。農地における生物多様性保存分野の調査チームは、「農作物の栽培や家畜用の牧草の生育を促進するために森林伐採をおこなうことは、その場の生態系維持にとって鍵となる植物を取り去り、特定の森林の植生ごとの生物たちの調和あるすみかを変えたり、破壊したりしてしまう。このため、森林伐採は、広い範囲に影響を与えてしまう行為であり、生態系にとって大きな打撃となる。」(Lindenmayer、2011：13-14) と指摘する[3]。

(2) ランドケア運動の誕生

オーストラリアにおける森林の喪失、土壌劣化、在来生物の減少といった環境問題への対策の動きは、同国で土壌劣化の問題が深刻化した1930年代に遡る。当時、ヴィクトリア州の調査委員会は、土壌劣化の深刻さに警鐘を鳴らす報告書をまとめているが、第二次世界大戦の開戦を前にした当時の状況では、政府の関心も人員も、農作物に有害なウサギの制御や土壌劣化の改善には十分に向けられなかったため、戦時中にウサギはますます増殖し、土壌侵食はさらに悪化した (Barr and Cary、1992：27-28)。

その一方で、土壌劣化に対する政府による対策は法整備の段階までおこなわれていたことも、当時の政府関係者らによって記録されている[4]。これらの記録から、ランドケア運動発足とその後の展開の経緯に存在した条件がわかる。すなわち、運動の発足に関しては、ヴィクトリア州政府内における関連組織の統合と、当時の「保全・森林・土地に関する省」の大臣を務めたジョーン・カーナーと当時のヴィクトリア州農業者連盟の会長ヘーザー・ミッチェルという2人の女性による連携のリーダーシップの存在のうえに、地域の自主性と自律性を尊重するプログラムが成立した (Poussard、2006a；Poussard、2006b；Cummings、2006)。また、運動がヴィクトリア州で発足した後に全国的に展開した経緯には、連邦政府が同じく「ランドケア」の名称を用いてプログラムを設置したと同時に、自然資源管理のための機構を全国に設置するなど、ランドケア運動における個々の地域活動や支援を結ぶネットワークが全国規模で展開するための基盤整備を実施していた (Poussard、2006a；Poussard、2006b；Cummings、2006)。

以上のように、深刻化するオーストラリアの環境問題の解決に向けて誕生

したランドケア運動は、有志の地域住民によって結成される地域グループを基本単位とし、それら地域グループがおこなう地域活動の展開によって課題解決に取り組む、自然資源管理のアプローチである。本章では、筆者による現地調査を基としてランドケア運動の実態的特色を明らかにする観点から、この運動を次のように捉えることとする。すなわち、"地域住民が有志でグループを結成して地域の環境の課題について話し合い、多様な組織や機関との連携を基盤として、それぞれの地域において自然環境あるいは地域社会の再生や維持管理活動をおこなう取り組み"である[5]。

(3) 運動に対する社会的評価

　ランドケア運動は、有志の地域住民によるグループ結成とその地域活動を通じ、オーストラリアの環境の改善・向上において大きな役割を果たしてきた。ヴィクトリア州を中心にこの運動に携わり、調査研究をおこなってきた研究者アラン・カーティスらは、1995年当時、ランドケア運動はヴィクトリア州で誕生して以来、オーストラリア中の政府や農業者組織、環境保全団体において、持続可能な資源利用に向けた効果的な取り組みのモデルとして受け入れられてきたと述べている（Curtis, Birckhead and De Lacy、1995）。2013年の時点では、この運動は同国における各州内、連邦内に広く展開しており、ヴィクトリア州内に630以上、連邦全体で5,000以上のランドケア・グループが存在している[6]。また、運動はオーストラリア国外でも展開されており、太平洋、アフリカ、北アメリカ、ヨーロッパ、東南アジアの約17の国と多数国参加の組織において取り組まれている（Neely, Catacutan and Youl、2009）。

　このように多くの地域や国々で取り組まれているランドケア運動は、その一つひとつの地域活動によって、目に見える景観だけでなく、そこに暮らす市民の意識を変えてきた。ヴィクトリア州政府内の関係省による意識調査では、日々の暮らしのなかでの環境の重要性の認識や、自分の行動がもたらす影響の認識など、ランドケア運動参加者において環境への意識の向上がみられることが明らかになっている[7]。ヴィクトリア州政府内の関係省は、広く国民にこのような意識変化をもたらしたランドケア運動を評価し、2016年

現在も、ランドケア運動への支援を「価値ある投資」として継続している。

2 運動の構造における3つの制度的特徴

それでは、自然環境と人びとへのポジティヴなインパクトをもたらしているランドケア運動は、その歴史のなかで、全国運動としてどのような構造をかたちづくってきたのだろうか。本章では、ランドケア運動がもつ構造を、"制度的基盤"部分と"地域グループによる多様な実践活動"部分、そして、運動を象徴する"精神的特徴"からなる有機体として捉え、運動全体の構造モデルを提示したい（**図 5-1**）。

まず、本節では、"制度的基盤"部分として、ランドケア運動の構造がもつ3つの制度的な特徴について取り上げる。そして次節では、"地域グループによる多様な実践活動"部分としていくつかの実例をみながら、運動を象徴する"精神的特徴"について考察する。

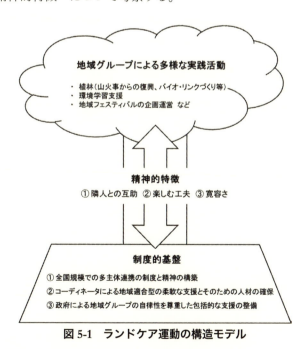

図 5-1　ランドケア運動の構造モデル

(1) 全国規模での多主体連携の制度と精神の構築

　1つ目の制度的な特徴は、ランドケア運動がオーストラリア全土にわたって多主体連携の制度と精神を構築していることである[8]。ここでは、運動の基本単位であるランドケア・グループとそれらグループの集合体であるランドケア・ネットワークを支援する、ヴィクトリア州内の主要な関係組織を挙げると同時に、運動におけるその役割あるいは機能を概説する。

　ランドケア運動における主要な関係組織の活動規模は、基本単位であるランドケア・グループとランドケア・ネットワークの活動規模である地域レベルを除き、大きく4つに分けることができる。すなわち、規模の小さい順に、流域レベル、州レベル、連邦レベル、国際レベルである。以下では、それぞれの規模ごとに関係組織を挙げる。

　まずは、流域レベルで活動する関係組織として、「流域管理局」がある。流域管理局は、ランドケア・グループ等地域の環境ボランティア団体やその他のコミュニティとの交流を通じた流域管理戦略の策定・実行をおこなうと同時に、ヴィクトリア州政府のランドケア・プログラムの実行として各流域内の地域グループに対するさまざまな支援の提供を担っている半行政機関である。ヴィクトリア州内のランドケア運動において、政府（ヴィクトリア州政府と連邦政府）と州内のランドケア・グループ等地域グループのあいだに立ち、政府からの支援を橋渡しながら、地域グループの現状や要望をそれぞれの流域管理戦略に反映させる役割を担っている。

　次に、州レベルで活動する関係組織として、「ファームツリー・アンド・ランドケア・アソシエーション」と「ヴィクトリア州ランドケア審議会」、「ヴィクトリア州政府」がある。

　ファームツリー・アンド・ランドケア・アソシエーションは、1986年に複数のランドケア・グループによって、当時ヴィクトリア州内の各地で結成されはじめたランドケア・グループどうしが情報を共有して学びあうことを目的として設立された組織である。主な活動内容は、ランドケア運動に携わる人びとへの情報提供やグループのガバナンスに関するトレーニングの提供、ランドケア・グループに属する個人のための相談窓口、そして、ランドケ

ア・グループやランドケア・ネットワーク、それらに所属している個人に対し、植林等労働作業に伴う事故に備えた保険を提供することである。

　ヴィクトリア州ランドケア審議会は、州内の地域グループを中心としたランドケア運動に携わるボランティアを代表して、広域の自然資源管理に関する戦略や政策の策定・実行を担う流域管理局、州政府、連邦政府に対し、地域レベルでこの運動に取り組んでいる人びとの声を届けることを目的としている。この審議会では、運営会議等の集いを通じて州内各地の地域グループのあいだの情報共有と意見交換をおこないながら、地域グループのメンバーと政策策定機関のあいだにより強いパートナーシップの構築を目指している。

　ヴィクトリア州政府に関して、同州政府内でランドケア運動に関係する業務を担当する省は、「環境と第一次産業省」である（調査実施当時）。この省には、ヴィクトリア州におけるランドケア運動を促進する「ヴィクトリア州ランドケア・プログラム」を実行するチーム「ヴィクトリア州ランドケア・チーム」が設置されている。このチームは、州内の10の流域管理局にそれぞれ1人ずつ配置されているコーディネータである「流域ランドケア・コーディネータ」と特定分野専門の2名のランドケア・ファシリテータ（企業との提携を専門とする1名と先住民族との交流を専門とする1名）に省内の担当職員を加えた15名前後のスタッフで構成される。チームの役割は、主に、州政府が州内のランドケア・グループ等地域グループによる地域活動を支援するために拠出する助成金の分配や、州内の自然資源管理に係わる情報を提供する情報誌の発行、州内のグループ検索システムや地域活動に関するイベントカレンダーの管理等関連情報の収集・整理・提供である。

　そして、連邦レベルで活動する関係組織として、「ランドケア・オーストラリア合資会社」と「オーストラリア連邦政府」がある。

　ランドケア・オーストラリア合資会社は、連邦規模でのランドケア運動の促進のために1989年に設立された組織であり、ランドケア運動と海岸における環境活動をおこなうコーストケア運動のための企業スポンサーの獲得と、ランドケア・プログラムとランドケア運動のブランドに対する市民の意識向上を目的とする。具体的には、ロゴマークを用いたランドケア運動のブラン

ド化や表彰イベント等の企画を通じ、オーストラリア全土において、企業が環境再生プロジェクトで地域コミュニティと協同することに助力している。

　オーストラリア連邦政府について、連邦政府内でランドケア運動に関連する業務を担当する部署は、「農業省」と「環境省」である（調査実施当時）。連邦政府は、全国ランドケア・プログラムにおける地方戦略として、ヴィクトリア州の10の流域管理局を含む56の自然資源管理機構を全国に設定しており、これら56の組織各々に一人ずつ「流域ランドケア・ファシリテータ」を配置し、資金を提供している。これら56の自然資源管理機構は、ランドケア・グループや農業団体その他のコミュニティとの協同のもと、持続可能な環境保全と農業のための自然資源管理活動の計画と優先順位づけを先導することや、広域の地域での自然資源管理活動の実践における地域のステークホルダー支援をおこなっている。

　最後に、流域レベルで活動する関係組織として、「オーストラリアン・ランドケア・インターナショナル」がある。この組織は、2008年に設立された非営利組織であり、オーストラリアにおいて政策や計画、運営のレベルでランドケア運動に長年携わってきたメンバーをはじめ、農業や林業等の分野で海外経験をもつメンバーが活動している。組織の目標は、オーストラリアのランドケア運動における経験を用いて他国の人びとが土地や水資源をさらに持続的に管理する支援をおこなうことである。例えばヴィクトリア州ランドケア審議会と共同して立ち上げた「海外ランドケア基金」では、フィリピン、コンゴ共和国、タンザニア、ラオス等で実施されているプロジェクトに助成金を提供し、湿地保全や土壌保全、女性農業者のトレーニングや植林を支援している。

　以上のように、オーストラリアのランドケア運動では、流域レベル、州レベル、連邦レベル、国際レベルの4つのレベルで地域グループとその活動を支援する仕組みが構築されており、さらに、これら4つの空間的レベルで展開している支援の仕組みは、民間・行政、営利・非営利等のセクターの差異を越えた情報や資金、労働力、技術といった多様な資源を共有または融通しあう国家規模の多主体連携の構造になっている。

(2) コーディネータによる地域適合型の柔軟な支援とそのための人材の確保

　2つ目の制度的な特徴は、各地域の状況とニーズに適合したコーディネータによる柔軟な支援と、そのような役割を果たすコーディネータとなる人材を確保するシステムがある点である[9]。ここでは、ランドケア運動において、関係する個人や団体、組織、あるいは機関のあいだで人や情報、技術、資金などの資源の共有あるいは分配を仲介することによりランドケア・グループ等のグループ運営と地域活動の展開を促進する役割を果たしている人びとを「コーディネータ」として定義する。そのうえで、これに当てはまる機能をもつ役職とその役割を紹介すると同時に、コーディネータとして活動する人材をどのように確保しているか概説する。

1　各レベルで活動するコーディネータとその役割

　オーストラリア国内で活動するコーディネータの役職は複数あるが、それぞれの活動規模によって、地域レベル、流域レベル、州レベル、連邦レベルの4つに分けることができる。

　まず、地域レベルで活動するコーディネータには、「地域ランドケア・ファシリテータ」と「ランドケア・プロジェクト・オフィサー」がある。この2つの役職に就く人材は、主に雇用先となる地域グループが活動する地域内に住む希望者のなかから選ばれており、特定のプログラムを通じた州政府あるいは連邦政府からの資金提供によりそれぞれの役職が設置・維持されている。

　この2つの役職の一般的な役割は、ランドケア・グループ等地域グループが実施する植林作業や環境学習イベント、地域フェスティバルなどの具体的な地域活動について、そのプロジェクトの計画立案や計画実施、終了後の報告作業を補助することである。具体的には、ミーティングの設定や資金獲得、ボランティアの労働力の調達、報告書の作成等の事務的な作業である。これらの支援を通じ、それぞれの担当地域内の地域グループをサポートすることが、地域レベルで活動するコーディネータの役割である。とくに、これら地域レベルのコーディネータの存在の重要性は、助成金の申請や報告に関する事務的作業の補助による地域グループの負担軽減と、地域内の個人どうしや

団体どうしをつなぐことにより、地域内において個人や団体のあいだのつながりを創出あるいは維持している点にある。

　これらコーディネータは担当領域内におけるランドケア・グループやランドケア・ネットワーク等地域グループのミーティングやイベント、地域活動の現場にこまめに足を運ぶことを通じ、地域グループの団体運営や進行中のプロジェクトの状況について把握する。同時に、個々のメンバーとの継続的なコミュニケーションを確保することで地域内でのコーディネーションに関わる業務を円滑におこなう素地を構築している。この点、業務をおこなう場所等スタイルに関する裁量の大きさとそれによる高い地域密着性を基とした、地域内の人びとにとってのアクセスの良さと、個々の相手のニーズに合わせた柔軟な対応ができる点が、地域レベルのコーディネータとそのコーディネーションの特徴であるといえる。

　次に、流域レベルで活動するコーディネータには、「流域ランドケア・コーディネータ」と「流域ランドケア・ファシリテータ」がある。前者は、ヴィクトリア州ランドケア・プログラムによって州内の10の流域管理局に一人ずつ配置されている役職であり、後者は、全国ランドケア・プログラムによって国内すべての州と首都特別区域、準州ノーザンテリトリー内に合計56箇所ある（ヴィクトリア州内の10の流域管理局を含む）自然資源管理機構に配置されている役職である。

　これら2つの役職はそれぞれ特定の役割をもつが、共通する主要な役割は次の2つである。ひとつは、流域内の地域住民、ランドケア・グループ等地域グループを含むさまざまな地域コミュニティ、基礎自治体、企業などの資金提供団体とのコミュニケーションを通じ、これら流域内の関係主体に対し、ランドケア運動をはじめとする自然資源管理に関連する情報を提供することである。もうひとつは、州政府と連邦政府からそれぞれ拠出される地域グループの団体運営と地域活動運営の支援を目的とした助成金を、各流域内のランドケア・ネットワーク等に分配することである。とくに、流域内の関係主体とのコミュニケーションを通じた情報提供に関しては、具体的には以下の活動が挙げられる。すなわち、ニュースレター等の編集・発行を通じた地域グ

ループに対する各政府からの助成金に関する情報提供をはじめ、自然環境やその保全、グループ運営やプロジェクト運営に関する専門家あるいは技術者による講演会やワークショップ、流域内の地域グループどうしの学びあいを促進するプレゼンテーション・イベントや茶会・食事会を盛り込んだ参加者間の相互交流フォーラムを企画・運営することである。

これら流域レベルのコーディネーションの特徴のひとつは、流域ランドケア・コーディネータと流域ランドケア・ファシリテータは流域内の各地域でのランドケア運動に精通している地域ランドケア・ファシリテータとランドケア・プロジェクト・オフィサーと連絡・連携しながら、流域内の幅広い多様な主体とのコミュニケーションを通じて、流域内での地域活動とその連携を促進している点である。もうひとつの特徴は、流域ランドケア・コーディネータと流域ランドケア・ファシリテータは、役職としてそれぞれ財源が異なる一方で、配属先である自然資源管理機構において情報や技術を共有しながら協同して業務にあたっている点である。例えばヴィクトリア州では、2つの役職はともに州内の10の流域管理局に配属されており、現場において協同で活動している。

さらに、州レベルで活動するコーディネータの集団には、「ヴィクトリア州ランドケア・チーム」がある。このチームはヴィクトリア州ランドケア・プログラムの運営を担当しており、州内10の全ての流域を対象に、州規模でランドケア・グループやランドケア・ネットワークをはじめとする地域グループの団体運営と地域活動運営を支援している。

チームの構成メンバーである流域ランドケア・コーディネータの役割は、流域を越えた州内の地域グループをはじめとする関係主体のあいだに、ランドケア運動のもとで連携する者どうしとしての一体感を形成しながら、州レベルで情報の共有、経験の蓄積、技術や資金、人材の融通をおこなうための仕組みを運営することである。具体的には、環境と第一次産業に関する省を発行元として年間約2回発行している情報雑誌の編集・発行と、州内のランドケア運動に関するあらゆる情報を発信するウェブサイトの管理・運営等である。これら情報提供の仕組みの整備と運営は、広大な土地をもつオースト

ラリアで各地に点在する地域グループに対して効率的に情報提供をおこなう方法として、州レベルのコーディネーションにおける中心的な手段となっている。

　ヴィクトリア州ランドケア・チームの特徴的な機能は、異なるレベルあるいは分野を担当するコーディネータどうしがひとつのチームとして結束することにより、それぞれの担当レベルあるいは担当分野の視点から情報と意見を持ち寄り、それらを共有することを通じて、運動に関する州レベルの包括的な議論を可能にしている点である。

　最後に、連邦レベルで活動するコーディネータには、「全国ランドケア・ファシリテータ」がある。これは、連邦政府からの資金の拠出によって役職を設置・維持される役職であり、国内6つの全ての州と首都特別区域、準州ノーザンテリトリーを対象として連邦規模で活動しているコーディネータである。全国ランドケア・ファシリテータは、農業などの一次産業における持続的な生産と自然資源管理プログラムにおけるコミュニティのエンゲージメントに焦点をあてた助言者としての役割を担っている。同時に、ヴィクトリア州内の10の流域管理局を含む全国56の自然資源管理機構に配属されている流域ランドケア・ファシリテータとの情報交換を通じ、ランドケア運動における6つの州と首都特別区域、準州ノーザンテリトリーのあいだをつなぐことにより、連邦レベルでの環境保全、自然再生を含む自然資源管理に向けた意識の向上、情報の共有、経験の蓄積、技術や資金、人材の融通を促進する機能を果たしている。

2　地域内人材登用・育成によるコーディネータの確保

　ここでは、ランドケア運動における地域レベルのコーディネーションを担う地域ランドケア・ファシリテータの確保・育成のための制度「ヴィクトリア州・地域ランドケア・ファシリテータ・イニシアティブ」とトレーニング・プログラムについて概説する。

　まず、ヴィクトリア州・地域ランドケア・ファシリテータ・イニシアティブは、地域レベルのコーディネーションを担当する有給のパートタイムのコーディ

ネータを雇用するための制度である。ヴィクトリア州政府によって2011年に開始されて以来、同州政府からの出資により運営されている[10]。このイニシアティブは、ヴィクトリア州内のランドケア・グループ等地域グループが新規のパートタイムの地域ランドケア・ファシリテータを雇用することを支援する目的で、州政府が4年間で合計1200万オーストラリア・ドル（約12億円）を拠出するものである。このイニシアティブへの申請を受理された組織あるいは団体は、地域ランドケア・ファシリテータを雇用するための一定額の助成金（1年間につき50,000オーストラリア・ドル、約500万円が上限）を受け取り、これを地域ランドケア・ファシリテータとして働く個人への給与と、通信費と出張等の旅費を含む地域ランドケア・ファシリテータとしての仕事を実行するための経費にあてることができる。ヴィクトリア州・地域ランドケア・ファシリテータ・イニシアティブでは、地域ランドケア・ファシリテータの役割と責任に関して考慮すべき主要な項目を示しつつも[11]、地域ランドケア・ファシリテータを雇用するそれぞれの組織あるいは団体自身が各々の地域のニーズと優先事項に合わせてその役割と責任を決定することができると規定している。

　次に、トレーニング・プログラムに関しては、ここでは、各流域の流域ランドケア・ファシリテータによるサポートのもとでファームツリー・アンド・ランドケア・アソシエーションが主催するプログラムを取り上げる。このプログラムは、一日で完結するプログラムであり、参加者それぞれが所属するグループのマネジメントを向上させることを目的とした、地域グループの役員やコーディネータを対象とした無料の講座である。プログラムの内容は、地域レベルで活動するランドケア・グループ、ランドケア・ネットワーク等におけるグループ運営に関する知識や、グループ内での議論や意思決定等の際に必要な技術の向上を目的とした3つのテーマ（「効果的な意思決定について」、「委員会メンバーにおける法的義務」、「ボランティアの募集」）で構成された。これら3つのテーマについてそれぞれ、ファームツリー・アンド・ランドケア・アソシエーションの職員、弁護士、コミュニティ・エンゲージメントとファシリテーションの専門家、の3名が講義を担当した。プログラムの参加者は、

合意形成や法的なリスク・マネジメント等グループ運営に関する基礎知識と、それぞれの現場に応用可能な議論やコミュニケーション技術を学んだと同時に、将来にわたって団体運営をおこなっていくなかで必要となる、専門家や身近な相談窓口に関する情報も得た。

このような地域ランドケア・ファシリテータ確保のための仕組みは、次の2点の特徴をもっているといえる。ひとつは、地域ランドケア・ファシリテータの雇用と技術の向上を支援することにより、ランドケア・グループ等地域グループが自律できるようになることを重視している点である。もうひとつは、雇用する地域ランドケア・ファシリテータの具体的な役割と責任はそれぞれの地域のニーズと優先事項に合わせて柔軟に決定できることを明確に示している点である。また、これらの仕組みは、地域ランドケア・ファシリテータの役職に就く者を、地域の自然環境やコミュニティ等の現地の状況に関して熟知している地域内人材から採用あるいはトレーニングすることを期待している点にも[12]、ランドケア運動における地域の自然環境と社会に関する地元の人びとの知恵に対する敬意と自然資源管理に関する地域本位の考え方が表れている。

以上のように、ランドケア運動では、地域、流域、州、連邦の各レベルでそれぞれのコーディネータを配置し、各々の担当領域内での地域グループ支援や連携の促進をおこないながら、各地域どうし、流域どうし、州どうしの連携に加え、異なるレベル間での情報等の共有を促進している。これらコーディネータは、その役職を担う地域内人材の育成システムと合わせて、広大なオーストラリアにおける全国規模の運動のネットワーク構築と持続的な地域レベルの活動を支える、重要な要素である。

(3) 政府による地域グループの自律性を尊重した包括的な支援の整備

3つ目の制度的特徴は、地域グループの自主的な結成と自律的な運営を包括的に支える政府からの幅広い支援が確立している点である[13]。以下では、連邦政府と州政府（ヴィクトリア州政府）からの支援について、情報による支援、経済的な支援、技術的な支援、動機づけによる支援、の4つのカテ

ゴリに分けたうえで、その概要を紹介する。

①情報による支援

　ヴィクトリア州内においては、ヴィクトリア州政府が情報提供ウェブサイト"Victorian Landcare Gateway"の管理・運営と情報雑誌"Victorian Landcare and Catchment Management"の編集・発行を通じ、州内のランドケア運動に関連する情報を提供している。一方、全国規模では、主に連邦政府からの資金の拠出によって運営されているランドケア・オーストラリア合資会社により、登録されている全国各地の5,000以上のランドケア・グループをはじめ、全国のランドケア・ネットワークとその他の類似グループの情報を探すことができる検索システムの管理・運営がおこなわれている。これらインターネットを通じた情報提供は、身近なランドケア・グループ等への加入やその地域活動への参加を促進する仕組みとして機能している。

②経済的な支援

　州規模では、ヴィクトリア州政府が助成金「ヴィクトリア州ランドケア・グラント」[14]として、州内のランドケア・グループやランドケア・ネットワークに対してそのグループ運営と地域活動運営を補助するための資金を提供している。また、全国規模では連邦政府が「全国ランドケア・プログラム・流域基金」として、全国のランドケア・グループ等によっておこなわれる地域活動の運営を補助するための資金を提供していると同時に[15]、所有地の環境改善のための特定の取り組みをおこなう土地所有者に対する税金控除の仕組みを設けている[16]。

③技術的な支援

　ヴィクトリア州政府によって資金が拠出されている流域ランドケア・コーディネータと連邦政府が資金を負担している流域ランドケア・ファシリテータを通じた、地域グループに対する流域レベルでの人材や資金、情報等の資源のコーディネーションがある。これらコーディネータの役割・機能に関しては、本節(2)を参照のこと。

④動機づけによる支援

　州内あるいは国内でランドケア運動に携わり、自然の保護や再生に貢献し

ている個人や地域グループその他の組織、活躍したコーディネータの功績を表彰することを目的とした制度がある。賞には、ヴィクトリア州政府によって運営される賞と、連邦政府によって出資される賞（運営は各州政府）、そして、主に連邦政府からの出資をもとにしながらランドケア・オーストラリア合資会社によって運営される賞があり、いずれもインターネットで広く市民からの推薦を募り、それをもとに選考委員によって対象者が選ばれる。これら表彰制度には、スポンサーとしてこの制度に協賛している企業による特設の賞が設けられており、制度自体は政府の出資あるいは運営によっている一方、企業からの協賛や一般市民による表彰者の推薦の仕組みが組み込まれている点で、多様な主体の参加によって展開されている制度であるといえる。

　このような政府による包括的な支援制度の特徴は、1つの種類の支援に複数の制度が存在している点が挙げられる。たとえば、グループ運営のためのツールキットや助成金に関する情報等、団体運営と地域活動運営に関するあらゆる情報は、それぞれの団体や個人の利用者が、雑誌、ウェブサイト、検索システムのなかから利用可能な手段を選び自由にアクセスできるようになっている。すなわち、各々の利用者や地域グループの状況、ニーズに合わせて柔軟に利用できる。これは、インターネット利用に不慣れで紙媒体の情報誌が必要な高齢者や市街地から遠く離れた農村地帯に居住する農家にとって、支援へのアクセスにおける物理的あるいは心理的な負担の軽減になる。これに加えて、コーディネータによる助成金申請やプロジェクト立案・実行・評価・報告などの作業補助といった技術的な支援も、個々の個人や地域グループの状況にあった持続可能なグループ運営のプロセスを包括的に支える仕組みとなっている。このように、政府による地域グループとその地域活動支援の制度は、地域の人びととそのグループが自ら課題とその対策を議論して決定・実行することを包括的にサポートするものである。

　以上、本節では、オーストラリア国内の各地域で環境保全・自然再生活動に取り組むランドケア・グループ等地域グループによる実践活動を支える、ランドケア運動の特徴的な制度をみてきた。それでは、ランドケア運動は、

以上のような制度的基盤のもとに、どのような地域活動を展開してきたのだろうか。次節では、地域グループによる地域活動の実例を紹介しながら、この運動を象徴する精神的特徴を示す。

3　地域活動の実例と3つの精神的特徴

(1)　多様化してきた地域活動

　運動発足以降、ランドケア・グループによる地域活動の内容は多様化してきた。Curtis and De Lacy（1995）によると、1990年代中頃の時点の活動内容としては、「植林とフェンスの設置」、「多年生植物の生息状況の向上」、「航空写真を用いた農場計画・管理の手法」等に加え、社会的な側面として、「女性の参加の獲得」等がある（Curtis and De Lacy, 1995）[17]。これに対し、2009年に実施された調査結果を報告するCurtis and Sample（2010）は、「社会的な活動あるいはバーベキュー」、「コミュニティにおける植林の日」、「定期的なニュースレター」、「インタビューを含む新聞記事への話題提供」、「一般に向けた普及活動」、「学校での教育活動」、「訪問者の受け入れやツアーの実施」、「地域のフォーラムへの参加」といった、交流型のプロモーション活動が活発におこなわれていることを示している（Curtis and Sample、2010）[18]。

　以上のように、ランドケア・グループ等地域グループによる活動は、ランドケア運動に発足当初から積極的に携わってきた政府や農業組織、環境保全団体とそのメンバーらに限らず、メディア等を通じて広く地域全体と関わり、働きかける活動へと変遷してきたことが示されている。それでは、そのような地域全体と関わって展開されるようになった地域活動の背景として、地域グループのメンバーやその他の参加者、さらには諸制度のあいだに、どのような精神的あるいは理念的特徴があるのだろうか。以下では、筆者が参与観察と聞き取り調査を実施したランドケア・グループとランドケア・ネットワーク、その他の地域グループによる活動事例とそれを支える諸制度を紹介しながら、ランドケア運動に携わる人びとと、地域グループ運営・活動、関連する諸制度のなかから抽出できる精神的特徴を整理する。

(2) 運動の構造における3つの精神的特徴
1 隣人と助け合うこと

　ランドケア運動における1つ目の精神的な特徴は、隣人と助け合う精神の実践として、グループの設立と地域活動がおこなわれていることである。ランドケア・グループ等地域グループが立ち上げられ、その運営を通じて地域活動を展開する起点と過程では、困難のときに助け合う、あるいは、困っている人を助ける行為として、活動を捉えることができる。

　グループによる地域活動の例では、ヴィクトリア州中央南部に位置するストラス・クリークと呼ばれる地域を中心に活動する「アッパー・グルバーン・ランドケア・ネットワーク」による災害からの復興プロジェクトが挙げられる。このプロジェクトは、アッパー・グルバーン・ランドケア・ネットワークの活動領域を含む広い範囲において多くの家屋や農場の喪失と死者を出した2009年の大規模な山火事「暗黒の土曜日」をきっかけに立ち上がったものである。プロジェクトは、この山火事によって土地や家を破壊された土地所有者やそのコミュニティが土地やその周辺環境を修復・再建することを支援するため、この地域を管轄にもつ「グルバーン・ブロウクン流域管理局」と連邦政府によるサポートで開始された。以来、ランドケア運動を通じてプロジェクト奨励金や労働作業を手伝うボランティア、技術支援をおこなう職員らの支援を得て運営されており、土壌の維持・保存や植林、生存が脅かされている種を守るための保全活動（種子の収穫など）、家畜用のフェンスの復旧などの必要な作業に、植林作業や鳥・動物の巣箱づくり、植林のための苗木の供給を通じて、私企業や公共部門、学校、その他の組織が継続的に参加している。

　オーストラリアで毎年夏に各地で発生する山火事は、とくに山間部や農村地域に暮らす人びとにとって大きなリスクである。このような自然環境のもとでは、ランドケア運動は、地域のランドケア・グループを通じた地域内の日頃の連絡と連携、リスクが顕在化したときと災害発生時、さらに復興活動時に、地域の人びとのあいだの結束を維持する手段となっている。

　また、グループの立ち上げにおける例には、ヴィクトリア州北部、グレー

ト・ディヴァイディング山脈の山裾の丘に位置する農村地域で1988年に結成されたグループ「バーゴイジー・クリーク・ランドケア・グループ」の例が挙げられる。この地域は、土壌はかなり分散的で、激しい雨によって溝ができ、土壌浸食が引き起こされてきた。地元の農家にとってこの土壌劣化は長年大きな課題であったため、この土壌改善に取り組むために、地元の農家と当時のヴィクトリア州政府（保全・森林・土地に関する省）が取り組みを始めようとしたことがこのランドケア・グループの発端だった。1988年当時からのグループのメンバーによると、農村地域では一軒一軒の家が遠く離れ、さらにそれぞれの家の人びとは農作業で定期的な休みもなく多忙であるために、地域の農家の人びとが集うこと自体が簡単ではなかったところ、コーディネータが地域内の農家を一つひとつ何度も訪問して回り、ようやくこのランドケア・グループの結成が達成された。グループ結成以来、地元の農家の人びとによって構成されているこのランドケア・グループでは、地元地域の農家のほぼ全戸がグループのメンバーである。それぞれの農家が、自分の土地で、とくに労働力の提供などについてグループのメンバー間で協力し合いながら、農地の土壌や景観を向上させるための計画づくりとそれにもとづく植林やフェンスの設置等の土壌保全活動に取り組んでいる。近年では、このような農場での保全活動に加え、初秋に農作物の収穫祭の企画・運営をおこなうことを通じて、地域の人びとが集う場所や機会があまりない小さな農村のなかでの社会的なつながりの場をつくる活動をおこなっている（**図 5-2**）。

図 5-2　収穫祭の様子
バーゴイジー・クリーク・ランドケア・グループが企画・運営する収穫祭の一角のようす。写真右側の男性はこのランドケア・グループ結成時にコーディネータを務めた地元住民で、現在もこのグループの地域活動を手助けしている。

2　楽しむ工夫をすること

　ランドケア運動における2つ目の精神的な特徴は、地域グループが地域活動をおこなうなかで、活動への参加者が楽しむことができる工夫を加えていることであり、同時に、グループのメンバー自身が活動に携わることに喜びとやりがいを見出していることである。

　例えば、ヴィクトリア州南部のフィリップ湾に面するメルボルン市内の公園を活動地としている地域グループ「フレンズ・オブ・ウェストゲイト・パーク」は、ほかの環境団体やボランティアの人びとと協同し、市内の小学校の生徒がこの公園内で環境について学ぶための支援をおこなっている。筆者による参与観察時にこの環境学習に参加した小学校の生徒たちは、4つのアクティビティ(「水辺の観察」、「植林」、「昆虫採集と見分け」、「オーストラリアに固有な文化の紹介」)を体験することを通じ、公園の環境について学んだ。とくに、水辺の観察と植林体験で生徒たちへの指導と助言を担当した「フレンズ・オブ・ウェストゲイト・パーク」のメンバーとメンバー以外の地元の高齢者ボランティアの人びとは、観察道具の使い方や苗木の植え方を指導することを

通じ、自分たちの暮らす地域の環境保全や向上に貢献しながら同世代の仲間や子どもたちと交流することで、社会における人とのつながりを維持し、生きがいを得ている。

　他にも、ヴィクトリア州西部に位置する地域ヴィンメラで広大な農業地帯にバイオ・リンクをつくるプロジェクト "Project Hindmarsh" の一環として、年に一度企画・運営されている、農村と都市を結ぶ植林ツアーがある。プロジェクトは、1997年以来、地元で活動する「ハインドマーシュ・ランドケア・ネットワーク」によって取り組まれているものであり、植林ツアーは、2泊3日のキャンプイベントのかたちで開催され、ヴィクトリア州の大都市メルボルンとその周辺の町から参加者を募っておこなわれている。都市とその周辺地域からの参加者は、地元農家の人びとを中心とした地域の人びとと共に、広い農地で植林作業をおこなうなかで、体験と会話を通じて農業や環境、農村での人びとの生活について学ぶことができる（**図**5-3）。筆者による参与観察時の2日間の植林作業では、延べ200名以上の参加者により合計14,000本の苗木が植えられた。

　ただし、この企画の内容は、植林作業のみではない。植林作業の終了後に宿泊先ロッジの広い庭で開かれた夕食会と、地元地域の農家の人びとやレンジャーによる農業や環境についてのビデオ上映や談話会、無数の星の下でのキャンプファイヤーとカントリーミュージックの演奏、夜の野生動物の観察会などが盛り込まれており、参加者にとって、友人をつくり、農村地域の環境や文化を楽しむことができるように工夫されている。この植林ツアーには、10年以上毎年参加し続けている参加者も複数おり、ランドケア運動の地域活動が人びとを惹きつけている理由として、参加者に楽しみや喜びを与えていることを挙げることができる。

図 5-3　ヴィンメラ内のある農家の農地の一角で在来種の苗木を植林する、都市からのツアー参加者と地元の地域住民のようす。

3　寛容であること

　ランドケア運動における 3 つ目の精神的な特徴は、人的に、そして制度的に、他者に対して寛容であることである。ランドケア運動における他者への寛容さは、地域グループの団体運営と地域活動運営の現場、そして、地域グループを支援する政府やその他の組織や機関のもつプログラムの規定や方針に現れている。

　例えば、オーストラリアのランドケア運動では、地域グループの団体名に、その団体の主な活動実施場所を代表する川や丘、公園等の名称を用いて、「○○・ランドケア・グループ」としているグループが多数を占めているが、これとは異なる名称をもつ地域グループも多く存在する。全国運動としての統一性やブランドの維持を考慮するとき、団体の活動目的や活動内容の大まかな規格だけでなく、団体名称についての一定の規格を設けることで、運動に加盟するグループとそうでないグループをつくることも考えることができたと思われる。しかしながら、オーストラリアのランドケア運動では、地域の自然再生や環境保全等の活動をおこなう地域グループで、法人格を有し、一定の活動目的・活動内容の条件を満たしていれば、グループ名に「ランドケア・

グループ」という名称が入っていないグループであっても、州政府や連邦政府が提供する地域グループの設立・運営、プロジェクトに必要な資金を補助する助成金への応募や賞への推薦が認められている。また、同じように、「ランドケア」の名称をもった団体に所属していない個人であっても、流域ランドケア・コーディネータ等によって各地域や流域規模で開催されるランドケア・フォーラムへの参加や、コーディネータのトレーニング・プログラムの受講もおこなうことができる。

このような寛容さは、各コーディネータによるさまざまな支援のコーディネーションの現場でもみられる。例えば、ヴィクトリア州政府の支援制度のなかで、コーディネータの役割はそれぞれの地域の状況とニーズに合わせて決定できるとする規定が設けられている点や、各ランドケア・グループにおける活動内容自体に、資金援助をおこなっている各政府を含め運動全体として決まった枠や型をつくっていない点である。このように、寛容さは、運動における制度とその運用プロセスのなかに、高い柔軟性あるいは適応性として現れている。

ランドケア運動のもつ寛容さは、実際の地域グループによる地域活動の現場においても観察・実感することができる。例えば、ヴィクトリア州内でランドケア運動の地域レベルの声を代表するため、州内のランドケア・グループやランドケア・ネットワークで組織されたヴィクトリア州ランドケア審議会が年に数回開催している定例ミーティングには、州内で活動するほかの地域環境団体の代表やコーディネータも参加し、発言や提言をおこなっている。また、オーストラリアのランドケア・グループあるいはランドケア・ネットワークは、国内の団体等との交流だけでなく、オーストラリアン・ランドケア・インターナショナルによる仲介等により、カナダや中国など、ランドケア運動の視察を希望する諸外国の視察団を受け入れてきた。車も車の免許も持たない筆者が長期間にわたって広大な州内で流域ごとに関係団体・関係者を訪問し、地域の活動現場での参与観察と関係者へのヒアリングを実施することができたことも、ランドケア運動における関係者のあいだに、他者を助け、受け入れる寛容さが共有されていることを示している（**図 5-4**）。

194　第Ⅲ部　環境問題のコンセプト戦略

図 5-4　ヴィクトリア州ランドケア審議会での農家メンバーとの議論の様子
図 5-4 は筆者が参与観察をおこなったヴィクトリア州ランドケア審議会の定例会議にて、審議会メンバーが会議開催地の農家メンバーの農地で議論するようす。筆者が現地での住まいから車で片道 6 時間かかるこの会議の開催地を訪れることができたのは、往復のリフトを提供しヒアリング調査にも応じてくれた審議会メンバーからの助力によるものである。

　以上のように、ランドケア運動では、「ランドケア・グループ」と名のつくグループ以外の地域グループやそのメンバーの人びとに対しても、非常に寛容に運動内の企画や制度、ネットワークを利用できるように開放している点が特徴的である。互いに近しい活動をおこなう団体や個人に対して差別化を図ることに力を入れるのではなく、むしろ受け入れる寛容さをもつことで、連携先を増やし、運動全体のネットワークを広げていると考えられる。

4　空間における経験の共有を通じた連携構築

　前節までにおいては、オーストラリアのランドケア運動では、運動の構造における制度的な特徴、すなわち、①全国規模での多主体連携の制度と精神の構築、②コーディネータによる地域適合型の柔軟な支援とそのための人材の確保、③政府による地域の自律性を尊重した包括的な支援の整備、という 3 つの特徴に加え、地域グループによる多様な地域活動とそれら地域グルー

プに支援を届ける諸制度のなかに、①隣人との助け合い、②活動を楽しむ工夫、③他者を受け入れる寛容さ、という3つの精神が存在し、それぞれの現場で機能していることを示した。本節では、ランドケア運動のもつこのような構造が、自然再生や資源管理の新しい方法として、どのような思想的基盤によって市民参加を促進してきたのか考察したい。

(1) ランドケア運動の全体構造

　前節で示した地域活動の実践事例や関連する支援制度の特徴から、ランドケア運動では、運動に携わる個人や組織、制度のなかに、既述の3つの精神が共有され、根づいてきたことで、農村から都市の幅広い地域で多様な主体が連携して地域の環境問題に取り組むことを可能にしてきたといえる。同時に、ランドケア運動は、その制度的な基盤に加え、このような精神の共有を通じて、地域活動とその団体のあいだの全国的な連携のネットワークを構築してきたと考えられる。とくに重要なことは、前節で取り上げたいくつかの地域活動の実践事例をふまえると、山火事の後に近隣で力を合わせて牧場のフェンスの復旧作業をおこなったことや、寒空の下広大な農場で2日間の植林作業を成し遂げた後にキャンプファイヤーを囲ったことなど、具体的な顔の見える関係をもつ人びとや、同じ現場で経験を共にした人びとのあいだの連携構築である。すなわち、近隣その他の地域コミュニティあるいはそのときのプロジェクト・チームのなかで、目標を共有し、そこに向かう具体的な行動を共にし、そして達成感を共有する、一連の行為を通じた協力と連携の関係が、流域、州、連邦といった広域のレベルで蓄積されることにより、全国規模の運動としての構造を強固にしていると考えられる。

　つまり、図5-1で示すように、ランドケア運動では、地域レベルにおける現場の活動は、政府や企業、その他の組織によって支えられている一方で、同時に、それら制度的な基盤は、一つひとつの地域グループによる地域活動現場での人びとの経験と交流、協力と連携の蓄積によって育てられている側面を有する。そして、ランドケア運動における隣人との互助と楽しむ工夫、寛容さ、という3つの精神は、運動の"制度的基盤"部分とその分配機能、

そして"地域グループによる多様な実践活動"部分を、樹木のなかを流れる水と光のように循環し、運動の持続的な展開をもたらしていると捉えられる。

(2) 運動における"参加"の実践理念とその思想的基盤

　ここで改めて筆者による現地調査からランドケア運動における"参加"の実態を整理すると、それは、"体験にもとづいて議論すること、現場での経験を共有すること"である。全国ランドケア・ファシリテータとしてランドケア運動に携わった経験をもつアンドリュー・キャンベルは、「言われたことは、忘れる。見たことは、思い出すかもしれない。参加したことは、理解する。(*"Tell me and I'll forget; Show me and I may remember; Involve me and I'll understand."*)」という表現を引いて、ランドケア運動の理念を表現している[19]。これも、"実際に自分で体験すること"がこの運動の基本理念にあることを示しているが、ここでとくに着目したいのは、発足から約30年が経つランドケア運動が全国に5,000以上の地域グループをもつに至った、思想的な基盤である。

　すなわち、参加する人びとのあいだに体験に基づく相互理解と喜びを創り出すと同時に、それらの共有を促進することで構築・維持されているランドケア運動の構造は、その構造の原点を、具体的な空間における身体の配置を介した経験の共有にもっていることである。

　この点、桑子（1999）は、近代西洋を象徴する「抽象的な空間に埋もれた匿名の存在」としての「デカルト的自己」のパラドクスを超えるための概念に、「空間の履歴」を提起してきた（桑子、1999：25）。この概念について桑子（2001）は、次のように述べている。「この身体は生きているものとしてたんなる物体ではない。身体は広がりをもっているから空間的存在である。また、動物として運動能力をもっているので、この意味でも空間的である。わたしは、空間のなかでひとびとやさまざまな空間的事物と関係をもちながら、存在している。ひとびとや事物との関係性をわたしは『配置』と表現してきた。『わたし』とは、空間に位置をもつひとびとや事物との空間的関係性の全体である。この空間的配置の関係を消去してしまえば、わたしはだれでもないだれか、だれでもいいだれかになってしまう。わたしは空間のなかの事物と

関係をもつことで、さまざまな経験を積む。この経験がわたしの履歴として蓄積される。だから、わたしの履歴は、わたしの身体的配置と切り離すことはできない。わたしが空間的な存在であることによって、わたしは自らの人生を営むことができる。」（桑子、2001：73-74）

　このような「空間の履歴」の概念は、ランドケア運動の構造における精神的特徴に思想的な基盤を説明するものとして捉えることができる。

　オーストラリアは、太古よりほかの大陸とかけ離れて存在し、生態系は独自に進化してきた。そのため、ほかのどこにも見られない固有の生物種が現代まで生存し続けている。しかしながらその蓄積は、先住民の知恵を軽視した白人の入植、そして羊の放牧のための過剰な森林伐採と持ち込まれた外来動植物の繁茂による土壌劣化と在来種生存圏の侵食によって、急激に失われ、脅かされている（シーゲル、2012）。かわいらしい姿の生き物と、広大な大地と澄んだ空、美しい海をもつオーストラリアは、雄大な自然が残る楽園のようなイメージがあるかもしれない。しかしながら、世界遺産など観光地として取り上げられる特定の場所から離れた地域、とくに、内陸の、地方の農村や小さな町のなかでは、空間に蓄積されてきた大地と先住民の履歴を尊重することなく環境を改編してきたことが、農家の人びとの生活と、その先にある国内・国外の消費者であるわたしたちの食を脅かしている。

　ランドケア運動は、このような環境の異変を認識し、危機を食い止め、破壊された自然を取り戻すために、入植当時の開拓者の子孫たちが大地のケアを始めたことで展開されてきた。すなわち、入植から約200年経ったいま、かつての開拓者たちが気づかなかった空間の履歴の価値とそれを次の世代に引き継ぐ必要性を認識し、失った森林や生態系の回復のために地域で小さな実践を積み重ねたことが、この運動が全国運動へと育った背景である。

　近代西洋がほかの世界の履歴を無視し、大量の資源を使うことで自分の世界を拡大しようとした時代は過ぎて、資源の有限性と地域文化の多様性の認識が広まっているいま、有限な資源と固有な地球の表面をいかに維持し次の世代に伝えていくかが、21世紀を生きるわたしたちの課題である。オーストラリアのランドケア運動では、そのような現代の課題に取り組むひとつの運

動として、「どこでもないどこか、いつでもないいつか、だれでもないだれか」[20]の思想によって破壊された自然を、身体的・空間的存在である一人ひとりがその経験の共有を通じて回復しようとしている。ランドケア運動は、近代がもたらした幻想を、身体をもって乗り越えようとする試みなのである。

5　おわりに

　本章では、オーストラリアにおいて全国5,000の地域グループを有するまでに展開したランドケア運動の拡大の背景には、政府や農業者、環境活動家といった特定の主体だけではなく、多様な主体の間の連携構築を促進する精神基盤として、①隣人との互助、②楽しむ工夫、③寛容さ、の3つの精神的特徴があること、さらに、この3つの精神的特徴は、身体を介した空間における他者とのコミュニケーションと経験の共有をその思想的基盤として位置づけることができることを示した。

　差別化よりも他者を受け入れ、互助を通じて経験を共有することにより全国的な多主体連携を構築してきたランドケア運動の30年の歴史からは、その構造上の課題も含め[21]、急速に深刻化する異常気象や生態系の破壊といった環境問題と、それに伴って増大する災害のリスクに向き合う資源管理の方法を考えるうえで、得られる示唆は多い。とくに、自然的条件や文化的歴史は大きく異なるものの、日本とオーストラリアは、地方の農村地域における人口減少や、農業、資源管理を担う人びとの高齢化という点では、同じ課題を抱えている。人口減少・高齢化のなかで危機にある日本の資源管理の仕組みをどのように再生あるいは再構築していくことができるか考えるとき、ランドケア運動の構造とその制度的・精神的特徴から学び、応用できることは多いのではないだろうか。

謝辞
　本論文の一部は、2016年6月に東京工業大学から博士号を受けた際の学位論文「自然環境と地域社会の一体的再生を促進するランドケア運動の仕組みに関す

る研究」を基にしています。博士論文を含め、本研究の成果は、オーストラリアCharles Sturt University Institute for Land, Water and Society（ILWS）からの多大なるご支援によるものです。受け入れにあたってご尽力くださったアラン・カーティス教授をはじめ、在籍中に大変お世話になりましたILWSのスタッフの皆さまと大学院生の皆さまに、深くお礼申し上げます。同時に、調査に必要な長期現地滞在を渡航前から親身にお世話くださったAustralian Landcare International（ALI）会長のロブ・ユール氏とご家族の皆さま、現地調査の実施にご協力くださった、ALI、Victorian Landcare Council、The State Government of Victoria Department of Environment and Primary Industries Victorian Landcare Team、Catchment Management Authorities、Landcare Facilitator（Coordinator）の皆さま、そして、カーティス教授とユール氏への紹介をはじめ、ランドケア運動に関する私の調査研究を支援くださった南山大学社会倫理研究所名誉教授マイケル・シーゲル先生と、ランドケア・ジャパン設立準備室の皆さまに、心からお礼を申し上げます。

　桑子敏雄教授には、博士課程在籍中、日本国内で先生の携わっている地域再生や自然再生に関するさまざまなプロジェクトの地に同行させていただき、研究者として社会に貢献するための基盤となる思想と技術を学ばせていただきました。東京工業大学在学中にオーストラリアに渡り、世界的な先端の自然資源管理運動を長期間現場で研究することができたことも、桑子先生からいただいたご縁と、桑子研究室のもつ国際的で学際的な学問環境によるものです。ここに改めて桑子先生への感謝の意を表します。

注

1 　国際連合広報センターホームページ参照 <http://www.unic.or.jp/activities/economic_social_development/sustainable_development/agenda21/>
2 　調査は、2013年6月から2014年5月までの一年間の現地滞在によるヴィクトリア州内の関連組織、機関、グループ、個人の訪問を通じ、ランドケア・グループ等地域グループによる地域活動を対象とした実践現場での参与観察と、関係者へのヒアリングによって実施した。
3 　引用箇所の訳出は筆者による。
4 　ヴィクトリア州における農業振興、土壌保全、流域管理の分野で長年働き、ヴィクトリア州内の省のひとつである「保全・森林・土地に関する省」で上級政策役員としてランドケア・プログラムの構想と立ち上げに携わった人物ホリー・プサードをはじめ、ランドケア運動の誕生に尽力した人びとによる資料がある。
5 　オーストラリア出身の社会倫理学者マイケル・シーゲルは、「ランドケアの主要な特徴」として、次の3点を指摘している。すなわち「①自然環境の問題解決を目指す地域レベルでの有志の集団を基盤とすること。これらの地域集団は自律的であり、活動の主導権を持つ主体である。②包括的な取り組みをすること。つまり、たとえ特定の問題に対応している場合でも、その問題と他の問題の関

連性に目を配り、社会、経済、環境の条件を一括して考慮する。③連携すること。それは地域レベルの集団の間の連携、各レベルの行政との連携、専門家や技術者との連携、企業との連携等のことである。」（シーゲル、2012）と述べている。

6 Landcare Australia Limited. Annual Report 2013. Landcare Australia Limited, p25, 2013. 参照

7 The State of Victoria Department of Sustainability and Environment. Landcare in Victoria: Community Participation and Perceptions Research, pp. 47-49, 2008. 参照

8 Maekawa, Seigel and Kuwako（2016）参照

9 Maekawa and Aron（2016）と Maekawa and Seigel（2015）参照

10 2015年7月以降、ヴィクトリア州・地域ランドケア・ファシリテータ・イニシアティブは、その内容を「ヴィクトリア州・ランドケア・ファシリテータ・プログラム」に引き継がれている。

11 雇用主である組織あるいは団体がそれぞれの地域ランドケア・ファシリテータの役割と責任を決定する際に考慮すべき主要な役割として、次の5つを規定している。①現場での自然資源管理の実行をサポートすること、②ランドケア・グループとランドケア・ネットワークが自立的であるために、地域コミュニティにおける能力開発をおこなうこと、③コミュニティ・エンゲージメントとパートナーシップの構築をおこなうこと、④計画立案や観察、評価、報告の補助をおこなうこと、⑤プロジェクトのための助成金その他の資金確保をおこなうことである。(The State Government of Victoria, Department of Sustainability and Environment. Victorian Local Landcare Facilitators Initiative Guidelines. The State Government of Victoria, Department of Sustainability and Environment, September 2011. 参照。)

12 The State Government of Victoria, Department of Environment, Land, Water and Planning. Victorian Landcare Facilitator Program Guidelines. The State Government of Victoria, Department of Environment, Land, Water and Planning, March 2015. 参照

13 Maekawa（2016a）参照

14 「ヴィクトリア州ランドケア・グラント」は、州内の10の流域管理局を通じて分配される助成金である。これは、助成金交付申請をおこない、その申請が受理された州内のランドケア・グループやランドケア・ネットワーク、その他の類似グループに対して提供されるものである。この助成の対象となる活動は、次の5つの活動である。①地域、広域地域、州の優先順において実行される現場作業、②土地管理等のための能力開発活動、③実践的な試験と試験的なプログラムを通じたイノベーションを促進するプロジェクト、④州におけるランドケア運動の強固な基盤を確保することを目的とした新しいグループやネットワークの立ち上げ準備と維持管理、⑤ランドケア運動を促進し、その会員とボランティアのメンバーを増やすための活動（The State Government of Victoria, Department of Environment and Primary Industries ホームページ参照。）

15 「全国ランドケア・プログラム・流域基金」は、全国に56存在する自然資源管理機構だけが助成金交付の申請をおこなうことができるものであり、この助成金の使途に関しては、申請をおこなうそれぞれの自然資源管理機構は、年間に支給される金額の20％以上を地域のランドケア・グループあるいはそれとの連携により運営される小規模の実践的なプロジェクトとその関連活動に対して分配することになっている。(The Commonwealth of Australia. The National Landcare Programme Regional Funding 2014-15 to 2017-18 Applicant Guidelines Commonwealth of Australia. The Commonwealth of Australia, 2014. 参照)

16 これは、土地所有者がその所有地の環境改善のために、土地からの外来動物の駆除やフェンスの設置等、土壌劣化をはじめとする課題への対策をおこなった場合に、その際負担した経費を対象として税金の控除をおこなうものである。(Australian Government, Australian Taxation Office ホームページ参照)

17 引用箇所の訳出は筆者による。
18 引用箇所の訳出は筆者による。
19 Campbell (1994) pp.98-99 参照。引用箇所の訳出は筆者による。
20 桑子 (2001) p.221
21 Maekawa (2016b) 参照

参考文献

九鬼康彰 (2011)「遊休農地問題とその解消に向けた取組み」; 野田公夫・守山弘・高橋佳孝・九鬼康彰編著『シリーズ 地域の再生 17 里山・遊休農地を生かす 新しい共同＝コモンズ形成の場』、pp.267-321、農山漁村文化協会

桑子敏雄 (1999)『環境の哲学』講談社

桑子敏雄 (2001)『感性の哲学』日本放送出版協会

マイケル・シーゲル (2012)「地域共同体・包括的取り組み・連携—境界を超えるランドケア」; 生き物文化誌学会編『BIOSTORY』17、pp.37-43、誠文堂新光社

Barr, Neil F. and Cary, John (1992) ; *Greening a brown land: an Australian search for sustainable land use*. Macmillan Education Australia Pty Ltd: South Melbourne.

Campbell, Andrew (1994) ; *Landcare: communities shaping the land and the future*. Allen and Unwin Pty Ltd: New South Wales.

Cummings, David (2006) ; *Environmental Timelines for Victoria. In Landcare in Victoria*; Youl, R., Eds.; private venture by Johnson, Mary, Mack, Victoria, Marriott, Sue and Poussard, Horrie with Youl, Rob: South Melbourne; pp.13-20.

Curtis, Allan, Birckhead, Jim and De Lacy, Terry (1995) ; *Community Participation in Landcare Policy in Australia: The Victorian Experience with Regional Landcare Plans. In Society and Natural Resources* 8; pp.415-430.

Curtis, Allan and De Lacy, Terry (1995) ; *Landcare Evaluation in Australia: towards an effective partnership between agencies, community groups and researchers. In Journal of Soil and*

Water Conservation 50, no.1; pp.15-20.

Curtis, Allan and Sample, Royce (2010); *CBNRM in Victoria: Contributing to dialogue, learning and action A report to the Victorian Department of Sustainability and Environment.* Charles Sturt University Institute for Land, Water and Society: Albury.

Johnson, Mary, Poussard, Horrie and Youl, Rob (2009); *Landcare in Australia. In Landcare: Local action—global progress*; Catacutan, D., Neely, C., Johnson, M., Poussard, H. and Youl, R., Eds.; World Agroforestry Centre: Nairobi; pp.13-30.

Lindenmayer, David (Lead Author), Archer, Sam, Barton, Philip, Bond, Suzi, Crane, Mason, Gibbons, Philip, Kay Geoff, MacGregor, Christopher, Manning, Adrian, Michael, Damian, Montague-Drake, Rebecca, Munro, Nicola, Muntz, Rachel and Stagoll, Karen (2011); *What Makes a Good Farm for Wildlife?*. CSIRO PUBLISHING: Collingwood.

Maekawa, Tomomi, Seigel, Michael T. and Kuwako, Toshio (2016); *A Study of the Educational Approach of the Australian Landcare Movement. In International Journal of Affective Engineering* 14, no.5 Special Issue ISASE2015; pp.73-82.

Maekawa, Tomomi and Aron, David (2016); *Community Coordination for Addressing Local Environmental Challenges: Application of the Australian Landcare Model to Japan. In Interdisciplinary Environmental Review*, Vol.17, Nos.3/4; pp.167-181.

Maekawa, Tomomi and Seigel, Michael T. (2015); *Fostering and Organizing a System of Human Resources to Encourage Local Groups to Care for the Land: A Study of an Australian Model with a View to Learning from this for the Benefit of Japanese Rural Areas. In Proceedings of 4th Asian Cultural Landscape Association 2015 International Symposium on Agricultural Landscapes of Asia: Learning, Preserving, and Redefining*; pp.17-31.

Maekawa, Tomomi (2016a); *A Method of Partnership between Governments and Citizen's Community Groups for Achieving Environmental Sustainability in the Landcare Movement in Australia. In International Journal of GEOMATE* Vol.11, Issue.24; pp.2284-2290.

Maekawa, Tomomi (2016b); *Features and Activities for Overcoming the Challenges in the Landcare Movement in Australia: A Model of Community Support System. In Proceedings of the Second International Conference on Science, Engineering and Environment*; pp.880-885.

Neely, Constance, Catacutan, Delia and Youl, Rob (2009); *Globalizing local actions: an introduction to the ever-expanding story. In Landcare: Local action—global progress*; Catacutan, D., Neely, C., Johnson, M., Poussard, H. and Youl, R., Eds.; World Agroforestry Centre: Nairobi; pp.5-12.

Poussard, Horrie (2006a); *Soil conservation—a good basis for Landcare. In Landcare in Victoria*; Youl, R., Eds.; private venture by Johnson, Mary, Mack, Victoria, Marriott, Sue and Poussard, Horrie with Youl, Rob: South Melbourne; pp.30-36.

Poussard, Horrie (2006b); *The Making of LandCare in Victoria. In Landcare in Victoria*; Youl, R., Eds.; private venture by Johnson, Mary, Mack, Victoria, Marriott, Sue and Poussard, Horrie with Youl, Rob: South Melbourne; pp. 111-120.

第6章 「ふるさと感の共有」と都市環境の再生
――「ホーム・プレース」としての「エコトピア」

加藤まさみ

はじめに

　本章は、都市環境の再生を促す都市政策づくりに市民はどのように関与可能かという問いに答えることを目的とする。

　このような問いを立てる理由は、人工的で密集した都市空間を創出する都市政策と土地利用のあり方が環境問題の根幹にあり、それらが都市環境の衰退を招くとともに、計画のかかる地域の人びとの「住み続けたいまち」の姿と乖離しているのではないか、という認識による。それは、わたしの90年代後半にはじまる東京都中野区での「環境とまちづくり」活動を通して得たものである。同区は、1980年代には活発な市民参加を展開して全国的に注目を集め、JR中野駅に近い警察大学校の移転跡地利用では、区は区民との協働で「環境と文化」を中心に据えたまちづくりビジョン[1]を描いていた。ところが2001年からはじまる区のまちづくり方針は「経済活動」中心の大規模開発となり、「住民参加」は衰退していく。この変化の過程を間近で見てきたわたしは、住民の立場から合意形成を学ぶ目的で2006年に桑子研究室の一員となった。一方、アメリカの小説『エコトピア』に触発されて「エコトピアンの会」と名付けて始めた環境活動では、著者E.カレンバックとの交流を通して、その思想に触れるとともに「エコトピア」が「ホーム・プレース」を意味することを理解した。このことから「環境の理想郷」「ディストピア」（塩田、2008）あるいは「小説としては稚拙……」（Dunlap, 2004）と評価されることのある『エコトピア』の再解釈とそこに描かれた都市社会の実現可能性を自らの研究テーマとするに至った。本章でもちいる「ふるさと感

の共有」という概念は、カレンバックの「ホーム・プレース」と桑子敏雄教授の「ふるさと見分け」フィールド・ワークショップ[2]の融合により導かれたものである。

本章は、上記の問いに対して「市民は、多様な人びとと「ふるさと感」、すなわち自己と土地との間の親密な感覚を共有しつつ、地域活動の重層的なネットワークを構築することで都市環境の再生を促す都市政策づくりに関与可能である」という答えを導く[3]。

第1節では「ホーム・プレースとしてのエコトピア」が西洋近代化の背後にある「ユートピア的世界観」とは大きく異なることを明らかにするとともに、カレンバックの思想から抽出した持続可能な都市社会を導く4要素を示す。第2節では、明治維新以降、西洋の近代的都市づくりを推進してきた東京の都市問題をカレンバックの4要素に照らして分析する。第3節では文京区立元町公園の廃止案をめぐる多様な立場の人びとが関わった保存運動を事例として取り上げて、地方分権（2000年）以降多発した都市計画事務手続きに起因する地域紛争のなかで、この地域の人びとが課題を克服しえた理由を考察する。

1　センス・オブ・ホーム・プレースの共有に基づく持続可能な都市社会

(1)　小説『エコトピア』

本節は、カレンバックの用いる「エコトピア」がホーム・プレースを意味することを明らかにする。

『エコトピア』（初版 1975年）は、1980年にアメリカ合衆国から太平洋に沿って北からワシントン州、オレゴン州、カリフォルニア州北部が分離独立し、国交断絶している架空の環境先進国エコトピアを舞台とする近未来小説である。小説は、独立から19年後の1999年に、初のアメリカ人としてエコトピア国を公式訪問する主人公・ジャーナリストのウィリアム・ウェストンの取材記事と日記からなる。近代工業化社会を代表する彼は、猜疑心と敵愾心をもってエコトピア国を取材する。24項目のレポートと適宜挿入され

る日記は、当時のアメリカ社会が直面していた諸問題を網羅しており、それらの解決策がエコトピア国の取り組んでいる化石燃料と商業主義を排除した環境共生社会の様子[4]として包括的に記している。環境との共生を可能にしたのは、一部のエリートが中央集権的に決定するのではなく、人びとがエコトピア社会の構築を自ら選択した結果である。

ウェストンは、徐々に有機資源の循環に基づく社会の概念「ステーブル・ステート（安定した状態）」を理解するとともに、人びとが土地に対する「ホーム・プレース」の意識をもち、互いに支えあう健康的な暮らし方に強く惹かれていく。それは、アメリカで人生を謳歌してきたはずの彼自身が実はストレスと希薄な人間関係のなかで孤独であったことへの気づきであり、それまで信じていたアメリカ主流の価値観を否定することでもあった（Callenbach、2004）。

「ステーブル・ステート」と「ホーム・プレース」は、『エコトピア』の主要テーマで、前者は適正技術による環境共生の提案として多くの読者に支持されてきた。一方わたしがより着目する「ホーム・プレース」の概念は、『エコトピア』を「環境理想郷」であると捉える多くの読者に見落とされてきた、けれどもカレンバックの「エコトピア」を理解するうえで極めて重要である。

(2) 「エコトピア」を「環境のユートピア」として理解することの誤り
1　カレンバックの「エコトピア」の意味

ユートピアとエコトピアのギリシャ語および英語の表記は**表 6-1**のとおりである。

表 6-1　ユートピアとエコトピアのギリシャ語英語対照表

成分	ギリシャ語	ギリシャ語のアルファベット表記	英語の意味
U	οὐ	u	Not
Eco	οἶκος	oikos	Household, home
Topia	τόπος	topos	Place

表 6-1 は Oxford University Press（1973）The Shorter Oxford. を基に作製している（加藤まさみ）

カレンバックは小説のタイトルを「エコトピア」とした経緯を次のように述べている——。

　「エコトピアは、私の造語ではない。初めて「エコトピア」を耳にしたのは、小説執筆中のある日、バークレー市のラジオの教育番組で、人類学者 E . アンダーソンが「エコトピア」について語るのを聞き、よい言葉だと記憶に残った。その後、小説を書き上げてタイトルを考案中に「エコトピア」という言葉が脳裏に浮かび、ギリシャ語辞典で調べ「ホーム・プレース」を意味することを知った。それは私が意図した小説のタイトルに相応しいものであった」（カレンバックへのインタビュー、加藤、2003）

　アンダーソンは、1960 年代後半に「Ecotopia」という言葉を「Utopia」から造語して学術的に用いた文化人類学者である（Anderson、2013：xi）。彼の言葉にヒントを得て、カレンバックは著作のタイトルに「ホーム・プレース」というギリシャ語本来の意味を与えて『エコトピア』としたのである。カレンバックは小説の見開きに「エコトピア」の意味を明記しており（Callenbach、2004：表紙見開き）、さらに小説出版 30 周年記念版のあとがきには、次のように示している——。

　「エコトピアは単に環境問題をあつかう時流に乗った未来小説ではなく、ましてや未来永劫全てが完全な想像の国ユートピアを描いたものではない（タイトルのエコトピアはギリシャ語にルーツをもつ「ホーム・プレース」を意味する、そして私たちはホームがいつまでも完全ではないことを知っている）」（Callenbach、2004：170；加藤：和訳）

　一方、「ユートピア」は、トマス・モア（T. More. 1478-1535 年）の造語でギリシャ語にルーツをもつ U と Topos、英語で not と place にあたる。モアが当初『どこにもない国＝ユートピア』と名づけた物語は、出版段階で関係者からの「非常に有益で面白く、最良の国家形態と新しい島ユートピアに関する黄金の小著」という賞賛とともに発表された（オシノフスキー、1978＝1990＝稲垣、亀山（監訳）：88）。「どこにもない国」は「現実に存在しない

ほど素晴らしい場所」に転じ、さらに「理想郷」と捉えられるようになった。キリスト教文化が根付いている欧米では、人びとはtopiaといえば「utopia＝ユートピア＝理想郷」と連想する。また、様ざまな言葉（接頭語）にtopiaをつけて「……の理想郷」という意味でごく自然に用い、topiaの付く言葉を「……のユートピア」と連想する。しかしながら、topiaは「場所」を意味するtoposが転じた英語の接尾語であり、「理想」ではない。「どこにもない場所」という意味の「ユートピア」と、「ホーム・プレースとしてのエコトピア」は、本来対極に位置するものである。『エコトピア』は、タイトル故に多くの読者を惹きつける反面、著者の意図に反して「環境理想郷」であるという誤解を招いているのである。カレンバックが２つの言葉の混同を回避しようとした理由は、彼がユートピア思想・ユートピア的世界観を背景にもつ近代工業化社会のアンチテーゼとして『エコトピア』を描いたからである。

2　トマス・モアの『ユートピア』とその影響

　トマス・モアの『ユートピア』（1516年）は、2巻からなり、第1巻ではモアと友人、そしてアメリゴ・ヴェスプッチと大航海をしたヒスロデイという人物が当時のヨーロッパ諸国、特にイギリスで起きていた政治、法律、社会問題について問答を繰り広げる。第2巻は、ヒスロデイが「ユートピア島」での経験談を通して「最善の国家の状態について、よき政治、よき法律」の様子を語る（モア、1516＝2009）。モアはヒスロデイを介してプラトンの意見を引用しつつユートピア国を描写している（平井、2009：195-196）。

　モアは『ユートピア』を通して、当時の社会の実情を「国家的災難となった民衆の貧困化」と捉えて、その根本原因として、①戦争、②支配階級である貴族の寄生的生活様式、③領主による農民の土地の不法統合の3つを挙げている（オシノフスキー、1990＝稲垣、亀山（監訳）：128）。社会的不均衡により疲弊していたヨーロッパの民衆はモアの『ユートピア』とアメリカ大陸を重ねて希求したのである。

　アメリカ文学研究者・城戸光世によれば、『ユートピア』には16世紀初頭のモアの生きた大航海時代にいわゆる「発見された」アメリカ大陸の存在が

反映されている。『ユートピア』は、大航海時代と相俟ってヨーロッパの人びとを魅了してアメリカ大陸へと駆り立てた。植民地時代のアメリカは新たな経験を奨励する「約束の土地」であり、独立以降も神意を帯びた例外的存在「救済国家」を自認し、再出発を望む人びとの目的地であり続けた（城戸、2008：34）。

　ユートピア思想とともに、「明白なる運命　マニフェスト・デスティニー」という考え方は、新大陸でのヨーロッパ系移民の土地への働きかけ方に大きな影響を与えてきた。「明白なる運命」とは、環境倫理学のB．キャリコット（B. Callicott）とP．イバラ（P. Ybarra）によると、欧州系アメリカ人が持つ教義で、彼らが神の付託した北米大陸を征服、原住民を支配し、定住と開発する権利を持っていること、西へと領土を拡大することを正当化する思想の根幹を成している（Callicott・Ybarra、2010：17）。

　ヨーロッパ系移民による「アメリカ」の歴史はこのように始まり、彼らは、大陸にあたかも何も存在しないかのようにふるまい、自分たちの理想郷としたのである。けれどもコロンブスが「新大陸」を発見するはるか以前の氷河期から「そこ」には独自の自然観をもち環境に即した生活を営む人びと「先住民」が存在していた。両者の自然観の違いは、その後の科学と技術の進歩がさらに際立たせることとなる。

3　フランシス・ベーコンのユートピアを導く手段としての科学・技術

　ユートピア思想に立脚し科学・技術に基づく近代社会の到来を予見したのはF．ベーコン（1561-1626年）である。M．ヴィンターは、ベーコンの『ニュー・アトランティス』（1627年）が科学技術の進歩にユートピアの実現を託したと論じている（ヴィンター 1993=2007：3）。ベーコンの未完の遺稿『ニュー・アトランティス』は、彼が没した翌年（1627年）に専属司祭兼文筆助手、W．ローリーが「読者へ」の前書きに次の2つの目的を明記して出版した。すなわち、第1に、「人びとの益になるよう、自然の解明と数々の驚嘆すべき大規模な装置の製造のために設立される学院」の雛型を示すこと、第2に、「1つの法体系、あるいは国家の最良の様態、ないしは型を記述」することであ

る（ローリー、1627=2010：6）。

　以下は小説の要約である。主人公の「私」とその一行は、航海中の船が漂着した孤島「ベンサレムの国」で手厚いもてなしを受け「この至福の国の有り様ほど、この世で知るに値するものはない」と感服する。そこで「私」が見たものは、キリスト教に基づく法律、政治、経済体制を持つ理想的な国家像と、秩序ある家父長制度を保つ家族の様子であった。さらに研究機関「サロモン学院」では、「諸原因と万物の隠れたる動きに関する知識を探り、人間の君臨する領域を広げ、可能なことをすべて実現すること」を目的として壮大な研究を繰り広げていた（ベーコン、1627=2010：51-52）。以上、ベーコンの遺稿は短く、研究機関の記述の導入部で終わっている。けれども彼の意図は、明らかに科学と技術により「ユートピア」の実現を導くことである。

　ヴィンターによれば、人類は5つの「原初的不安」と、それらに対応する「ユートピア的願望」と「ユートピア的生活の柱」をもっている（ヴィンター：322；**表 6-2** を参照）。

表 6-2　「原初的不安とユートピア的願望とユートピア的生活の柱」

人間の原初的な不安	ユートピア的願望	ユートピア的生活の5本の柱
1　死、病気、老齢化	永遠の命、健康、若さ	健康
2　人間、動物、自然の暴力	永遠の平和	安全
3　飢餓と貧困化	尽きることのない富	裕福
4　国家の専横	永遠の春	正義
5　孤独と社会的追放	永遠の愛	人間関係

M. ヴィンター（著）杉浦健之（訳）：『夢の終焉　ユートピア時代の回顧』p.322. を基に作製している（加藤まさみ）

　これらの3つの関係を検討すると、人類が生活の柱の安定性を高めて原初的な不安を取り除くために、科学は様ざまな分野において自然を解明し、技術がユートピア的願望を叶えるために自然を征服してきた、と理解できる。たしかに科学・技術は人類を不安や過酷な労働から解放し、便利で快適な生活をもたらすものと捉えられてきた。ただし尽きることのない人類のユートピア的願望は、科学・技術の更なる革新によってそれを満たすことで、際限なく進化し続けること自体を目的化してしまったかに見える。その上、科学

と技術により実現した西洋近代化の果実は、それを囲い込む人びとが享受しているものの、その外に置かれた多くの人びとは恩恵を受けていない。そればかりか近代工業化社会は科学・技術の用い方を誤ることで従来存在しなかった地球温暖化現象や気候変動のような新たな環境問題をもたらしている。

しかるにモアとベーコンのユートピア思想は、彼らの崇高な志から次第に西洋的近代化社会を方向付ける「ユートピア的世界観」へと変質してきた。ユートピア思想の影響はアメリカの土地利用の歴史に顕著に表れており、その延長線上にあるユートピア的世界観を背景とする工業化社会は地球規模の環境劣化、生態系の衰退、そして都市の荒廃を招いてきたのである。カレンバックに『エコトピア』執筆の動機を与えたものは、そうした環境と社会への問題意識である。

(3) ホーム・プレースとしてのカレンバックの「エコトピア」

本項は、カレンバックの「エコトピア」思想からわたしが抽出した持続可能な都市社会の構築に必要な4つの要素と、それらを用いた都市における「ホーム・プレースとしてのエコトピア」の定義を示す。

1 持続可能な都市社会を導く4要素

持続可能な都市社会を導く4要素とは、『エコトピア』のテーマである「ステーブル・ステート」と「ホーム・プレース」、そして小説以降の作品でその重要性を示した「バイオリジョン」と「アーバン・エコロジー」である。

① 有機資源の循環に基づく「ステーブル・ステート」の概念

ステーブル・ステートとは、生態系が安定した状態を意味する。人びとが自らを生態系の一部であるという自覚をもち自然との共生を図ることで、ステーブル・ステートの維持を可能にしている。その方策は、①有機資源の循環を促進し土壌を保全することで、生態系が永続的に良好なポイントで均衡を保ちつつ推移するように努める（Callenbach, 2004：16-24）②環境問題の根源にある化石燃料から自然再生可能エネルギーへの転換を進めるとともに、科学・技術の用い方を大規模かつ時として不可逆的な問題の生じるものから、

小規模で容易に修復可能な適正技術の利用への転換を促す。
② **人びとと土地との間の親密感を表す「センス・オブ・ホーム・プレース」の概念**
　ホーム・プレースは、前述のとおり、ギリシャ語源の ECOTOPIA の英訳であり、家庭、ふるさと[5]、人びとの生まれ育つ土地、自己のアイデンティティの源泉となる場所を意味する。ホーム・プレースへの気付きは、自己の存在と土地、地域、そして人びととの間の関係を見直し、親密で心地よい居場所を見出す機会となる。人びとはセンス・オブ・ホーム・プレースを共有して、主体的によりよい環境を維持・修復するための動機を得る。ホーム・プレースの概念は、小説の日記に多く記されている。
③ **環境容量を規定する「バイオリジョン」の概念**
　バイオリジョンは、山脈、分水嶺、流域などの自然の境界をもち、同質の気候、地勢、複数の生態系、動植物で１つのまとまりのある生態系のスケールを構成している（Callenbach、2008：145）。人びとはバイオリジョンが規定する環境容量に適した人口密度・資源利用・ライフスタイルのバランスを見出すことで社会のステーブル・ステート・システムの基盤を築く。近代工業化社会は科学・技術を用いてバイオリジョンの制約を克服したかに見えるが、過度の化石燃料の使用にともなう温室効果ガスの排出は地球温暖化、気候変動を引き起こしている。都会人が自然を理解しにくいのは、バイオリジョンの環境容量を逸脱した土地利用により生態系の喪失した環境での生活を余儀なくしていることの当然の帰結といえる。
④ **21 世紀の都市のあり方と「アーバン・エコロジー」の概念**
　カレンバックは、21 世紀は世界人口の半数以上が都市化した環境に居住するようになることから、環境に配慮した都市づくりの重要性を指摘してきた。彼の「アーバン・エコロジー」の考え方は、『エコトピア』の「首都の街角」に示されている（Callenbach、2004：10-16）。さらに *Ecology A Pocket Guide* の "アーバン・エコロジー（Urban Ecology）" の項目で詳しく述べており、次のように締めくくっている――。

「現代のエコ・シティは、人びとに人間らしい心地よいすみかを提供し、そこにはより多彩なエンターテイメント、活気ある街路、そして楽しさにみちた予期せぬ出合いもある。さらにそこは、都市にあってもコンクリートのひび割れからその土地本来の植物の「緑の芽吹き　グリーン・クラックス」を見出すとすれば、人類自らが大きな生態系の一部であると感じられる場所になる」（Callenbach、2008：66；加藤：和訳）

この1節は、カレンバックの「エコトピア社会」が決して暗く厳しいものではないことを伝えている。近代的都市づくりは、バイオリジョンの影響を排除して植物の育たない、「理想郷・どこでもない空間」を創出してきた。これに対して、エコ・シティは人びとがセンス・オブ・ホーム・プレースを共有しつつ生態系の存在を実感しながら都市生活を送る場所となるのである（Kato、2012：28-35；加藤、2016：133-134）。

2　「エコトピア」の定義と持続可能な都市社会を導く4つの要素の相互関係性

「ホーム・プレースとしてのエコトピア」は、どのように定義できるか、ここでは、はじめにアーバン・エコロジーを除いて考察してみたい。人びとが自然と調和したホーム・プレースを築くには、まず、バイオリジョンを構成する諸要素を理解し、その環境容量に合ったステーブル・ステート・システムの構築を要する。ホーム・プレースとしてのエコトピアは、「人びとが自己と土地との間の親密な関係を築き、バイオリジョンの環境容量を踏まえて生態系と調和した持続可能な生活を試みている場所」と定義できる。

上記の定義にアーバン・エコロジーを加えると、次のように考えられる。人類が生態系の一部であるように、エコトピアの都市はバイオリジョンの1部として存在している。したがってバイオリジョンへの理解は都市内外への環境負荷を抑制した持続可能な都市づくりを行なううえで重要になる。先の定義にアーバン・エコロジーを加えて再定義すると――。

ホーム・プレースとしてのエコトピアの都市は、「自己と土地との間に親密な感覚をもつ人びとが集住しつつ、バイオリジョンの環境容量を踏まえて

<u>生態系と調和した持続可能な生活を試みている場所」</u>である

　「ホーム・プレースとしてのエコトピア」にアーバン・エコロジーの概念を必要とする理由は、人工的で密集した西洋的近代都市はバイオリジョンの許容量を逸脱し、ステーブル・ステートの維持を困難にしていること。都市の自然環境の修復のためには自然の多く残る地域とは異なるアーバン・エコロジーの処方を必要とするからである。「ホーム・プレースとしてのエコトピア」の4要素は普遍的な枠組みであるけれども、個々の地域にあわせた処方を必要とするのである（加藤、2016：134-135）。

　以上の通り、本節前半は、小説を概観したのち、カレンバックが「エコトピア」の意味を「ホーム・プレース」と定義し、「環境理想郷（ユートピア）」との混同を避けようとした理由を明らかにした。コロンブスの新大陸発見と相俟ってモアの『ユートピア』はヨーロッパの人びとをアメリカ大陸へと誘い、時代とともに大規模化する土地への働きかけ方が北米大陸の環境に影響を与えた。ヨーロッパ系移民の「明白なる運命」に基づく信条は、アメリカ合衆国独立を契機に政府による中央集権的な大陸規模の土地の掌握、経済規模の拡大をもたらし、次第に計画的かつ大規模になった。ベーコンが『ニュー・アトランティス』で示した科学と技術は、「自然は征服するもの」という考え方に集約されてきた。ユートピア思想は、次第に科学・技術に依存した問題解決を重視する傾向を強めて、ユートピア世界観を醸成したといえる。

　本節後半は、カレンバックの「エコトピア」思想から抽出した持続可能な社会を導く4つの要素（ステーブル・ステート、ホーム・プレース、バイオリジョン、アーバン・エコロジー）を示し、都市における「ホーム・プレースとしてのエコトピア」を定義した。これらは著者および小説から切り離して世界中の都市の環境状態を判断し、持続可能な都市へと転換する指針として応用可能な普遍的な枠組みである。そのなかでわたしが第1にホーム・プレースに着目する理由は、個々人が身の回りの環境、特に自己と土地との間の親密な感覚あるいはそれとは反対にユートピア的世界観に基づく過度な土地利用の問題に気づき、関心をもつことが自ら当事者として主体的に課題解決に取り組む契機となるからである。人工的な環境を日常とする都市住民にとってホーム・プレースへ

の気づきは、ユートピア的世界観に基づくライフスタイルとエコトピア的ライフスタイルを峻別する分岐点となる重要な第一歩であるといえる。

表 6-3 は、カレンバックのホーム・プレースとしてのエコトピア社会とその対極にある近代工業化社会との違いを対比したもので、それぞれの特徴を表している。

表 6-3 カレンバックの持続可能な都市社会の 4 要素と近代工業化社会との対比

カレンバックの持続可能な都市社会	近代工業化社会
ホーム・プレースとしての「エコトピア」 人びとが土地に親密感を有している。ふるさと感。 人びとが当事者として社会に参加している	ユートピア的世界観、「理想郷」 土地の貨幣経済的価値を重視した空間的利用 中央集権的な意思決定が社会を方向付けている
ステーブル・ステート 安定状態を目標とする生態系の安定状態・有機物の循環・地産地消、適正規模、コモンズの保全	限りない成長・発展を目標とする 化石燃料・大量生産・大量廃棄・大規模化 科学技術による課題解決
バイオリジョン 山脈・流域に囲まれた同質の気候、地勢、生態系が見られる地域、社会の規模を規定する	グローバル、ユニヴァーサル 世界規模、地域性の喪失 自然（時間・空間）を制御する
アーバン・エコロジー バイオリジョンの許容量を踏まえ、資源循環に基づく自然環境との共生可能な都市を目指す	ユートピア的世界観により作られた都市 貨幣経済を第一義とする土地の高度利用と被覆によりバイオリジョンの許容量を超えている

カレンバックの ECOTOPIA 思想から抽出した 4 要素を基に作製している （加藤まさみ）

2 東京の都市政策と都市計画手続きの課題と都市環境の衰退

(1) 明治初期から始まる中央集権的な都市の西洋的近代化

　明治維新以降、都市は国が作るという方針に基づき中央集権的に西洋的近代化が進められた。牧田義輝によれば、明治維新（1886 年）は階級ではなく政権の交代であり、それ以降わが国の「住民運動」「市民参加」の歴史は自由民権運動などがあったとしても、政府による中央集権制度の枠を超えることはなかった。その主な原因は、開国時の諸課題（攘夷思想、富国強兵）を乗り越えるためには中央集権による迅速な対応を迫られたからである。結果として明治政府は国家として著しく強権的であり、自治体の権限を極端に制限し住民参政の領域を狭めた（牧田、2007：18-34）。

　市区改正計画（1888 年）に始まるわが国の近代的都市計画は、旧都市計画

法（1919 年）が 1968 年に改正されるまで行政主導かつ市民参加の極めて限定的な制度により社会基盤整備を推進した。特に太平洋戦争終戦（1945 年）後の高度経済成長期、東京オリンピック（1964 年）に前後する時期の環境と都市の問題は、国と社会が経済成長を一義とすることで公益を優先し、人びとの健康的な生活への影響を考慮しなかった結果生じたものであった。

(2) 都市政策における市民参加の仕組みと規制緩和の矛盾

　都市計画法改正（1968 年）は、都市計画決定手続きに「市民参加」を加えたことで「民主的」と評価されたものの、参加の機会は、計画作成段階での情報開示と利害関係者の意見反映に限定された消極的なものであった。大塩洋一郎の説明では、旧法下で問題となっていた決定後又は事業着手段階になって住民から「知らなかった」「今はじめて知った」と文句を出させないという、「計画を作る側」が事後の手続きの円滑化を図る（大塩、1975：100）ために必要とした手続きであった。

　都市計画法での本格的な参加規定は、まず「地区計画制度」（都市計画法第 12 条の 4. 1980 年）が住民の生活に密接した地区の特性にふさわしい良好な市街地環境を保全するための制限を定める制度として始まる（都市計画のあらまし、2013：104）。次に「市町村の都市計画に関する基本的な方針」（都市計画法第 18 条 2 の 2. 1992 年）は、基礎自治体の都市計画基本方針への住民意見の反映を制度化した。都市計画研究の渡辺俊一によると、住民参加は安定型社会での身近な住環境の整備・保全、すなわち既存市街地の再開発・再整備が中心となることから、住民が目標とする市街地像を共有するため必要となる（渡辺、2001：8-9）。

　市民参加の 2 つの制度は、都市問題に関心をもつ人びとから期待を集めたものの、同時期に始まる政府主導の規制緩和は経済活性化を誘導するという都市政策を異なる方向に進めることとなる。中曽根康弘政権時代（1982〜87 年）の民活法[6]とアーバン・ルネッサンス政策は、都市開発・建築活動の活性化を促し「土地」が貨幣経済の商品となることを顕在化させた。さらに小泉純一郎政権時代（2001〜2006 年）は、「都市再生法」[7]による規制緩和が民

間不動産投資を推進した。小泉政権と前後した時期は、「地方分権一括法」[8]（2000年）施行に伴う都市計画法改正、IT関連経済の好景気を受けたITバブル、不動産投資のグローバル化が同時多発的に進行した。経済地理学の水野真彦の言葉を借りれば、2000年代は不動産の金融商品化と都市の土地利用の経済的側面が強調された時期であり、カジノ化する金融資本主義に組み込まれ、都市の空間と住民はその動きに振り回された（水野、2010：26-29）のである。

(3) 地方分権の都市計画決定手続きとコモンズ空間の保全

「地方分権」に伴う都市計画法改正は、それまで国の代理で行なっていた都市計画事務手続きの移管により、①市区町村（東京都特別区を含む）を都市計画の主体に、②市区町村長を幅広い裁量権をもつ決定権者に、③市区町村・都市計画審議会を都市計画法に根拠を持つ市区町村長の付属機関とした（都市計画法第77条の2）。このことは、1968年の改定時で実現しなかった都市計画における地方自治と民主化の課題を解消したかにみえたものの、新たな問題をも生じさせた。それまでの国が都市計画の方針に従って自治体が詳細を規定する枠組みがなくなり、地方および基礎自治体が国の干渉を受けずに極めて制約の少ない条件下で手続きを行なうこととなった。結果として強力な裁量権のある都市計画決定権が知事に集中した。西村幸夫は、地方分権後各地で生じた地域紛争を次のように述べている——。

> 「……都心部では近隣の想定を超えた巨大なマンションが合法的に建設されている。誰もが遺したいと思っている公園や広場、駅前のにぎやかな雑踏や港町の風情がかつての都市計画決定や現在の政治的思惑のもとに消し去られようとしている。地方分権は正しい判断だけでなく不当な判断も地方独自で決定できる仕組みにもなっている」（西村、2007：i-ii）

文中の「誰もが遺したいと思っている公園」とは、次章で検討する文京区立元町公園のことである。地方分権は、実際には各自治体が独自の幅広い解釈で事務手続きを行ったため情報開示の方法、市民参加の仕組み、都市計画

審議会の運営[9]に差異となって表れたのである。

　以上を整理すると、明治初期から続く東京の西洋的近代化と拡大は中央集権の基で、市民参加が極めて限られた形で行なわれてきた。都市政策の影響は都市内外の自然環境の衰退と市民の生活基盤を脅かしてきた。20世紀後半になると都市づくりへの参加の機会は増えたものの、一方で工学技術の進歩と相俟って時の政府の例外的措置による規制緩和政策は、土地の商品化、大規模開発を促進した。地方分権以降は、各自治体が独自の都市計画決定手続きを強行可能となったため、よい結果ばかりでなく都市環境と人びとの生活に影響を与えて地域紛争をも招いてきた。

　第1節でみたホーム・プレースとしてのエコトピアと西洋的近代化を進めてきたユートピア的世界観の比較に照らしてみると、東京の都市づくりの特色は、中央集権的、経済性の優先、工学技術の進歩に合わせてダイナミックに都市景観を変化してきたことは後者に合致している。人工的な都市環境はまさに自然を征服して人類の領域を広げてきた結果であるといえる。

　言い方を換えれば、東京はバイオリジョン（環境容量）を逸脱しており、アーバン・エコロジーの状態は都市河川流域に表われている。例えば、神田川流域は流域面積105k㎡の97％が市街化しており、自然地は公園・緑地など3％残るのみである（東京都第三建、2015）。神田川流域の市街地化は、そのほとんどの地表を建造物あるいは道路などで被覆して緑地の減少、雨水を涵養する土壌の喪失を招いてきた。さらに雨水を迅速に流下するために河川をコンクリートで固めてきた結果として生態系の衰退とともに都市住民が心地よく生活するための住環境をも劣化させている（加藤、2016：43-49）。都市の環境問題は、ユートピア的世界観を背景にもつ近代的都市政策が流域（バイオリジョン）の環境容量を超えた土地利用を推進してきたことに起因していると言える。さらに、地方分権以降、住民と最も密接なはずの基礎自治体の都市計画は、西村が述べているように、独自で決定できる仕組みを行使することにより時として不当な判断を押し通すことで地域紛争を起こしているのである。

3 震災復興事業「文京区立元町公園」の保存運動

 本節は、文京区が 2006 年から 2007 年にかけて進めていた東京都市計画公園文京区立元町公園（以下「元町公園」という．0.36ha）の廃止の都市計画変更手続き（以下、「変更手続き」という）を、多様な立場の人びとが熱心な保存運動を展開して阻止した事例を報告する。元町公園が廃止を免れたのは、直接的には変更手続きにおいて都市計画審議会が諮問を差し戻したことによる。審議会の判断を後押しした大きな要因は、国を代表する建築と造園、文化財など多数の専門家が公園の文化的歴史的価値を示し、多様な立場の区民が参加して保存運動を展開したことである。本節は、文京区の変更手続きの経緯を整理する。

(1) 元町公園保存運動の発端

 文京区で歴史建造物の保全活動をする「特定非営利活動法人文京歴史的建物の活用を考える会（通称たてもの応援団）」によると、「保存か開発か」で元町公園が人びとの注目を集めることになったのは、同区が 2006 年 3 月 6 日の区議会で都市計画公園の廃止の方針を表明したことによる（たてもの応援団）。当時の文京区の方針は次のとおりである――。

① 旧元町小学校跡地に元町公園を移設することで誰もが利用しやすい地域に開かれ、かつ災害時の防災機能を備えた公園として整備する
② 旧元町小学校と移設後の元町公園跡地を一帯として整備することで緑のネットワーク作りに寄与する
③ 区は元町公園跡地に民間企業のプロポーザルによる高層ビルを共同事業者として建設し、その中に区立体育館他の公共施設を設置する（(1)文京区都市計画審議会議事録．（以下「都計審議事録」という）；(2)藤原美佐子へのインタビュー）

 文京区は、公園移設により生じる環境改善のメリットを強調する一方で、

区有地の有効活用と公共施設の適正な配置を図るとしている[10]。けれども造園学の鹿野陽子は、このような都市計画の考え方に対し「その根底には、容積率500%にもなる公有地は、公園ではない別の使い方が相応しいという考え方が読みとれる」(鹿野、2007) と指摘している。つまり容積率が高く開発に条件の良い元町公園を廃止してビルを建て、北側にある旧元町小学校の敷地へ新たに公園を付け替えるというものである。文京区の方針を危惧して、元町公園の存続を求める多様な人びとはそれぞれの立場で様ざまな行動を起こした。こうして元町公園の保存運動は、2006年3月6日の文京区による都市計画変更の方針発表から始まり、1年半後の2007年8月6日に文京区都市計画審議会が、文京区長に諮問事案の「変更(案)」を差し戻して事態が収束するまで続いた。

　僅か0.36haの小規模な公園の保存運動が区内外のまちづくり関係者の関心を集めた理由は、歴史的価値があるとされる公園存続への懸念と都市計画審議会が区の「変更(案)」に如何なる答申をするのかという関心であった。ここでは、公園の概要を整理した後、文京区の変更手続きと保存運動について報告する。

(2) 文京区の概要と区立元町公園の立地と特色

　文京区は、東京都特別区23区の中でも中心部付近に位置する面積11.31km^2、人口約20万人の比較的小さな基礎自治体である。同区の特徴は、住宅地が多く、区名の示す通り江戸、明治、大正と各時代の建築物、庭園など歴史的文化的施設、東京大学をはじめ300を超える教育機関が集中していることである。

　文京区立元町公園は文京区本郷1丁目1に所在する (図6-1)。「元町公園」という名称は、公園建設当時の江戸時代から続いていた町名をつけたもので、1965年に本郷と変更になる[11]。「江戸期には、台地の突端の富士山眺望の場所として、ここからの景色が浮世絵にも描かれる」(たてもの応援団)。公園は、区の南端中央部の本郷台地を神田川へと向かう南斜面の崖線に立地しており、環状2号道路と神田川、その対岸を平行して走るJR中央総武線に面している。

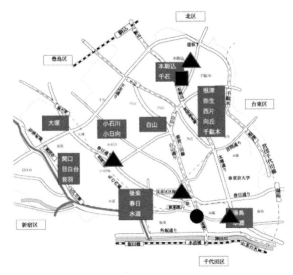

図 6-1　文京区立元町公園所在地と市民活動の重層的ネットワーク拠点
地図 http://www.ee-tokyo.com/kubetsu-23/shiseki/bunkyouku%20/gif/bunkyou-map.gif を基に記号を加筆して作製（加藤まさみ）

　元町公園は面積 3,520.44㎡、1930 年（昭和 5 年）に開園した。隣接する旧元町小学校（1911 年創設）は関東大震災を機に区画整理事業で現在地に移転して 1927 年に開校、面積は 4,146.76㎡ で、71 年後の 1998 年 3 月 31 日に文京区の少子化による小学校統廃合の方針に基づき閉校となる（たてもの応援団）。

　戸沼によれば、元町公園は 1923 年の関東大震災の復興期に、東京市が焼失区域の各小学校と一体に設置した 52 の震災復興小公園の 1 つであり、2007 年現在、原型をとどめる唯一の公園である（**図 6-2**）。このことは、保存を望む人びとが強く主張した点である（戸沼、2007：70）。

　全ての小公園の計画・施工を担当した東京市公園課長の井下清は震災復興について次のように述べている。「……8 万の生命を犠牲とし 80 億の富を烏有に帰した空前の禍を再びせざる施設としては、何人もこの絶好の機会を善用し、先ず防火緑地として公園を増設充実することを主張されたのであった。禍を転じて永遠の福祉の基礎となすべき……（井下、1942：27）」。東京都公園協会は、井下の功績を次のように述べている。区画整理事業で増設した 52

の小公園には成人が午後5時以降に利用するための照明の工夫、浮浪者が利用しやすい配慮を施すなど利用者本位で計画設計管理を考えた井下の市民愛にあふれる公園論を凝縮したものであった（東京都公園協会、2013）。

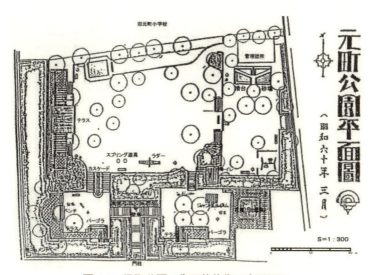

図 6-2　元町公園の復元的修復工事平面図
図「23元町公園震災復興公園」http://www.geocities.jp/zouenkasyudan/52parks/pa23.html

鹿野は震災復興事業について次のように説明している——。

① 震災復興事業は日本社会の近代化を雄弁に物語っており、なかでも、東京市（当時）の52組の復興小公園と復興小学校は、日本の近代まちづくりの指標として、多方面から高い評価を受けている
② 震災復興事業は公園が防災と震災時の罹災者救護に大いに役立つ可能性を示したことからその数を増やし、加えて近所の子どもたちが遊び・学ぶ場所として小学校に隣接させる新しいアイディアを実現したものである
③ 元町公園と旧元町小学校校舎は、歴史的価値を建設当時の空間構成と主要な建造物が公園と小学校双方で揃った状態で良く残している（鹿野、2007）

震災復興事業の小公園と小学校の併設は都市の安全性を高め、子どもたちが育つ環境、大人が余暇を過ごす居場所、造形美さらに小規模ながら緑地を残したことでコモンズ性の高い都市施設である（**図6-3**）。けれども、元町公園と同小学校は時代の変遷を経て唯一原型を留めた一組となったことで希少価値を高めていた。

たてもの応援団によれば、元町公園と元町小学校は建設以来、様ざまな時代の変化を経験してきた。戦時中（1943年）は元町公園の下に防空壕が造られる。戦後になると、元町公園は1950年頃に結成した軟式野球チームのホームグラウンドとなる。同年10月には都から移管を受けて文京区立元町公園となる。翌11月には、戦後ベビーブーム世代への対応として都は園内に天幕の都立簡易保育所施設を設置している。この施設は、形を変えながら保育施設としての役割を担い1967年4月30日に廃園となるまで約17年間存続した。元町小学校は、1998年3月に閉校しており、校舎施設は区立小学校の統廃合に合わせて1999年4月から3年間を本郷小学校が使用した後、複数の私立教育機関に貸し出された。文京区の元町公園の廃止と隣接する旧元町小学校校舎とあわせた土地利用計画が浮上したのは2006年のことである（たてもの応援団）。

文京区の元町公園現況調査報告書によると、カスケードは「本郷台地の斜面地で湧水が豊富であった土地柄を象徴する施設であり、水の流れで地形を感じさせるなど、周辺の環境を強く意識したデザインである。曲線をもちいた水受けが連続することでリズム感のあるデザインとするなど、表現派の影響を強く受けており、優れたデザインとなっている」（平成18年度第3回都市計画審議会　参考資料）。写真　加藤まさみ

図6-3　元町公園のカスケード

文京区は戦中戦後と様ざまな役割を果たした元町公園の復元的修復工事（**図6-2**）を1985年に竣工している。伊藤精美・公園緑地課課長（1999年当時）

は、この工事の意義を建設当時のデザイン的、機能的に優れていることを後世に伝えること、と述べるとともに、元町小学校の統廃合問題が発生した折には改めて歴史的公園としての存続が問題になることを予見している（伊藤、1991：44-52）。

　文京区の公園廃止案の伏線となる見解はすでに2004年3月に見出せる。東京都教育委員会の「史跡等整備検討委員会報告」は「元町公園は東京都指定名勝として詳細な調査をすべき候補」の1つとしてリストアップしたのに対して、文京区は「文化財としての公園の価値を検せず」として、一方的に元町公園の文化財としての価値を否定していた。たてもの応援団は、これを文京区文化財保護条例違反であると指摘している（たてもの応援団）。

⑶　文京区都市計画公園廃止計画のスケジュールと市民の元町公園保存運動
1　市民グループの要望

　保存運動に関わった藤原によれば、文京区が2006年（平成18年）3月6日に元町公園廃止の意向を表明するとただちに区内外の多種多様な個人とグループが「超党派」で保存運動に協力した（藤原、2011）。造園、土木、建築、建築史の各学会、市民団体は「震災復興公園として貴重な元町公園を保存すべし」と区長に要望書を提出している。都市計画審議会会長・戸沼へも直接的、間接的に要望書や資料が届けられた。これに対して、戸沼は「審議を総理するものとして虚心にしかし充分に審議を尽くしたいと考えた」（戸沼、2007：71）と述懐している。

　元町公園の文化財的価値は、文京区と保存を要望する人びととの争点となった。たてもの応援団は、文化庁長官（2回）、文京区区長（2回）、文京区教育委員会教育長（1回）、文京区文化財保護審議会会長（1回）、文京区都市計画部長（1回）、に意見書または要望書を提出して働きかけた。

　保存運動市民グループは、次に述べる都市計画変更手続きが始まったのちの2006年7月24日に旧元町小学校1F大教室において「モダンが町にやってきた！」を共催した。また9月1日には元町公園で「震災遺産を継承しよう」をテーマに防災イベントを開催、元町公園の存続価値をアピールした（たて

もの応援団；文京区都計審資料）。

さらに継続期間中の 2006 年 10 月 27 日に、元町公園は「日本の歴史公園 100 選」に選出されている。「日本の歴史公園 100 選」は都市公園法施行 50 周年記念事業（社団法人・日本公園緑地協会主催、国土交通省後援）の一環で、市民グループの 1 つ「文京の文化環境を活かす会」が好機と捉えて資料を送っていたものである。この選出は元町公園の歴史的価値を明らかにするとともに、広く市民の知るところとなり保存運動を後押しした（藤原）。

2　文京区の元町公園都市計画変更手続き

文京区は、次の通り、元町公園の廃止に向けて基礎自治体の変更手続き（都市計画法第 15 条〜24 条）を開始した（括弧内は都市計画法）——。

① 2006 年 4 月 5、7、8 日：文京区は「変更素案」の説明会（16 条 1）を区内 3 か所で行なうも、たてもの応援団によれば、この時、住民は区に公園周辺地域での説明会開催を要望したものの受け入れられなかった

② 6 月 21 日〜7 月 5 日：「変更案」の縦覧（17 条 1）において区民からは 75 件の意見書の提出（17 条 2）反対 75 件、賛成 0 件であった

③ 7 月 26 日：区長は「変更案」の諮問（19 条 1）に際して、区民から「意見書の要旨」（19 条 2）と東京都知事「同意書」（19 条 3）を都市計画審議会に提出している

④ 同上：都市計画審議会は答申を即座に出さず、継続審議とした。

戸沼の報告では、都市計画審議会は文京区長の諮問した「変更案」に対して計 4 回（2006 年 7 月 26 日、12 月 22 日、2007 年 3 月 19 日、8 月 6 日）1 年を超える長期間の熟議を重ねた。

その間、文京区はより詳細な情報の提供、学識経験者や文京区の景観審議会、文化財保護審議会から意見聴取を行ない、変更案を修正した。これに対して、都市計画審議会は造園、景観、文化財に詳しい専門家を臨時委員に加えて、専門家の見解を求めた。

当時の区長が次回区長選出馬を断念したため変更案の判断は新区長

に委ねられた

⑤ 2007年8月6日：都市計画審議会は全委員反対の採決により「変更案」を差し戻す。会議は、元町公園の存続を危惧する区民、専門家が傍聴し緊張した雰囲気の中で進められた。（戸沼、2007：70-73；都計審議事録、2007.08.06：19）以上。

戸沼は都市計画審議会会長として平成19年度第1回文京区都市計画審議会（8月6日）を終了するにあたり、次のように締め括っている——。

「きょうは全会一致で一定の結論が出ました。この間、私どもは区景観審議会や区文化財保護審議会、それから関係の学会、そして区民、市民から数々の有益な情報を提供いただきました。私としましては、市民社会の良識というふうなものについて、改めて敬意を表したいと思います」（都計審議事録、2007.08.06：34）

元町公園は上記の経緯を通じ廃止を免れたのである。

(4) 元町公園廃止案に見る都市計画手続きの課題

本項は、文京区の元町公園廃止案の都市計画変更手続きの課題と、変更案が廃案になった経緯を整理する。この事例で明らかになったことは——。

第1に、区立元町公園は多くの人びとが認める歴史的、文化的、環境の観点からも保存すべき価値を有する公園であった。ただし変更案は元町公園のように特別な価値を有するコモンズ性の高い土地であっても開発の対象となりうることを明らかにした

第2に、文京区は公園の価値を顧みず、その立地から高度利用を優先した。区の「計画ありき」の変更手続きは、合法的であれば住民の反対意見を押し切れるという行政の姿勢を示唆している。加えて、東京都知事は地元で合意形成がなされていない公園廃止案に「合意」であることを示している

第3に、元町公園の事例の最も特徴的なことは次の3点にある。まず、都市計画審議会が区の方針とは異なる判断を示した。都市計画審議会の役割は

大きいものの、はたして審議会だけの判断で計画案を差し戻せたであろうか。次に多数の学識経験者が専門家の立場から元町公園の歴史的・文化的価値を明らかにして元町公園の保存に大きな役割を果たした。ところが、鹿野によると、学識経験者から寄せられた元町公園の持つ歴史的文化的価値を示した保存要望書に対して、当時の文京区長は「地元を無視した外野からのモノ言い」と一蹴している（鹿野、2007）。したがって、専門家の後押しが都市計画審議会に「差し戻し」の判断をするのに十分であったかは定かではない。しかしながら、区長の言葉に反して、その地元で元町公園の保存運動は起こったのである。3点目はその保存運動を起こした区内で活動するグループや個々人である。彼らは熱心な運動を展開して、区内外のより多くの人びとの関心と共感を集めた。都市計画審議会が計画案を差し戻したのは、専門家の後押しと多様な区民の保存運動によるものであったとわたしは考える。

　区と都（あるいは区長と都知事）の元町公園の変更手続きの進め方は中央集権的で形式的であり、土地利用の方針は公園の存続を求める人びとの価値観と乖離していたといえる。

(5) 元町公園の保存運動を起動させた市民活動のネットワークとその拠点

　元町公園の事例でわたしが保存運動の調査を通して注目したのは、文京区周辺に広い裾野をもつ3つの種類の市民活動の有機的・重層的なネットワークの存在である（図6-1「文京区立元町公園所在地と市民活動の重層的なネットワーク拠点」参照）。

　1つ目は、これまでに述べてきた元町公園の「保存運動」で緊急かつ地域にとって重要な克服すべき課題が生じたときに結成される課題解決型ネットワークである。2つ目は、本駒込にある光源寺を中心とする多数の市民グループが参加する緩やかなネットワークである。3つ目は、光源寺のネットワークに参加している個々の市民グループのもつネットワークで、たとえば、保存運動を展開したたてもの応援団や藤原が所属する複数の会も該当している。3種類の活動は、それぞれが環境とまちづくり、文化、趣味などの会が緩やかなネットワークの一部として存在している。本項はまず元町公園の保存運

動、2つ目の光源寺を中心とするネットワーク、そして3つ目のグループの1例として生ゴミ堆肥の普及啓発とまちの緑化を実践する「NPO緑のゴミ銀行」の活動を紹介する。

1 元町公園保存運動の関係者のネットワーク

元町公園保存運動に関係した人びとは、**図 6-4** のような形態をもち、以下の3つのグループに大別できる──。

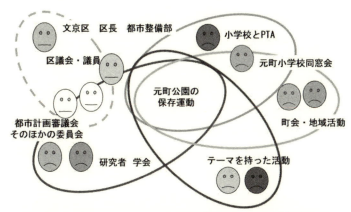

図 6-4 元町公園の計画主体（文京区）、都市計画審議会と公園保存運動のネットワーク

① 計画を進めていた文京区区長と文京区都市計画担当部局
② 区の方針に対して中立な立場にある文京区都市計画審議会の他、関係する審議会と委員会（そして文京区区議会）。このグループは公に意思表明の機会を有している。
③ 元町公園の存続を求めた人びとのネットワーク。多様な立場の人びとはそれぞれのできることを行ないつつ連携を図りながら、運動の輪を広げた。

ここでは、3つ目のグループについて見てみたい。藤原によれば、ここに属する人びとと団体は、①文京区内に立地する東京大学の教員・学生、②区外からの造園、建築、都市計画の各学会およびナショナルトラスト、③文京

区の歴史文化を大切にする様ざまなグループ（たてもの建物応援団、ミニコミ誌の「谷根千」（谷中・根津・千駄木）、文京の文化環境を活かす会）、④元町公園と周辺の舗道にある花壇の自主管理グループ、⑤地域の町会、⑥廃校になった元町小学校同窓会、⑦区立小学校児童の保護者などである。

⑦の区立小学校・児童の保護者が保存運動に参加した理由は、文京区が2006年当時遂行していた少子化に伴う小学校の統廃合の方針に保護者の多くが納得していないことにあった（藤原）。また、学校の統廃合は卒業生・在校生にとってふるさとを失う出来事であり、特に元町小学校同窓生にとっては、小学校と公園はふるさとそのものである。

③～⑦までのグループが参加する元町公園の保存運動を成功できた理由の1つは、中心となった人びとが日常的に様ざまな活動を通してコミュニケーションや問題処理、組織運営の経験を積み、多様なネットワークをもっていたことである。人びとは地域に根づいた日々の活動を行なうなかで元町公園の廃止という有事に遭遇して、機敏にしかも歩調を合わせて対応することができたといえる。特にたてもの応援団のホームページは各関係機関への要望書提出時の行動力と元町公園の歴史的・文化的建造物に関する知見と価値を示し保存すべきであるという説得力を兼ね備えていた。ぱぱっと会議@元町公園のホームページは、彼らの保存運動の特徴を以下のように説明しており、読む人のふるさと感を覚醒する。

> 「「元町公園の前で生まれた人」「元町公園を卒論で取り上げた人」「好きで定期的に訪れている人」「近くの事務所の人」など様々なメンバーで構成されており、基本的には『元町公園が好きな人』の集団です。
> 　私たちは、歴史的にみても貴重な資源である元町公園の魅力を再発見し、旧元町小学校校舎と併せて現状をできるだけ維持しながら積極的に利活用できるような方法を、管理者である文京区と利用者みんなで考える機会をつくることを目指して活動しています。私たちは、楽しむ事を前提に「ぱぱっと」集まり、「ぱぱっと」議論し、「ぱぱっと」実践していきます」（ぱぱっと会議HP、2006）

2　光源寺：地域活動の交流の場

文京区向ヶ丘に所在する光源寺では、地域内外の様ざまな市民活動グルー

プがイベント参加を通して緩やかなネットワークを形成している。

「ほおずき千成り市」は、地域の年間行事の中でも特色のあるイベントで、一時期途絶えていたものを光源寺の呼びかけで2001年に復活して以来、毎年7月9日、10日に参加者が手作りで開催している（**図6-5**）。これに参加する人びとは、地域の町会、商店会、まちづくり活動、ミニコミ誌、劇団、たてもの応援団、環境保護団体、堆肥と緑化活動グループ、障害者福祉団体、複数の大学の研究室、多様な地域活動グループ、国際交流、チベット難民支援、ハンドクラフトの作家、カフェと多種多様である。元町公園の保存運動に関わった多くの個人とグループが光源寺のイベントに参加している。

特に2011年の「ほおずき千成り市」では、3月11日に起こった東日本大震災と福島第一原子力発電所事故の被災者を支援するプログラムが組まれ、出店コーナーの参加者は福島の物産・手芸品の販売、あるいは、手づくり販売の売り上げを福島支援にあてている。（光源寺への取材、加藤まさみ、2011.07.09.）

図6-5　光源寺の手作り「ほおずき千成り市」の賑わい
撮影：加藤まさみ

光源寺では、東日本大震災の翌日、3月12日から谷中・根津・千駄木（谷根千）と駒込の地域活動グループとともにネットワークに呼びかけて、大震災被災地支援のボランティア活動を始めている。参加者は、光源寺で炊き出しあるいは現地での支援と、それぞれが可能なボランティア活動をした。その一人、

NPO「緑のゴミ銀行」の理事長・松本美智子は「もし光源寺から声がかからなければ、大震災の支援を手伝う機会はなかった」と述べて、参加できたことに感謝をしている（松本へのインタビュー、2011）。

図 6-6 は光源寺を中心とした多様なグループの人びとが形成する有機的なネットワークの形態である。光源寺は、地域に根づいたまたは特定の多種多様なテーマをもち活動をする人びとを、日々の活動とイベントで緩やかにつなぎ、緊急時の核として機能している。人びとは、それぞれ日々の活動に参加しており、例えば元町公園の保存運動あるいは東日本大震災の支援活動のような緊急時に心を合わせて行動を起こすのである。このようにほおずき千成り市を通して出会った人びとは情報を交換し、楽しみながら有機的なネットワークを形成している。

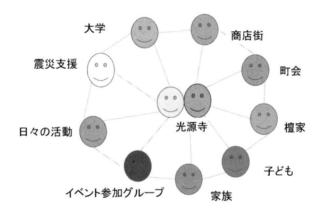

図6-6　光源寺を中心とした多様なグループの人びとが形成する
　　　　有機的ネットワーク・モデル

3　NPO法人緑のゴミ銀行：堆肥と緑の日々の活動

　NPO法人緑のゴミ銀行（以下、「緑のゴミ銀行」という；2001年12月設立）は、「ゴミを減らし、緑を増やす」を目標に、①グループでの堆肥づくり、②公共地の花壇の管理、③区との協働の堆肥講座開催、④地域との交流の4つの活動をしてきた。

図 6-7　春日通り交差点のポケットパークで作業を行なう「緑のごみ銀行」の人びと
撮影：加藤まさみ

　「緑のゴミ銀行」の活動は、理事長の松本美智子の自家製堆肥を使った趣味のガーデニングから始まった。丹精して育てた草花が道行く人びとに喜ばれているという気づきがボランティア活動の契機となり、次第に仲間を増やしてNPOを設立、光源寺を含む地域のネットワークの一員となった。

　「緑のゴミ銀行」は、都心部で堆肥づくりとその堆肥を使った土づくりの活動を継続するための場所の確保に苦労してきた。NPO設立以前（1998年）に仲間と町会との協同作業で始めた生ごみの堆肥化では、活動の拠点を求めて区内を転々とした。その後2005年からは文京区の協力を得て東京メトロ丸の内線お茶の水駅脇で神田川に架かるお茶の水橋下、橋脚の間を堆肥づくりの拠点としてきた。文京区は橋脚間に3m×15mの堆肥用フレームを設置して、区内で発生する落ち葉や剪定枝葉を搬入し、「緑のゴミ銀行」はそこで堆肥づくりの作業をしてきた。月1回2時間程度の作業には、協力企業の社員とともに①生ゴミの投入、②堆肥の熟成を促す切り返し、③完熟堆肥の土嚢詰めを行なっている。（堆肥づくり作業取材、2011.06.21）。

　一方土づくりとガーデニングの中心となる活動は「花のサザンクロス計画」（**図 6-7**）といい、春日交差点の南に面したポケットパークで毎週2時間程度の花壇管理を行なっている。年間を通してシーズンごとに次の作業を繰り返

し行なう。第1週目は、お茶の水橋下で熟成した堆肥を花壇に施して土づくりを、第2週目は花の苗の植え付け、第3週からシーズン終了までは毎週花柄摘み、水やり等の手入れを行なう。シーズン終了後は春日交差点の花壇から撤去した残骸をお茶の水橋下の堆肥圃場に投入する。(植え込み作業取材、2011.06.12)。

「緑のごみ銀行」は文京区とともに行なった「生ゴミ減量モデル事業」(2002〜2004年)を皮切りに、区民講座の「生ゴミ減量講座」、「生ゴミ減量塾」の講師を務め、実践と普及啓発活動を通して区民の生ゴミ堆肥化への関心を高めてきた。

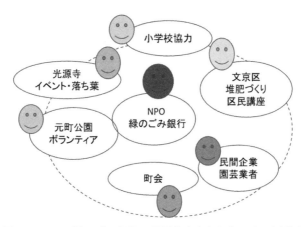

図6-8 NPO緑のゴミ銀行の目標を中心とした日々の活動を支えるネットワーク・モデル

図6-8は「ゴミを減らし、緑を増やす」という目標を中心とする「緑のゴミ銀行」の日々の活動を支える様ざまなグループや施設との連携を示すネットワークの形態である。光源寺を含む3つの寺の境内から出る大量の落ち葉の堆肥化にも協力している。松本は活動を通して①地域とのつながり、②仲間づくり、③健康的生活、④社会貢献、⑤微生物(生態系)との親密感を自らのライフスタイルの5つの変化としてあげている。わたしが松本と「緑のごみ銀行」に着目したのは、堆肥を通して多様な個人と団体との協力のネッ

トワークを形成しており、アーバン・エコロジーの努力とともに「ホーム・プレースとしてのエコトピア」を見出せるからである。

　以上、元町公園の保存運動と地域活動のセンターとしてイベントの場を提供する光源寺、そしてそのネットワークに参加する市民活動グループの1例として緑のごみ銀行の活動に焦点をあてた。光源寺を中心とする緩やかで有機的かつ重層的なネットワークは、人びとが平常時から活動を通して築いてきたものである。元町公園の保存運動、あるいは大震災の支援と、緊急時に迅速に課題解決の重層的なネットワークを立ち上げている。光源寺のイベントでは元町公園の保存運動に参加した個人と活動グループが参加している。とともに光源寺は緑ゴミ銀行の日々の活動を支えるネットワークの1つでもある。藤原美佐子は、保存運動のキーパーソンで元町公園の花壇管理のボランティアで、緑のゴミ銀行の会員でもあり、光源寺のイベントにも参加している。地域の人びとは奥深くと幅広く多様な活動と交流しながら有機的で重層的なネットワークを構築している。

　以上、元町公園の保存運動の取材を通して浮かび上がってきた3つの市民活動の形態を見てきた。本節は最後に3つのネットワークと第2章のカレンバックの「エコトピア思想」から抽出した持続可能な都市社会を導く4つの要素（①ステーブル・ステート、②ホーム・プレース、③バイオリジョン、④アーバン・エコロジー）に照らして人びとの活動に「ホーム・プレースとしてのエコトピア」との類似性を有しているかを検討する。

　元町公園の保存運動ネットワークでは、①人びとはホーム・プレースの危機に対応し、②緑地空間を保全することはステーブル・ステート、アーバン・エコロジー、バイオリジョンに資する行為といえる。元町公園は、0.36haの小さい公園ではあるけれども、市街地化率97%と都市化の著しく進んだ神田川流域で緑地を保全できたことの意義は大きい（**図6-9**）。

　光源寺の手作りのイベント・ほおずき千成り市は、多彩なエンターテイメントと思いがけない出合いをもたらすアーバン・エコロジーの実践である。③東日本大地震の被災者の支援は、他者の災いに寄り添うセンス・オブ・ホーム・プレースの表われといえる。④境内の緑地はステーブル・ステートとバ

イオリジョンを感じられる場所である。

　緑のごみ銀行の活動は、「ホーム・プレースとしてのエコトピア」の4要素と様ざまな点で類似性を有している。松本の趣味がボランティア活動へと発展した経緯はホーム・プレースへの気づきのプロセスとして理解できる。

図 6-9　JR 水道橋駅からの望む、緑あふれる元町公園（撮影：加藤まさみ）

　文京区の3つの市民活動ネットワークは様ざまな点で「ホーム・プレースとしてのエコトピア」との類似性を有している。一方、文京区の元町公園の変更手続きは、明治維新以降わが国の都市政策で見られた西洋的近代化の影響、すなわちユートピア的世界観との類似性を有していたといえる。

4　おわりに

　本章は、「都市環境の再生を促す都市政策づくりに市民はどのように関与可能か」という問いに答えることを目的に論じてきた。はじめに環境配慮の都市社会のあり方を参考にするためにカレンバックの「エコトピア思想」を検討し、彼のエコトピアがホーム・プレースを意味することと、持続可能な都市社会を導く4要素およびアーバン・エコロジーを含むエコトピアの定義を示した。次に明治初期から始まる東京の西洋的近代化を振り返り、わが国

の都市づくりがエコトピアとは対極にあるユートピア的世界観の影響を受けてきたことを明らかにした。すなわちわが国の都市政策は、中央集権的で市民参加が限定されており、土地の経済的側面に重きを置いた極めて空間的な土地利用を推進してきた。その傾向は、20世紀後半、そして地方分権以降の基礎自治体の都市政策においても続いている。行政の都市政策と大規模な土地利用は住民にとって居住性の劣化にかかわる問題となっている。そこで本章は、地域が困難な課題を克服した事例として、文京区立元町公園の保存運動を報告した。文京区の事例は、行政の都市政策づくりに対して、市民がどのように関与可能であるかを考察するうえで多くの示唆を含んでいた。文京区の元町公園の廃止案を進める都市計画変更手続きを覆したのは、公園の価値、都市計画審議会の熟議、多数の専門家の保存要望、そして地域の多様な人びとが心を合わせた保存運動によると結論づけられる。このことは、本章の「都市環境の再生を促す都市政策づくりに市民はどのように関与可能か」という問いに対して、市民が保存運動という手段をもちいたことで市民は都市政策に関与可能であったといえる。

　元町公園が廃止を免れた理由は、保存運動を震災復興事業の貴重な文化的歴史的価値に焦点を当てたことである。建築、都市計画、土木、園芸などの分野から国を代表する学識経験者と専門家、文京区で活動するたてもの応援団が、公園の価値を明らかにした。元町公園の文化的歴史的価値を争点としたことは保存運動として戦略的であったといえる。

　さらに元町公園の保存運動は、公園の存続を願う多様な人びとの有機的で重層的なネットワークにより困難な課題を克服できることを明らかにした。

　そもそも都市の市民はなぜこうした保存運動をしなければならないのであろうか、という疑問に関しては、市民参加が極めて限られた現状では都市計画に起因する地域の課題を克服するためには、人びとは運動を起こして問題を俎上に載せるために多大な労力と時間を費やさざるを得ないと答える。

　それでも、文京区で保存運動が功を奏したのは、①元町公園の価値、②都市計画審議会を含む専門家の対応、③地域の人びとのもつ市民活動の有機的で重層的なネットワークである。それでは、わたしたちは、自ら住むまちの

課題を克服するために、元町公園の事例からなにを参考にできるのであろうか。元町公園の例とはことなり地域紛争の多くのケースで成果を得られない理由は、地域の人びとが①地域の価値が認識していない、②専門家の協力を得られない、③多様な人びとと一致協力できないことではないか。本章でカレンバックのホーム・プレースとしてのエコトピアとはなにかを論じてきたのは、このような地域の課題解決の糸口を示すためである。人びとが人工的な都市環境の中からセンス・オブ・ホーム・プレースすなわちふるさと感を認識し、他者と共有することが都市環境の再生の第1歩になる。行政の都市計画担当者とふるさと感の共有が可能であれば都市はホーム・プレースとしてのエコトピアになる。もし、それが望めないのであれば、市民が先にふるさと感を共有し、同時に文京区の市民活動のネットワークに倣って、地域の多様な人びとと重層的なネットワークづくりから始めることで課題を克服しうる地域を作れるのである。それは容易なことではないし、時間を要することでもある。一方で地域の活動に参加することは思いがけない出合いをもたらすものでもある。そうした地域づくりが可能であることは、桑子教授の「ふるさと見分け」フィールド・ワークショップが証明している。ふるさと見分けは、ふるさと感の共有を導く有効な手法でもある。

　本章は、「都市コモンズの再生を促す都市政策づくりに市民はどのように関与可能か」という問いに対して、「多様な人びとと「ふるさと感」、すなわち自己と土地との間の親密な感覚を共有し、地域活動の重層的なネットワークを構築することで都市環境の再生を促す都市政策づくりに関与可能となる」という答えを導いた。重層的なネットワークは、中央集権的に行政に用意されるものではなく、個々人の地域での日々の活動とイベントを通してより多くの人びととの交流により得られるものである。

注
1　加藤まさみ（2007）「防災の観点から考える中野駅周辺まちづくり計画」In 日本建築学会九州学会（編集・著作人）『「都市計画は機能しているか―実効性のある制度改革へ向けて―」都市計画部門研究協議会資料』p.19.
2　「ふるさと見分け」については次の文献を参照のこと、桑子敏雄（編著）（2008）

『日本文化の空間学』東信堂　東京
3　本章の基となるのは、筆者が 2011 年 8 月の国際景観生態学会北京大会で行なった "Is Ecotopia Possible" の発表である。その後発表内容を基に A Study on the Restoration of Urban Ecology: Focus on the Concept of Home Place in Callenbach's Ecotopia—A Park Conservation and Community Networks として Springer の "Designing Low Carbon Societies in Landscapes" に収められ、筆者の学位論文「都市コモンズの再生と「ふるさと感」の共有」の中核に発展した。
4　(1)小説に描かれた近代的工業化社会とエコトピア社会の比較は、内藤正明と林里香が現代社会の問題を技術的、社会的、人間的側面に分けて詳細に比較している。表 6.5 現代社会の病理の原因・問題点と「緑の国エコトピア」による解決方法・理想像　内藤正明、(1998);「持続可能な社会システムの構築」;内藤正明、加藤三郎（編著）『岩波講座地球環境楽 10　持続可能な社会システム』岩波書店、pp.218-219。(2)『エコトピア』"ECOTOPIA"（カレンバック、1975=1992）とその後の著作の特徴を翻訳者・靍田栄作は、普通の人びとが理解して生態系を含む環境改善に取り組むための実践可能な解決策を提示していることと述べている。靍田栄作（1995）;解説;カプラ, F., カレンバック, E.（著）、靍田栄作（訳）、『ディープ・エコロジー考：持続可能な未来に向けて』、佼成出版会、東京、p.192
5　本章では「ホーム・プレース」と「ふるさと」を同意語として捉えている。
6　「民間事業者の能力の活用による特定施設の整備の促進に関する臨時措置法」（昭和 61 年法律第 77 号）
7　「都市再生特別措置法」(2001 年)（平成 14 年 4 月 5 日法律第 22 号）
8　「地方分権の推進を図るための関係法律の整備等に関する法律」（平成 11 年 7 月 16 日公布、平成 12 年 4 月 1 日（2000 年）施行．
9　(1)NPO 日本都市計画家協会・都市計画審議会ウォッチネット研究会は 1 県 14 市 3 区で延べ 41 回の審議会を傍聴（2007.08.～2009.11.）して、自治体の都市計画審議会に提言書をまとめている。NPO 法人日本都市計画家協会（2010.05.19.）;「都市計画審議会活性化のための提案」(2)筆者は中野区都市計画審議会委員（2002 から 2006 年）経験後、(2006 年から 2009 年にかけて) 特別区 22 区（豊島区以外）の審議会傍聴・調査をしている。
10　文京区政策調整会議（2002.10.28.）;「校地拡張に伴う諸課題について、幼保一元化について」文京区役所行政情報室所蔵。
11　元町公園の名称は旧町名「元町 1 丁目」に由来する。(文京区「旧町名の解説プレート」旧元町小学校の塀に設置)。

参考文献

伊藤精美（1991.10）;「文京区立元町公園（震災復興公園）復原整備」In　都市公園 No.115、東京都公園協会、pp.44-52

井下清（1942）；「公園から緑地へ」；公園緑地、東京公園協会第6巻第2号、東京、pp.23-31

ヴィンター，M.（1993=2007　杉浦健之）『夢の終焉：ユートピア時代の回顧』、法政大学出版局、東京

大塩洋一郎（1975）；『増補・新・都市計画法の要点』、住宅新報社、東京

オシノフスキー，I. N.（1978=1990　稲垣敏雄（訳）/ 亀山潔（監訳））『トーマス・モアとヒューマニズム：16世紀イギリスの社会経済と思想』、新評社、東京

鹿野陽子（2007.09）；「震災復興小公園、元町公園をめぐる一考」；日本造園学会関東支部大会事例・研究報告集第25号、日本造園学会、東京

カレンバック，E.（1975=1992 前田公美（監訳））；『緑の国エコトピア下巻：エコトピア・レポート』、ほんの木、東京

城戸光世（2008）；「2人のエデン、廃墟のアメリカ：J.F. クーパーとホーソーンのユートピア批評」；スロヴィック，S.・伊藤詔子・吉田美津・横田由理；『エコトピアと環境正義の文学：日米より展望する広島からユッカマウンテンへ』、晃洋書房、京都、pp21-36

塩田弘（著）(2008)「『エコトピア国』その矛盾と暴力―カレンバックのディストピアを読む―」In S ．スロヴィック（他編著）『エコトピアと環境正義の文学：日米より展望する広島からユッカマウンテンへ』、晃洋書房、京都、pp.213-225.

戸沼幸市（2007）；「小さな公園の大きな役割―震災復興元町公園の保存問題」、「まちづくり最前線」；都市計画270、日本都市計画学会、東京、pp.70-73

西村幸夫（2007.08）；「都市計画は機能しているか：主題解説にかえて」In 日本建築学会九州学会（編集・著作人）『「都市計画は機能しているか：実効性のある制度改革へ向けて」都市計画部門研究協議会資料』、pp.i-ii

平井正穂（2009）解説；モア，T.（著）、平井正穂（訳）：『ユートピア』第77版、岩波文庫、東京

ベーコン，F.（1627=2010= 川西進）；『ニュー・アトランティス』、岩波書店、東京

牧田義輝（2007）；『住民参加の再生―空虚な市民論を超えて』、勁草書房、東京

水野真彦（2010）；「2000年における大都市再編の経済地理―金融資本主義、グローバルシティ、クリエイティブクラス―」In 人文地理62-5　2010、人文地理学会、京都　pp.26-39.

ローリー，W.（1627=2010= 川西進）；「読者に」；著)、(訳) In『ニュー・アトランティス』、岩波書店、東京、p.6

渡辺俊一編著（2001）；『市民参加のまちづくり：マスタープランづくりの現場から』（第1版1999）、学芸出版社、京都.

Anderson, E. N.（2013）; Foreword in Lockyer, J. and Veteto, J. R. Eds.; *"ENVIRONMENTAL ANTHROPOLOGY ENGAGING ECOTOPIA, Bioregionalism, permaculture, and Ecovillages, Volume 17 Environmental Anthropology and Ethnobiology"*, Berghahn Books, New York, Oxford, pp.xi-xviii.

Callenbach (2008); *"ECOLOGY A Pocket Guide"*, (2008) University of California Press, Berkeley.
Callenbach, E. (2004); *"ECOTOPIA: 30th Anniversary Edition"*, Banyan Tree Books, Berkeley, Bandam Books, New York.
Callicott, J.B., Ybarra, P.S. (2010); "The Study of Literature and the Environment: Past, Present, and Future"; A Paper for the Lecture at Tokyo Institute of Technology.
Dunlap, T. R. (2004) *"Faith in Nature: Environmentalism as Religious Quest"*. Seattle, University of Washington Press.
Kato, Masami (2014) Chapter 3: A Study on the Restoration of Urban Ecology: Focus on the Concept of Home Place in Callenbach's Ecotopia—A park Conservation and Community Networks; Nakagoshi, N., Mabuhay J. A. Eds.; *Designing Low Carbon Societies in Landscapes*, Springer, Tokyo, pp.35-56.
Kato, Masami (2012) A study on the vision to achieve a sustainable society: Focused on the concept of "Home Place" in Ernest Callenback's novel ecotopia; 13th Asian Bioethics Conference and the 6th UNESCO Asia Pacific School of Ethics Roundtable; *"Bioethics and Life: Security, Science and Society"*, Malaysia, pp.28-35.

行政・刊行物・資料
東京都第三建設事務所:「神田川水系の河川事業」、平成 27 年度 3 月、2015
東京都都市計画局総務部総務課 (2013);『都市計画のあらまし 平成 25 年度版』東京都生活文化局広報公聴部都民の声課
公益財団法人東京都公園協会、緑と水の市民カレッジ事務局 3F (2013);平成 25 年度特別企画展:井下清生誕 130 周年記念 / 東京都公園協会設立 60 周年記念「井下清と東京の公園 緑に生涯をかけた彼の哲学」みどりのインフォメーション・プラザ企画展コンテンツブックシリーズ (H25'-3)、東京.
文京区都市計画部計画調整課 (2006.07.27.～2007.08.06.);文京区都市計画審議会議事録及び資料(平成 18 年度第 2 回、第 3 回、9 年度第 1 回、第 2 回);文京区役所行政情報室所蔵

インタビューと取材
藤原美佐子(文京区議会議員)へのインタビュー(2011.0 6.18)文京区区議会事務所にて
松本美智子(緑のゴミ銀行理事長)へのインタビュー(2011.06.08.);文京区役所ビル内、文京区、東京.
駒込光源寺「ほおずき千成り市」取材(2011.07.09)
緑のゴミ銀行の御茶ノ水橋下、堆肥づくり作業・取材(2011.06.21.)
緑のごみ銀行の春日交差点の植え付け作業・取材(2011.06.12.)
E．カレンバックへのインタビュー(2003.07.18)カリフォルニア州バークレー市

にて

ホームページ

特定非営利活動法人文京歴史的建物の活用を考える会　〈通称たてもの応援団〉」
　SOS 元町公園　http://www.toshima.ne.jp/~tatemono/ 2011.07.19. アクセス
「23 元町公園震災復興公園」http://www.geocities.jp/zouenkasyudan/52parks/pa23.
　html　2011.07.19. アクセス
ぱぱっと会議＠元町公園（2006.06.28.）；http://www.npo-rprogram.jp/motomachi/
　blog/oeeaae/ / 2011.07.19 アクセス

第7章　個人と企業を繋ぐ環境戦略と「どんぐり効果」
——温暖化対策のためのコミュニケーション

西 哲生

はじめに

　地球環境問題は、人間が物質的な豊かさを求めて、地球上のエネルギーや森林などの資源を使いすぎた結果生じたものである。したがって、問題を解決するためには、様々な資源に依存した現在の生活様式や生産の方法を見直していく必要がある。

　しかしながら、いきなり生活水準を下げることは難しい。また、一旦作り上げた社会システムを壊すことは、それに依存して生活している人々の雇用や生活を奪うことになる。

　こうした状況においては、環境問題の重要性を訴え環境意識の向上を図るだけでなく、環境行動が保持している環境貢献以外のベネフィットを動機付けとして活用するなど人々が受容しやすい方法で問題の解決を図っていくことと、企業や個人など様々なステークホルダーが協力し連携することで一体感を創出し、環境への取り組みを促進していくことが重要であると私は考えている。

　本章では、カーボン・オフセットした商品にさらに金銭的な価値を持たせたポイントを付けて販売し、そのポイントを環境配慮型商品や環境活動への寄付に活用できるようにしたプロジェクトである「どんぐりポイントプロジェクト」の実施を通して、環境問題解決の促進に向けた方法について論じる。

1 わが国における温室効果ガスの排出状況と温室効果ガス削減政策の現状

(1) わが国における温室効果ガスの排出状況

　今日、人間の活動に伴って排出された人為的な温室効果ガスの増加による地球温暖化が、気温や水温を変化させるだけでなく、海水面の上昇による国土面積の減少、洪水、旱魃、猛暑、ハリケーンなどの激しい異常気象を引き起こすなど、人間の生活を脅かす深刻な問題となっている[1]。

　このため、1992年にリオデジャネイロで開催された地球環境サミットで、国連気候変動枠組み条約が採択され、1997年12月に京都で開催された第3回気候変動枠組み条約締結国会議（通称COP3）では、多国間の温室効果ガス削減の取り決めである京都議定書が採択された。

　京都議定書では、1990年を基準年とし、参加国の状況に応じて、2008年から2012年までの5年間（第1約束期間）の年平均温室効果ガス排出量を定めた。わが国は、1990年比で2008年から2012年の5年間の年平均排出量を6％削減すると約束した。わが国の2008年から2012年の温室効果ガスの5年間の年平均排出量は12億7850万トンで、京都議定書で認められた森林吸収量と京都メカニズムのクレジット購入を考慮すると、マイナス8.4％となり、目標を達成することができた[2]。

　しかし、2008年から2012年の5カ年平均のわが国の温室効果ガス排出量は12億7800万トンで、基準年（1990年）の排出量12億6130万トンを1.4％上回った。地球温暖化防止に向けた更なる取り組みが必要な状況にある。

　はじめに、わが国の温室効果ガスの排出要因について考察する。2012年度に発生した温室効果ガスは、全体で13億4300万トン[3]に達するが、このうち、エネルギー起源二酸化炭素（石油、石炭等のエネルギー資源の燃焼等によって発生する二酸化炭素）が、12億800万トン[4]で、全体の90％を占めている。また、エネルギー起源二酸化炭素のうち、工場等から発生する「産業部門」、オフィスや店舗から発生する「業務その他部門」、家庭から発生する「家庭部門」の合計で8億9300万トン[5]、温室効果ガス全体の66％を占めている。

したがって、温室効果ガスを削減するためには、この3部門での削減を考えていくことが必要である。

2008年から2012年の第一約束期間の排出状況を部門別にみると、産業部門は、2008年からCO_2の排出量が大きく減少している。これは、2008年後半に起きた金融危機（リーマンショック）の影響により、製造業の生産量等が減少したことによる。

業務その他部門と家庭部門の排出量は、2010年以降、増加している。これは、2011年に発生した東日本大震災によって原子力による発電が減少し、火力に切り替わることによって発電に係るCO_2排出原単位が悪化したことが原因となっている。2012年時点のエネルギー消費量のうち、業務その他部門は45%[6]、家庭部門は51%[7]が電力によるため、火力への移行の影響は大きかった。一方、産業部門は、電力の比率は15%[8]で、石油や石炭を燃料や原料として用いるときに発生するCO_2の排出量が大きいため、火力への移行の影響はそれほど受けず、生産量の減少の方が影響は大きかった。

同期間のエネルギー消費量の推移をみると、産業部門は、景気の悪化による生産量の減少によりエネルギー消費量が減少しているが、業務その他部門と家庭部門のエネルギー消費量は、ほぼ横ばいであった。つまり、各部門とも、省エネの成果が出ていないということである。各部門とも温室効果ガスの削減に向けて一層の省エネの取り組みを実施していく必要がある。

(2) 温室効果ガス削減政策の現状

国は、1990年代以降のわが国の地球温暖化対策として、京都議定書を遵守することを主眼に置いて進めてきた。**表7-1**は、2008年3月に発表された京都議定書目標達成計画で掲げた対策を中心に2012年までに国が企業及び個人に向けて実施してきた地球温暖化対策をまとめたものである。

企業に対する政策としては、自主行動計画の推進・強化、省エネ設備・機器の導入促進、エネルギー管理の徹底などがある。自主行動計画とは、業界ごとに削減目標を自主的に決めさせるという方法であるが、あらかじめ政府の計画の中に盛り込まれている。

家庭部門については、家庭でできるエネルギーの測定と診断、国民運動の展開など、情報提供と意識啓発を重視した政策が主な内容となっている。企業向けの政策、個人向けの政策ともに一定の成果を上げたと国は説明している。しかし、上記の温室効果ガスの排出状況で示したように決定的な成果を上げることはできなかった。

これまでの政策は、表7-1で示すように、主として企業向け政策は経済産業省が、個人向け政策は環境省が管轄して進められ、相互の連携が十分に図られてきたとは言い難い。これは、企業向けの省エネ対策は、省エネ法に基づいて行ってきたことが要因として挙げられる。省エネ法は、もともと1970年代に起きたオイルショックに対応してエネルギーを効率的に使用することを目的として制定され、経済産業省の資源エネルギー庁がその後の運

表7-1 企業向け政策及び個人向け政策と対象となる部門の関係

(○は経済産業省、◇は環境省の施策)

政策の対象	政策の内容	政策の種類	政策の目的		
			産業部門のCO_2削減	業務その他部門のCO_2削減	家庭部門のCO_2削減
企業に対する政策（製造業・建設業等に対する政策）	自主行動計画の推進・強化	自主規制	○		
	製造・建設業分野の省エネ設備・機器の導入促進	法規制、経済的支援	○		
	エネルギー管理の徹底	法規制	○		
	トップランナー方式の導入	法規制		○	○
	国民運動の展開	意識啓発		◇	
企業に対する政策（流通・サービス業等に対する政策）	自主行動計画の推進・強化	自主規制		○	
	建築物・設備・機器の省エネ化の促進	法規制、経済的支援		○	
	エネルギー管理の徹底	法規制		○	
	国民運動の展開	意識啓発		◇	
個人に対する政策	エネルギーの測定と診断＊	情報提供			◇
	エコポイントの実施＊	経済的支援			◇
	住宅・設備・機器の省エネ化の促進	情報提供、経済的支援			◇
	国民運動の展開	意識啓発			◇

＊エネルギーの測定と診断、エコポイントの実施は、京都議定書目標達成計画には掲げられていないが、同時期の政策なので掲載した。

用を行っている。省エネ法が地球温暖化対策中心に目的が変更された後も、省エネ法は資源エネルギー庁の担当となっているため、企業向け政策は経済産業省、個人向け政策は環境省が担当するようになっている。しかし、温室効果ガスの削減を推進していくためには、取り組企業と個人との取り組みを一体化し、互いの取り組みの相乗効果を生み出していく必要があり、そのために企業と個人を統合する政策の実施が必要であると私は考えている。

2　企業と個人の環境意識と環境行動の現状

(1)　企業の環境意識と環境行動の現状
1　企業の環境問題への取り組みの位置づけ

　次に、企業と個人の環境意識と環境行動の現状について定量調査データの結果から述べる。はじめに企業については、環境省が毎年実施している「環境にやさしい企業行動調査」[9]の結果から考察する。

　同調査では、「貴社では、環境に配慮した取り組みは、どのように位置づけられているか」という質問を例年行っている。上場企業、非上場企業とも環境に配慮した取り組みを「社会的責任（CSR）」と捉えているという回答が最も多く、2014年調査では、上場企業、非上場企業とも約65％の企業が、環境配慮への取り組みを社会的責任と捉えている。2番目に多い回答は、上場企業の場合「重要なビジネス戦略」で、上場企業の21％に達している。一方、非上場企業の場合は「法規制等の遵守」で、非上場企業の15％に達している。

　また、同調査では、「環境配慮の取り組みを業績評価や人事評価に組み込んでいるか」という質問も行っている。

　全体では、環境配慮の取り組みを業績評価に組み込んでいるという企業は22％、人事評価に組み込んでいるという企業は10％で、業績評価、人事評価ともに組み込まれていないという企業が64％という結果であった。上場企業でも、57％の企業は、いずれの評価も組み込まれないという回答であった。

　環境への配慮が、業績評価や人事評価に組み込まれないということは、社内的に環境配慮が重視されていないためと捉えることができる。企業にとっ

て、社会的責任として環境配慮を重視するのであれば、業績評価や人事評価に加えるべきで、改善が必要である。

2 企業の環境問題への取り組みと消費者に対する評価

具体的な取組では、IS14001等の環境マネジメントシステムの認証取得をしている企業が2014年には上場企業では79％、非上場企業では48％、全体では58％に達している。また、環境情報を一般に公開している企業は、同年の調査で、上場企業では71％、非上場企業では37％、全体では47％に達している。

一方、環境ビジネス（環境保全に資する技術、製品、サービス等を提供するビジネス）を行っているかという質問に対しては、上場企業で51％、非上場企業では24％、全体では32％で、環境ビジネスへの取り組みは弱い。

同調査では、「貴社では、環境ビジネスを促進するに当たって、どのような問題が考えられるか」という質問を隔年で実施している。例年、上場、非上場とも「消費者やユーザーの意識・関心がまだ低い」という回答が最も多く、「国等の支援が十分にない」、「現状の市場規模では採算が合わない」、「技術開発や設備、人材等の経営資源の追加的な投資を考えるとリスクが高い」、「アイディアやノウハウが不足している」といった回答を上回っている。「消費者やユーザーの意識・関心がまだ低い」という回答が最も多い理由として、実際に消費者の意識や関心が低いという面も否定できないが、企業と消費者のコミュニケーションが不足している点もある。

⑵ 個人の環境意識と環境行動の現状

1 個人の地球環境問題に対する関心と企業の環境への取り組みに対する評価

個人については、企業の環境担当責任者の研究会である循環型社会イニシャチブが実施した「環境・経済・エネルギー調査」[10]の結果から分析した。私は同研究会の事務局長兼研究主幹を担当した。

同調査では、2008年以降、毎年「あなたが関心をお持ちの政治・経済・社会問題は何ですか」という質問を実施している。2008年と2014年の社会

問題に対する関心度を比較すると、自然災害・地震対策の問題と国際政治の問題を除き、どの問題についても「関心がある」という回答の比率は低下している。特に、食糧問題（マイナス 30 ポイント）と地球環境問題（マイナス 27 ポイント）は、低下の傾向が著しい。食糧問題は、2008 年には 51％の人が「関心がある」と回答したが、2014 年には 21％に減少している。また、地球環境問題は、2008 年には、54％の人が「関心がある」と回答したが、2014 年には 27％に減少している。

一方、「いずれも関心がない」という回答の比率が、2008 年は 1.4％であったが、2014 年には 14.4％に上昇しており、社会問題全般に対する関心が薄れている傾向がみられる。社会問題に対する関心が減少しているとすれば、大変大きな問題である。この傾向が今後も続いていくのか注視していく必要がある。

この時期の個別の問題としては、2011 年 3 月 11 日に発生した東日本大震災の影響があげられる。震災の発生によって、2011 年 6 月の調査ではエネルギー問題と自然災害・地震対策の問題に対する関心は上昇したが、地球環境問題は、2011 年 2 月の調査と比較して 2011 年 6 月調査は 1.8 ポイント上昇しただけで、ほとんど影響がなかった。

また、同調査では、「環境問題に力になるのは誰か」という質問も複数回答方式で実施している。2012 年以降、1 位は企業で、2014 年は、49％の人が企業と答えている。2 位は、自分自身（38％）、3 位は、環境省（36％）の順になっている。環境省よりも企業という回答の方が多い。

一方、環境用語を並べて示し、助成想起で知っているかを質問したところ、2014 年調査では、知っているという回答が、「家電リサイクル法」81％、「エコポイント」66％、「クールビズ」65％などは高いが、「CSR」7％、「エコ・ファースト制度」4％、「拡大製造者責任」3％と、企業の活動に関する項目は低い。

企業には期待するが、企業の活動は知らないというのでは、大変もったいないと私は考えている。

2 個人の環境行動と環境行動の実施理由

　同調査では、環境行動の実施状況についても質問している。
　「ごみを分別する」、「電気などをこまめに消す」、「マイバッグを持参する・レジ袋を断る」、「冷暖房の温度設定に気をつける」、「詰め替え用商品を使う」などは、60％以上の人が実施していると回答し、行動が一般的なものになってきている。しかし、2009年と2014年のデータを比較すると、「長期間使用できるよう製品を大切に使う」、「詰め替え商品を使う」という従来型の環境行動が10ポイント減少している。また、「待機電力をなくす」についても、東日本大震災後の2011年6月調査と2012年の調査では、実施率が増加したが、2013年以降は減少し、2009年と2014年のデータを比較すると8ポイント減少している。
　「クールビズ・ウォームビズを意識する」と「マイバッグの持参・レジ袋を断る」は、多少増加しているが、全体的に環境行動の実施率はやや減少の傾向にあり、環境行動の取り組みを増加させるための検討が必要な状況にある。
　同調査では、それぞれの環境行動に取り組む理由について聞いている。
　「ごみの分別」については、「資源の節約に役立つから」、「リサイクルが促進されるから」という回答が多いが、「社会のルールだから」という回答も多い。
　また、「電気などをこまめに消す」、「冷暖房の温度設定に気をつける」、「詰め替え用商品を利用する」、「お風呂や台所の水の節約」、「長期間使えるようにものを大切に使う」、「買い過ぎをなくし残り物も使う工夫をする」、「待機電力を減らす」については、「資源の節約に役立つから」、「地球温暖化の防止に役立つから」という回答も多いが、「家計の節約に役立つから」という回答が最も多かった。
　「クールビズやウォームビズを意識する」については、「地球温暖化の防止に役立つから」という回答が最も多く、「マイバッグの持参・レジ袋を断る」については、「資源の節約に役立つから」という回答が最も多かったが、環境行動が、必ずしも、地球温暖化の防止や資源の節約に役立つからという理由だけでなく、経済性などの環境負荷削減以外のベネフィットが行動に取り組む大きな要因になっていることが明らかになった。

(3) 環境意識から見た企業と個人の政策統合の必要性と可能性

個人も企業も、環境行動への取り組みは、近年、停滞の状況を示している。これは、環境問題が企業にとっても個人にとっても最重要な課題ではないと認識していることによる。企業にとっては事業経営の安定と継続的な発展、すなわち、売り上げや利益の確保が一番の関心事であり、個人にとっては、家計、健康、子供の教育など、自身と自身の家族の問題が一番の関心である。

したがって、一層の温室効果ガス削減を推進していくためには、企業と個人が取り組みやすい政策をとる必要がある。また、企業と個人の連携によって、企業のノウハウを個人の取り組みに活かす方法や個人に企業の取り組みを後押しさせるような方法を取り、企業と個人の温室効果ガス削減量の拡大を図っていく必要がある。

企業と個人の関係についていえば、企業は、個人の関心が低いために環境ビジネスが上手くいかないと考えていることが明らかになっている。また、個人は、企業に期待しつつも、企業が実際に環境問題に役割を果たしていることを知らないという状況にあることも明らかである。

企業と個人の環境行動への取り組みを活性化するためには、こうした状況を改善し、企業には、個人が企業に期待していること、企業の取り組みを後押しするような状況に変えていくことが大切である。

しかしまた、企業は、顧客である個人と良好な関係を持ちたいと考えている。消費者からの評価を望んでいる。両者のコミュニケーションの改善が図れれば、両者の連携の可能性は、十分にあると私は考えている。

3 企業と個人の環境行動を促進する方法

上記の結果を踏まえて、企業と個人の環境行動を促進するためには、以下の4つの点が重要であると私は考えている。

(1) 環境行動に含まれる環境貢献以外のベネフィットの訴求

個人や企業の環境行動への取り組みを促進していくためには、環境問題の

重要性を認知させるだけでなく、省エネ機器の導入によって、光熱費が減らせるなど他のベネフィットが得られることを訴求していく必要があると考える。

環境行動は、環境貢献以外のベネフィットと相反するとは限らない。環境への取り組みが、企業にとっては売り上げや利益、企業イメージの向上になることもあれば、個人にとっては、家計の節約や精神的な満足になることもある。これを企業や個人のインセンティブとして活用することは大切である。企業及び個人の環境行動の促進に当たって、インセンティブとなるベネフィットを発見あるいは創出し、環境対策に組み込んでいくことが重要であると私は考えている。

(2) 環境意識の違いによるセグメンテーション戦略の構築

企業、個人の環境意識は一様ではない。環境意識の高い企業や個人もあれば、環境意識の低い企業や個人もある。したがって、環境意識の相違による対策のバリエーションを考案していく必要があると考える。

そこで、コミュニケーションの方法として、「直接的コミュニケーション」、「間接的コミュニケーション」、「複合型コミュニケーション」の3種類のコミュニケーションを効果的に使い分けていくことを提案する。

すなわち、直接的コミュニケーションとは、実際に問題の重要性を説明し、理解させ、アクションにつなげていく方法である。環境問題の重要性を訴えて、環境に良い行動をさせる方法である。

間接的コミュニケーションは、解決したい問題の理解を深めるよりも、その問題の解決に取り組むことが、その企業や個人がより関心を持っている別の問題の解決になることを理解させ、取り組ませるものである。環境行動の持つ環境貢献以外のベネフィットを訴求し、結果として環境問題の解決に成果を上げる方法である。

複合型コミュニケーションとは、直接的コミュニケーションと間接的コミュニケーションの合体化ともいうべきもので、環境にも良く、環境貢献以外の面でもベネフィットがあることを訴え、両方が実現できることを訴求し、

環境行動を促進していく方法である。

　もちろん、直接的コミュニケーションだけで解決すれば、あえて、間接的コミュニケーションや複合型コミュニケーションを提案する必要はないが、直接的コミュニケーションだけでは、現実においては、環境配慮行動を実施する個人や企業の数を増やすことができない。そこで、他の2種類のコミュニケーションを提案する。**図 7-1** は、環境問題に対する関心度の違いによる3種類のコミュニケーションの活用パターンを示したものである。

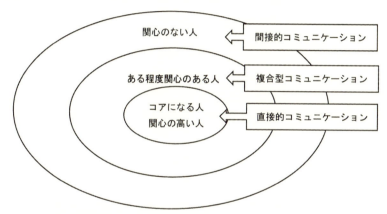

図 7-1　関心度の違いによる3種類のコミュニケーションの活用パターン

(3) 企業と個人の相互理解促進のための「企業・個人一体型プロジェクト」の実施

　これまで、環境負荷削減のための対策は、企業向けと個人向けに分けられていた。企業・個人一体型のアプローチは少なかった。

　しかし、企業が持っている環境配慮の技術やノウハウを個人の生活様式の改善に活かしていくことは、環境問題解決のために大切である。そのためには、企業と個人との環境問題の解決に繋がるコミュニケーションの場を作っていく必要がある。

　すなわち、環境行動の促進のためには、個人には、企業の取り組みに対する努力が見えるようにすることと、企業には、個人の環境意識が高く、環境

配慮へのニーズがあることを示すことが必要である。言い換えれば、「企業努力の見える化」と「消費者の環境ニーズの見える化」が、双方の環境配慮への取り組みを促進すると私は考える。

⑷ 企業と個人を連携させるコーディネーターの設置

　企業と個人の一体型プロジェクトを成功させるためには、企業、個人双方が自主的に歩み寄り、独自に連携した仕組みを構築していくことができれば望ましい。しかし、企業、及び、個人のベネフィットを把握し、両者を結びつけていくには、専門的な知識と経験を持った第三者の介在が必要である。すなわち、プロジェクトを推進するコーディネーターを設置することが必要である。

　コーディネーターは、商品・サービスの拡販、ターゲットとする顧客との関係強化など企業が実現したいベネフィットと、地域の便益の改善など個人が実現したいベネフィットを把握し、それを実現するために、企業と個人を連携させる仕組みを構築し、運営を支援する。

　コーディネーターが、企業と個人が必要とするベネフィットを把握し、どの程度魅力的な仕組みを構築できるかが、企業と個人の一体型プロジェクトの成功のカギとなる。

4　企業と個人の環境行動を統合する一体型環境プロジェクトの実施

⑴　プロジェクトの概要

1　実施までの経緯と実施体制

　以上のことを検証するため、経済産業省の「『見える化』制度連携活性化事業費補助金(2013年度)」[11]を活用し、企業がカーボンフットプリント（Carbon Foot Print：以下、CFPと呼ぶ）とカーボン・オフセット（Carbon Offset）を行った商品に、環境配慮商品・サービスへの交換と環境活動への寄付に利用できるポイント（「どんぐりポイント」と命名）を付けて、環境配慮商品・サービスと個人の環境行動を普及させる環境プロジェクトを実施した。

私は、企業と個人の温室効果ガスを削減する一体型環境プロジェクトを実施し検証する機会と捉え、同補助金を用いた事業を提案したところ、経済産業省から採択が得られた。

同事業は、私が当時所属していた㈱インテージリサーチ、一般社団法人産業環境管理協会、㈱アサツーディ・ケイ、㈱文化放送開発センターの4社でコンソーシアムを結成し、実施した。私は、プロジェクト全体を管理・運営する「CFPオフセットポイント推進委員会（通称：どんぐりポイント推進委員会）」の委員長を務めた。

また、同事業は、2013年度の下期、2013年9月から2014年3月まで実施した。

2　CFPマーク、どんぐりマーク、どんぐりポイントラベルの関係性

はじめに、どんぐりポイントラベルの位置づけについて説明する。**図7-2**は、CFPマーク、どんぐりマーク、どんぐりポイントラベルの関係について示している。

図7-2　CFPマーク、どんぐりマーク、どんぐりポイントラベルの関係

企業が、自社商品にどんぐりポイントラベルを貼付するためには、製品ごとにCFPとカーボン・オフセットを行う必要がある。第一に、CFPを実施する必要がある。CFPとは、製品ごとに、原料調達から、製造、販売、利用、廃棄に至る全工程、言い換えれば川上から川下までの全工程で発生するCO_2の発生量の総量を算出することである。

算出にあたっては、製品ジャンルごとにどのようにCO_2を算出するかについて定めたプロダクトカテゴリールール（Product Category Rule：以下、PCRと呼ぶ）を作成する必要がある。PCRは、算出の公正さを担保する基準となっている。PCRに基づきながら、該当する製品のCO_2排出総量を算出する。

CFPの値については、1製品ごとに発生するCO_2の排出量を算出し、「CFPマーク」には、1製品ごとに発生するCO_2の量を記載する。たとえば、図10-1には、10gと表示されているが、これは1製品あたり10gのCO_2が排出されるという意味である。

次に、カーボン・オフセットを行う。カーボン・オフセットとは、排出されたCO_2と同量を植林等のプロジェクトによって相殺することを意味している。オフセットは、自社で自ら植林等を実施しなくても、他者が実施するCO_2削減プロジェクトやCO_2クレジットを購入すればよいことになっている。カーボン・オフセットした商品には、「どんぐりマーク」を貼付することができる。ここまでは、経済産業省がCFPオフセット制度として2012年から開始した制度である。これをさらに活用し、どんぐりマークを付けた製品に、1ポイント＝1円のポイントを付与し、そのポイントを集めて環境配慮型商品の購入や環境団体への寄付に活用できる仕組みを構築した。

専用のラベルを用いることで、自社商品にポイントラベルを貼付する企業は、自社の環境配慮商品を分かりやすくアピールでき、また顧客にとっては、差異化された環境配慮製品が選びやすくなるとともに、温暖化対策を自分のこととして捉えることができる。

3 どんぐりポイントの循環の仕組み

次に、どんぐりポイントラベルの活用の仕組みについて説明する。どんぐりポイントプロジェクトは、様々な立場の人々の環境意識を向上させながら環境配慮型商品の普及拡大を図ることが目的である。そのため、様々なステークホルダーによって成立する仕組みとなっていることが制度の特徴となっている。**図7-3**は、どんぐりポイントプロジェクトの仕組みを示している。

まず、どんぐりポイントプロジェクトに共感し、どんぐりポイントを自社商品に貼付する企業（以下、協賛事業者と呼ぶ）は、CFPを取得し、ポイントを付けたい商品が排出するCO_2の量に応じてカーボン・オフセットを実施する。カーボン・オフセットを実施した量に応じて、ポイントを発行できる商品数が確定し、企業は、発行したいポイントの量をCFPオフセットポイ

第7章　個人と企業を繋ぐ環境戦略と「どんぐり効果」　255

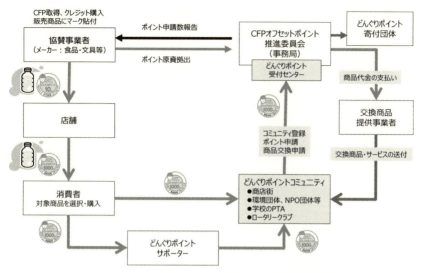

図7-3　どんぐりポイントプロジェクトの仕組み

ント推進委員会事務局に申請する。事務局が承認することによりポイントを付けることが可能になり、市場にポイントの付いた商品を出す。

　ポイントを付けた商品は、店舗等を通じて消費者が購入する。ポイントは、商店街、PTA、ロータリークラブなどのコミュニティが、環境配慮製品と交換し、地域の活動に使用するほか、環境活動を実施している団体への寄付に使う。

　また、消費者が購入したポイント商品のポイントをコミュニティが収集しやすいように店頭にポイントの収集箱を用意する流通業等に協力を依頼する。こうしたポイントの収集に協力する団体をどんぐりポイントサポーターとして位置づけた。

　ポイントの交換にあたっては、交換商品提供事業者が交換商品を提供する。交換商品は、環境に配慮した商品であることが求められる。また、どんぐりポイント寄付団体は、寄付された金額を環境活動に使用しなければならない。

　以上のように、環境配慮商品やサービスの市場の拡大と普及浸透を図ることを実現するために、様々なステークホルダーを介在する仕組みを構築した。

4 企業と個人を繋ぐ戦略としての「どんぐり効果」

　カーボン・オフセットのシンボルとして、「どんぐり」を用いているのは、日本の伝統的な玩具である「やじろべえ」からきている。「やじろべえ」の名前は、東海道中膝栗毛に登場する弥次郎兵衛に由来し、もともとは、荷物を棒の先につるして、肩に担いで運ぶ姿を現している。重心が指や棒で支える支点よりも下にあるためバランスが取れる。玩具の支点にはどんぐりが使われることが多い。カーボン・オフセットでは、CO_2 を排出する側と CO_2 を吸収または削減する側とでバランスが取れているため、どんぐりを用いた。また、どんぐりを擬人化したキャラクターにすることで、より親しみやすく、かつ、一般化することによって取り組みの促進を図った。さらに、バランスの意味としては、企業と個人がともに手を携えて地球温暖化の防止に貢献するという意味も持たせた。また、環境貢献ベネフィットと環境貢献以外のベネフィットとのバランスという意味も持たせた。その意味では、どんぐりポイントラベルのどんぐりマークは、効果的であると考えた。

　このように、擬人化したどんぐりの親しみやすさを重ねながら、どんぐりポイントの活用によって企業と個人の環境行動を促進することを「どんぐり効果」と名付けた。どんぐり効果の検証が、本プロジェクトの最大の目的である。

(2) プロジェクトにおける環境貢献ベネフィットと環境貢献以外のベネフィット

1 環境貢献ベネフィット

　本プロジェクトは、以下の4つの点で環境問題の解決に貢献することを目指した。

　第一は、CO_2 の削減という点である。カーボン・オフセットしなければ、どんぐりポイントを商品に付けることができない。したがって、ポイントを付ける企業は、植林や省エネ設備の導入など、温室効果ガスを吸収または削減するプロジェクトを支援することになり、地球温暖化の防止に貢献する。

　第二は、環境性能の良い商品の販売を促進することである。どんぐりポイントを付ける商品は、商品自体環境に配慮した商品であることを事務局とし

ては配慮した。実際、それぞれ同種類の商品の中では環境性能の高い商品が集まった。

　第三は、環境に配慮した社会の推進である。ポイントは、コミュニティで収集され、環境配慮型商品への交換や環境寄付に活用することにより環境に配慮した社会の促進に繋がる。

　第四は、環境意識の啓発である。どんぐりポイントプロジェクトに企業も個人もともに参加していくことにより、環境問題に対する認識が高まり、環境意識の向上になる。

2　企業にとっての環境貢献以外のベネフィット

　企業の環境貢献以外のベネフィットとして以下の4点を設定した。

　第一は、環境価値によるブランド力の向上である。どんぐりポイントを商品に付けるということは、カーボン・オフセットを行った商品に、さらにポイント費用を負担し、環境に配慮した製品との交換や環境団体への寄付に資金を提供することを意味する。こうした活動に実施していることをどんぐりポイントラベルで明示することによって環境に配慮した商品として認知されブランド力が向上すると考えた。

　第二は、コスト負担の軽減である。補助金を使うことにより参加企業のコスト負担を大幅に軽減した。具体的には、ひとつにはCFP取得にかかる費用を補助金の活用により軽減した。また、カーボン・オフセットを行うためのクレジット購入費用については、購入手続きにかかる費用は、経済産業省の別の委託事業を活用することにより無料にした。ただし、CO_2クレジットの購入費用は事業者にお願いした。さらに、新聞、雑誌、ラジオ放送等による広告費は無料にした。また、商品のポイント費用についても、費用の3分の2を補助金から補てんし、協賛事業者の負担を軽減した。

　第三は、良質の広報活動の享受である。消費者の認知率を高めるため、新聞、雑誌、オンライン、ラジオ番組で、どんぐりポイントを付けた企業と商品に関する広告を行った。また、記者クラブへのニュースリリースも適宜行った。これらを補助金で実施することにより、参加企業の魅力度が向上すると考えた。

第四は、技術的支援の享受である。CFP の算出、CO_2 クレジットの購入手続きなどについては、専門的な知識が必要である。こうした点を事務局がサポートすることにより参加企業の負担は軽減すると考えた。

3　個人にとっての環境貢献以外のベネフィット

個人の環境貢献以外のベネフィットとして以下の 4 点を設定した。

第一は、地域の便益の向上である。どんぐりポイントラベルは、どんぐりポイントコミュニティを通じて、地域で利用する環境配慮型商品の購入と地域の環境事業に対する寄付に用いられる。どんぐりポイントで購入された商品を個人が利用することにより、その商品の便益が享受できる。また、環境事業に対する寄付により地域の環境が改善されることで、地域に住む個人の便益になる。

第二は、高品質商品の取得である。どんぐりポイントラベルの付いた商品は、環境に貢献するだけでなく商品自体の品質が良いことを必要条件とした。商品の品質について参加企業に説明を求めるとともに、商品の性能についてホームページで公開し、消費者が良質な商品を選択できるようにした。

第三は、心理的な満足感の享受である。どんぐりポイントラベルのデザインや「どんぐりん」というネーミングなど、親しみやすいものにし、楽しくラベルを集めることができるように演出した。環境に対する関心が低い人への参加を促進するためには、こうしたキャラクターの使用が効果的であると考えた。

第四は、環境問題に関する情報の享受である。地球温暖化問題とどんぐりポイントラベルについてのわかりやすいパンフレットの作成等により、地球温暖化問題の内容と解決策についての情報が享受できることも消費者個人のベネフィットであると考えた。

(3)　どんぐりポイントプロジェクトの成果

1　どんぐりポイントを付けた企業の参加状況

どんぐりポイントプロジェクトの趣旨に賛同し、自社商品にポイントを付

けた企業は、13事業者となった。**表7-2**は、どんぐりポイントを付けた協賛事業者の一覧である。様々なジャンルの商品にポイントを付けることができた。

表7-2　どんぐりポイント協賛事業者一覧表

事業者名	所在地	対象商品・サービス
NPO法人コンベンション札幌ネットワーク	北海道札幌市	環境施設のバスツアー
丸玉産業㈱	北海道網走郡津別町	地元トドマツを使った合板
SGムービング㈱	東京都江東区	引越事業
㈱デコス	東京都中央区	建築用断熱材
NIK環境㈱	岡山県倉敷市	一般廃棄物収集運搬
アイガモファーム小野越	茨城県石岡市	精米・玄米
パソナ農援隊	東京都千代田区	バーニャカウダー
朝日化工㈱	愛知県名古屋市	給食用食器
クリーンテックス・ジャパン	兵庫県神戸市	玄関マット
合同会社ひびくー	福岡県北九州市	タンブラー
タマヤ㈱	京都府綾部市	紙製食品トレー
ソニーモバイルコミュニケーションズ㈱	東京都港区	スマートフォン
楠橋紋織㈱	愛媛県今治市	タオル

出典）CFPオフセットポイント推進委員会（2014）[12]

2　どんぐりポイント循環のストーリー

　どんぐりポイントプロジェクトの実施に当たって、委員会が最も力を入れたのは、ポイントを付ける事業者の募集とポイントがうまく循環するようなストーリーづくりである。ストーリーは、参加した事業者が自ら考案した場合もあったが、委員会が支援して作ったケースが多かった。以下にそれぞれの企業のストーリーを記す。

① NPO法人コンベンション札幌ネットワーク

　NPO法人コンベンション札幌ネットワークは、2003年に札幌の地元企業76社が地域活性化のために立ち上げた団体で、環境学習の催しなどを主催

している団体である。環境施設を回るバスツアーの乗客にチケットともにどんぐりポイントラベルの付いたカードを渡し、降車する際に、どんぐりポイントプロジェクトの内容を説明して、降車時にあらかじめ用意した箱に参加者にカードを自発的に入れていただき、環境配慮商品の利用を推進している北海道グリーン購入ネットワークを通して、環境活動をしている北海道環境財団に寄付を行った。

②丸玉産業

丸玉産業は、地元のトドマツを使ってベニヤ板を作っている会社で、森林保護という観点から植林なども行っている。

ベニヤ板にポイントを付け、業者に販売する際、ポイントが付いていることを説明し、丸玉産業の営業マンがポイントの預かり証を顧客に渡し、ポイントを預かって地元自治体の津別町が協力した津別町子ども会育成連絡協議会に渡し、同協議会が町内の幼稚園に地元のとどまつの端材でできた積み木などのおもちゃを送った。丸玉産業は、プロジェクトに併せて、地元の産業である林業の重要性を広報している。

③SGムービング

SGムービングは、法人の引っ越し事業を行っている会社で、引っ越しを行った際、担当者がポイントの預かり証を顧客に渡してポイントを預かり、SGムービングの社員と取引先社員で構成されているグリーンムービング友の会を通じて、東京都の緑の東京募金に寄付をした。寄付をしたことは、ポイントを預かった取引先にも報告し、また、広報で、それぞれの取引先がCSR活動の一環として協力いただいたことを取引先の社名入りで掲載した。

④デコス

デコスは、新聞紙をリサイクルしてつくる建築用断熱材にポイントを付けた。デコスが製造している断熱材は、古紙のリサイクルでできたセルロースファイバー断熱材といわれるもので、ガラス繊維やウレタンなどの化学原料で製造された断熱材と違い、製造時のCO_2の発生量が非常に少ない。また、難燃処理をしているため、火災にも延焼しにくく、有害化学物質の発生がないなどのメリットがあるが、日本ではその良さが十分認知されておらず、シェ

アは低い。そこで、製品の良さを知ってもらうことを目的としてポイント事業に参加した。ポイントはデコスの断熱材を使った木造住宅の購入者に渡し、木造住宅の購入者の親睦団体としてやすらぎ会というコミュニティを作り、そこがポイントを集めて、苗木を購入し植林を行った。木造住宅の施主に、植林に貢献したという満足感が生まれ、デコス社に対する評価も高まった。

⑤ NIK 環境

NIK 環境は、廃棄物の収集運搬業者で、顧客である排出事業者にポイントを封筒とともに渡し、どんぐりポイントコミュニティになっている倉敷市の環境学習センターに送付してもらい、環境学習センターが、市内の幼稚園にバードウォッチング用の望遠鏡を交換商品として購入し、供与した。

NIK 環境は、これまでも植林などの CO_2 削減のプロジェクトに参加するなど環境対応を地元と協力しながら熱心に進めてきた。こうした活動の一環としてどんぐりポイントプロジェクトに参加した。日ごろ地元の廃棄物の処理に貢献していながら、地元の人々との交流が少なかった同社の取り組みが地元の町内会等で紹介され、企業と地元市民との交流が深まった。

⑥ アイガモファーム小野越

アイガモファーム小野越は、米の生産者でアイガモを使いながら除草剤を使わずに環境にやさしい農業を実践している。

どんぐりポイントの付いた米を東京スカイツリーのソラマチ広場で開催されたイベントで販売した。集められたポイントは、どんぐりポイントコミュニティである原町ライオンズクラブを通じて南相馬のアグリパークに寄付された。南相馬アグリパークは、2011 年に発生した東日本大震災で津波により破壊された土地に建設された小中学生の自然エネルギーの学習施設で、ポイントによる寄付金は、同施設の環境活動に活用した。

⑦ パソナ農援隊

パソナ農援隊は、野菜とイタリア料理のバーニャカウダのソースを生産している。彼らは、自社のバーニャカウダーソースにポイントを付けた。パソナ農援隊のどんぐりポイントラベルは、パソナ農援隊の商品を販売している店舗に設置された箱で回収し、環境教育教材の販売と環境学習の企画・実施

を行っているNPOに渡した。ポイントを渡された環境NPOでは、ポイントを絶滅危惧種のフクロウの保護団体に寄付した。

⑧朝日化工

朝日化工は食器メーカーである。安全性や使いやすさなどに配慮した幼稚園向けの食器にポイントを付け、ポイントを営業マンが幼稚園から預かってどんぐりポイントコミュニティに登録した環境NPOに渡し、木製の積み木を購入して幼稚園に届けた。

⑨クリーンテックス・ジャパン

自社製品の玄関マットにポイントを付け、購入者にどんぐりポイントが付いていることを説明し、購入者の同意を得た上で、ポイントはどんぐりポイントコミュニティに登録した環境NPOに渡し、環境教育教材に交換し、地元の小中学校に配った。

⑩合同会社ひびくー

合同会社ひびくーは、化学原料によらず植物由来の原料と陶石・粘土を用いてタンブラーを作っている。このタンブラーにどんぐりポイントを付けた。他の陶器は、通常800度で8時間程度焼く必要があるが、ひびくーのタンブラーは、200度1時間で完成するためCO_2の発生量が少ない。どんぐりポイントの付いたタンブラーは、地元の北九州マラソン大会参加者の記念品として使い、ポイントは、九州エコノベルティ推進会が、参加者に記念品を渡す場所で収集し、ポイントを苗木に替えて、北九州市のどんぐりの木の植樹に用いた。

⑪タマヤ

タマヤは、地元の町内会のイベントで焼きそばやパスタなどの食器である紙製トレーにどんぐりポイントを付けた。ラベルのついたトレーは使用後にその場で回収し、どんぐりポイントコミュニティに登録した環境NPOに渡し、環境配慮型商品の文房具に替え、地元の小学校で使用した。

⑫ソニーモバイルコミュニケーションズ

ソニーモバイルコミュニケーションズは、新型スマートフォン購入者にポイントを付与した。ソニーが他と異なるのは、購入者に与えられたポイント

は、ホームページのサイトにアクセスし、購入者に与えられたシリアルナンバーを入力することにより、スマートフォンの購入者がポイント選択画面にアクセスし、植林、自然エネルギーの設備など、好きな使い方を選択できるようにした。寄付の仕方の新しさが消費者に評価された。

⑬楠橋紋織

　農薬や肥料に一定以上用いず、安全性や環境に配慮したオーガニックコットンを用いて作られたタオルにどんぐりポイントラベルを付けた。タオルは、東京スカイツリーで開催されたどんぐりポイントイベントで販売し、ポイントは、あいがもファーム小野越と同じく、東日本大震災で津波の被害を受けた南相馬アグリバイオパークの活動に寄付した。

3　どんぐりポイントプロジェクトの果たした役割

　どんぐりポイントプロジェクトの実施によって、以下の2点が確かめられた。

①企業と個人の一体感の醸成と環境への取り組み意欲の喚起

　企業と個人が一体になって取り組むことにより温室効果ガスの削減量を促進することが本プロジェクトの最大の眼目であった。すなわち、企業にとっては、企業のどんぐりポイントを付けるという環境配慮活動が個人から評価され、そのことによって企業は一層、環境配慮に力を入れるようになること、個人にとっては、企業の環境活動がどんぐりポイントによってわかりやすく見えることで、ポイントをつけた企業を評価し、積極的にどんぐりポイント商品を購入するとともに、ポイントを集め、どんぐりポイントコミュニティを通じて環境貢献活動に参加することによって、環境貢献活動に参加することに喜びを感じ、一層、環境に配慮した消費者になっていくことがプロジェクトの目的である。

　今回のプロジェクトに参加した参加企業は、どんぐりポイントのような企業と個人の一体型環境プロジェクトが、企業と個人の心理的な教理を縮めることに「手ごたえ」を感じたことが明らかになった。

　企業は、法規制で環境対応を行っていることが多いが、義務でやらされて

いるとい感じが強い。また、税の場合は、税金がどこに使われているのかがわからない。本プロジェクトに参加した企業は、ポイントが循環し、ポイントを活用して環境配慮型商品に交換したどんぐりポイントコミュニティや環境活動の寄付先から感謝され、環境配慮型商品が評価されるという達成感を得るという経験になった。また、どんぐりポイント商品を購入した顧客は、企業の環境への取り組みとカーボン・オフセットの仕組みについての理解が促進され、参加することに達成感を得るという経験になった。

　企業と個人が一体になって取り組むことによるメリットを双方が感じ取り、更なる取り組みへの意欲が喚起されたという点で、当初の目的が達成できたと考えている。

②環境意識の低い企業と個人が参加しやすい環境プロジェクトの提供

　今回、どんぐりをイメージし擬人化したマークを用いたが、親しみやすさ（親和性）という面とともに、テーマとの適合性という点でも、適切に機能した。プロジェクトのシンボルとしてのどんぐりマークは、企業にとっても個人にとっても、参加意欲の喚起に繋がった。

　また、企業にとっては、特に、無料の参加企業による共同広告の実施など、環境貢献以外のベネフィットが、参加の動機づけになった。特に、相対的に環境意識が醸成されていない企業ほど、その傾向が強かった。

　一方、個人においても、環境意識の低い人ほど、ポイントの付いた商品の健康面や安全面などの性能、どんぐりポイントの可愛らしさなど環境配慮以外のベネフィットが、購入の動機付けになった。

　環境行動の裾野を広げるという点では、こうした環境活動が持っている環境貢献以外のベネフィットを活用することが効果的であることが確かめられた。

　しかしながら、企業も個人もともに、いつまでも環境配慮以外のベネフィットだけで参加しているのではなく、環境意識を喚起していく必要がある。最初の導入として環境配慮以外のベネフィットで環境配慮活動に参加しても、それが環境に貢献していることを示すことによって徐々に環境意識が高まってくると考えられる。

今回のプロジェクトにおいても、どんぐりポイントの可愛らしさに興味をもってイベントのブースに立ち寄った人に、マークの意味について紹介したところ、自身でも環境活動に簡単に入っていけることで、参加意欲が向上したというケースがみられた。

4 どんぐりポイントプロジェクトの今後の課題

どんぐりポイントプロジェクトを今後、事業として継続する際の課題として、以下の3点が明らかになった。

①費用負担

本プロジェクトでは、かなりの部分が国の補助金によって、実施されている。企業のポイント費用についても今回は、3分の2が補助金で3分の1のみが企業の負担になっている。もちろん、カーボン・オフセットの費用に加えて、ポイント費用も一部負担しているわけであるが、今後、事業として実施するためには、企業の費用負担を軽くしていく必要がある。そのためには、すべての費用を企業負担にするのではなく、消費者も一部負担するということが求められる。しかし、同一商品であっても、環境に配慮しているからということで多少なりとも高めに価格を設定することが可能なのか、今後検討していく必要がある。

②制度の簡素化

参加する企業にとって、カーボンフットプリントの算出も負担が大きい。費用面の負担と労力の負担という2つの面がある。費用面は、自社だけでは算出が難しく、専門家に委託する必要があるということから生じる。また、カーボンフットプリントとは、原料の調達、製造、運搬、販売、消費者の利用、廃棄まで、商品の全工程での CO_2 の排出量を算出するため、大変な手間がかかる。また、カーボンフットプリント算出以前に、どのような方法で算出するかを定めたプロダクトカテゴリールール（以下、PCR）を作る必要がある。すでにPCRがある商品であれば、それを使えばよいがない場合は、PCRの作成から始めなければならない。制度的に簡略化し、企業の負担を減らしていくことも検討していく必要がある。

③事業のコンパクト化

　どんぐりポイントを全国展開することは、非常にコストがかかる。そこでコスト負担が少なくて済む地域限定のポイントを考えていくことも必要である。たとえば、空港で扱っている土産物店専用のポイント、商店街やローカルスーパーでのポイントなど、販売促進につなげながら、地域貢献になるポイントは、設定しやすいと考えられる。社会貢献でも、自身が住んでいる地域の環境の改善など、自分事化できることに使用された方が、協力度が高くなる。地域限定ポイントを作りながら地域間の連携を図ることは、事業化していく一つの方法として考えることができる。

5　企業と個人に向けた今後の環境政策に関する提言

　企業においても、また、消費者においても、環境貢献以外のベネフィットが、どんぐりポイントプロジェクトへの参加の大きな要因になっていることが明らかになった。企業は、事業経営の継続的な発展が行動の目的となっており、そのために、取引先とのネットワークの強化や、メディアを通じた販売促進などに関心がある。しかし、環境貢献や地域貢献をした方が顧客との関係が強くなることや、どんぐりポイント参加企業による共同広告で環境貢献をする企業間でつながることで企業のブランドイメージを向上させ、顧客からの信頼も増加することが、本プロジェクトへの参加を促した。すなわち、環境貢献や地域貢献と経済的なベネフィットの一体化が、参加の要因になったと考えられる。

　個人においても、同様に、環境に配慮した製品が、単に環境に良いだけでなく、普段よく使用している商品であること、安全な商品であること、マークが可愛いことなど、環境貢献以外に商品に普段求めている要素が含まれていることが購入の要因となることが明らかになった。環境貢献ベネフィットと環境貢献以外のベネフィットは、必ずしも相反するわけではないことが明らかになった。

　また、参加した企業の中には、環境意識が低く、環境以外のベネフィットの魅

力で参加した企業もあった。同様に、個人においても、環境問題には関心がないが、マークが可愛いので集めたいという意見を述べた人もいた。こうした企業や個人の環境行動への参加を促進するためには、前述したような間接的コミュニケーションも必要なことが本プロジェクトの実施によって示された。

図7-4は、どんぐりポイントプロジェクトの結果から、3種類のコミュニケーションとベネフィットの関係についてまとめたものである。

環境貢献ベネフィットと環境貢献以外のベネフィットを対立させるのではなく、両者を両立させながら環境問題の解決に効果的であると考える。

しかし、環境貢献以外のベネフィットから環境意識の醸成につなげていく必要がある。そのための方法についても今後のテーマとして検討していく必要があると考えている。

また、企業と個人が一緒にプロジェクトを推進する関係を構築することが、企業にとっても個人にとっても、環境活動へのモチベーションに繋がることが明らかになった。こうした点を踏まえて、今後の環境プロジェクトを創出していくことが必要である。

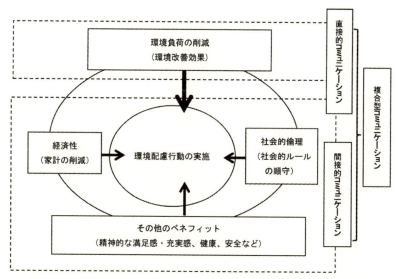

図7-4　3種類のコミュニケーションと訴求するベネフィットの関係

6　おわりに

　2015年12月、パリで開催された第21回気候変動枠組み条約締結国会議（通称COP21）で、1997年の京都議定書に代わるものとして、2020年以降の新たな枠組みである「パリ協定」が締結された。これは、産業革命以前の気温上昇率を2℃以下に抑えるという目標を設定し、さらに1.5℃以下に努力するというものである。

　わが国では、2015年7月17日、政府の地球温暖化対策推進本部が「日本の約束草案」[13]を決定した。2030年度に2013年比26.0％削減（2005年度比25.4％削減）の水準（約10億4200万CO_2トン）にするとした。

　これは、IPCCが第5次評価報告書[14]で示した産業革命以前と比較した気温上昇率を2050年までに2℃以下に抑えるため、2050年の温室効果ガスの排出量を世界で50％削減、先進国全体で80％削減するという目標と整合を取ったものである。さらに、2030年に向けた取り組みを進めるため、2016年5月13日に「地球温暖化対策計画」を政府は閣議決定した。

　計画では、2030年度の排出量[15]は、2013年度の排出量に対し、産業部門はマイナス6.5％、業務その他部門はマイナス39.8％、家庭部門は39.3％、運輸部門はマイナス27.6％、エネルギー転換部門は27.7％、エネルギー起源CO_2の排出量合計でマイナス24.9％という目標になっている。各部門とも実現に向けて高い目標となっているが、特に、業務その他部門と家庭部門はいずれも総量で40％の削減を求めており、かなり厳しい目標値となっている。

　これを実現するための政策手法については、いずれも京都議定書目標達成計画と同じ内容になっている。たとえば、企業については、「自主行動計画」が「低炭素社会実行計画」に名前を変えたが自主規制が中心となっており、個人についても、「チーム・マイナス6％」が「COOL CHOICE」に名前を変えたものの、国民運動が中心となっている。

　温室効果ガス削減に向けて従来の政策手法に頼るだけでなく、本論文で提案した手法を含め、柔軟に幅広く検討する必要があると私は考えている。

また、今回社会実験を行ったポイント事業をはじめ企業と個人の一体型環境プロジェクトを官の政策に頼るだけでなく、民間ベースで実施していくことも検討していく必要があると考える。さらに、本研究の成果は、地球温暖化以外のテーマでも活用が可能であり、活用を広げていくべきであると私は考えている。

注

1　2007年に気候変動に関する政府間パネル（Intergovernmental Panel on Climate Change：略称 IPCC）が発表した IPCC 第4次報告書によれば、地球の平均気温は 1906 年から 2005 年までの 100 年間で、0.74℃（誤差は ±0.18℃）上昇し、特に、20世紀後半以降、上昇傾向が加速していると報告している。
2　小坂尚史、野尻幸宏「わが国の 2012 年度（平成 24 年度）の温室効果ガス排出量について」、国立環境研究所 地球環境研究センター　2014　地球環境研究センターニュース　Vol.25 No3 通巻第 283 号、p.12、2014 年 6 月 <http://www.cger.nies.go.jp/cgernews/201406/283004.html>
3　地球温暖化対策本部（2014）『京都議定書目標達成計画の進捗状況』、1頁
4　前掲、1頁
5　前掲、1頁
6　資源エネルギー庁総合政策課（2013）『平成24年度（2012年度）エネルギー需給実績』19頁
7　前掲　19頁
8　前掲　11頁
9　環境省が 1992 年度から毎年企業を対象に実施している郵送調査。同調査は、2012 年度調査（2011 年度の取り組み実績調査）までは、東京、大阪、及び名古屋証券取引所 1 部及び 2 部上場企業と従業員数 500 人以上の非上場企業（各年合計約 6,300 ～ 6,700 社）のすべてを対象とした全数調査であったが、2013 年度調査（2012 年度実績）からは標本調査（約 3,000 社を対象に実施。有効回収率 2014 年度 46.7）に変更している。
10　循環型社会イニシャチブが、2008 年から 2015 年まで毎年全国の 20 歳以上の男女を対象に実施したインターネット調査。同調査は、㈱インテージのインターネットモニター 80 万人から男女別年代別に母集団構成に合わせて抽出し（国勢調査に基づいている）、有効回収数 1,000 人以上で実施している。
11　経済産業省ホームページ参照 http://warp.da.ndl.go.jp/info:ndljp/pid/8315894/www.meti.go.jp/information/publicoffer/kobo/k130722002.html
12　CFP オフセットポイント推進委員会（2014）『平成 25 年度（2013 年度）「見える化」制度連携活性化事業報告書』9頁

13　地球温暖化対策推進本部（2015）『日本の約束草案』
14　IPCC（2014）『第5次報告書』
15　地球温暖化対策推進本部（2016）『地球温暖化対策計画』6頁

第IV部

次世代フロネーシスの展開

第8章　地域イノベーションを生み出す合意形成
──多角的人材育成へのアプローチとその方法

百武ひろ子

はじめに

　地域は、イノベーションを求めている。合意形成を単に異なる意見の調整、妥協の産物と捉えるならば、「地域イノベーション」と「合意形成」は、まるで水と油のように見えるだろう。しかし合意形成を文字通り、異なる価値観を持つ人それぞれの「意」を「合」わせて「形」を「成」すものとして捉えれば、地域イノベーションを生み出すプロセスとなる。

　わたしは、地域の合意形成に貢献する「合意形成力」を身につけた人材を育成するための教育・研修活動を中高生から自治体職員、専門家に至るさまざまな人々を対象に行ってきた。

　本章では、人材育成の過程で得られた知見をベースに、地域にイノベーションを生み出す合意形成とは何か、イノベーティブな合意形成を実現するために必要な多角的な人材育成とその方法の視点を提言する。

　合意形成によるイノベーションは、合意形成に携わる一人ひとりが「具体的な状況とのかかわりのなかで動員される知的能力」であるところのフロネーシスの発揮によって、新たな価値を生み出すことに他ならない。地域イノベーションの観点から、次世代が「身につける」フロネーシスを問う。

1　いま地域に求められている「合意形成力」とは

(1)　合意形成との出会い

　わたしがはじめて「合意形成」と出会ったのは、2002年の初冬であった。

指導教官の桑子敏雄教授の「『合意形成』について研究や事業を行う NPO をつくろうと思うのだが参加しないか？」[1] という言葉から全てが始まった。

当時、わたしは市民参加のまちづくりを学ぶために留学したアメリカから帰国して、東京工業大学博士課程に入学したばかりであった。マサチューセッツ州ケープコッドのウェルフリートで市民参加型のまちづくりの企画・運営に携わるなかで、市民の参加に対する考え方や話しあいの方法が日米で大きく異なることを実感し、日本の風土にあった市民参加のあり方を模索している頃であった。

合意形成には、参加や対話だけでは実現できない力がある。対話や参加を繰り返しても、何かを決断しなければ次のステップとなる行為には結びつかない。異なる価値観を持つ人々が合意形成を実現することによって、個人や価値観を共有する小さな組織ではできなかったことが可能となる。合意形成前と合意形成後では扉が開いたように世界は変わる。が、逆に合意形成が失敗すると、せっかく灯った人々の志の炎を吹き消してしまうことにもなりかねない。

どうすれば参加者一人ひとりの潜在する力を掘り起こしながら、協働的創造につなげ、共有できる合意を見出すことができるのだろうか。わたしは、合意形成に取り組む決心をし、実践と理論を行き来しながら、創造的合意形成の方法論の構築と検証を行う道を歩みだした。

(2) 地域イノベーションと合意形成

行政と一部の専門家によって行われていたまちづくりの計画策定のプロセスに市民が参加するようになった背景には、個人の価値観の多様化と行政や専門家に対する不信がある。不透明であった意思決定プロセスは、徐々に市民に開かれるようになり、1990年代後半以降市民参加型ワークショップが全国各地で行われるようになった。

2010年代になり人口減少と高齢化がにわかに実感をともなって迫りつつあるなかで、もはや行政まかせや、一部の専門家に委ねる地域づくり、地域経営では立ち行かないことが明らかになってきた。地域課題の先端を走って

いる日本の地方都市に参照する前例はない。

　逼塞した地域の状況を打開するために、産業界のみならず地域づくりにおいてもイノベーションが求められるようになった。地域の特性を生かしながら、地域総出で、あるいは地域外の人の力も借りながら、新たな地域のあり方を模索することが急がれている。

　イノベーションは、同じ価値観のなかでは生まれない。異質な知識やアイディアが掛け合わさることによって、新たな価値が創造される。地域イノベーションのためには、積極的に異質な価値、異質な感性を求めていかなければならない。同質的な人々だけで話しあうのではなく、積極的に外部から、あるいはこれまであまりまちづくりに参加していなかった人々の参加を得ることによって異質な価値観、感性を呼び込むことがイノベーションには不可欠である。

(3) 合意形成の不要論の台頭

　異なる価値観を持った人々による創造的な合意形成が必要とされる一方で、2015年頃からまちづくりに「合意形成なんていらない」、「合意形成など時間の無駄」といった声が聞かれるようになった。行政や一部の専門家だけが行う従来型の意思決定プロセスに戻ろうということではない。それでは、どのような背景から「合意形成はいらない」という主張が出てくるのだろうか？

　合意形成不要論は、主に地域資源に新たなビジネスチャンスを見出した都市住民や地方ならではのライフスタイルに魅力を感じる比較的若い人たちが地方にIターン、Uターンしてまちおこしをしようとする際に発せられている。旧態然とした地域の合意形成プロセスは、同じような価値観を無言のうちに共有してきたコミュニティでは当たり前のことであっても、新参者にとっては到底共感できない非合理的なものに見える。結果、合意形成に膨大なエネルギーを費やされ、肝心の新事業の立ち上げが進まないという事態に直面し「合意形成などいらない」といった結論になってしまう。しかし、本当に地域に合意形成はいらないのであろうか？

⑷ 合意形成をめぐる誤解―合意のない「合意」と戦略のない合意形成

　合意形成不要論には、いくつかの根本的な問題点が含まれている。
　第一に、「合意形成」という言葉の捉え方の問題である。合意形成という言葉の捉え方は、人によってかなり異なる。わたしは、合意形成という意味をもっとも的確に表しているのは「合意形成」という言葉そのものにあると考える。冒頭でも述べたように「合意形成」を言葉通りに捉えるなら、「意」を「合」わせて、「形」を「成」すこととなる。「意」とは、音と心から成り立つ漢字であり、音（言葉）にならない心（思い）を指す。つまり、意見として提出されたものだけでなく、言葉にならない、あるいは言葉の背後にある「思い」を掬い上げてこれらを合わせることによって、（ひとつの）形を成すという行為を意味する。多数決でもなければ、少数意見の切捨てや丸め込みでもない。「合意形成」という言葉はまさに合意形成が創造的な行為であることを示している。まさにわたしがまちづくりで目指し、実践してきた「合意形成」を非常に平易な表現で示したものに他ならない。
　しかし実際には、上記の意味とはかけ離れた意味で「合意形成」が使われている。たとえば、先日このような事があった。NPO法人合意形成マネジメント協会理事長と肩書きのついた名刺を差し出すと、先方は「『合意形成』ですか？難しいですが大事なことですね」と話し始めた。「実は、わたしのところの会社で新たな制度を導入しようと思って、関係者に説明したのですが反対意見が根強くて、本当に困っています。どうすれば合意してもらえるのでしょう？合意形成のプロはこんな時どうしますか」と言われた。ここには、「意」を「合」わせるという発想はまるでない。単に意見の一致、それも自分の側からみた都合のよい意見の一致を示していることが少なくない。先にあげた合意形成不要論もまた同様の意味で使われている。合意形成が説得のプロセスになっているのである。意を合わせる過程で、自分も変わらなくてはならないことは念頭に置かれていない。これでは、「合意形成」と聞いて人々が身構えるのも無理はない。
　第二に、創造的で実りある合意形成を実現するためには、適切な設置のタイミングと適切な参加者の招集、練られたプロセスデザインが必要であると

いう認識が不足していることである。

　合意形成プロジェクトを発意する際は、本当に地域全体で合意形成を図らなければならないテーマなのか、もし合意形成を図る方がよいテーマだとしたら、どのようなメンバーに参加してもらうと有効であるのか事前の調査・計画が必要となる。個人や小グループで始めるまちおこし事業や活動のスタート時には、必ずしも地域全体の合意形成を図る必要はない。実験的に開始し、ある程度、成果をあげてから地域全体で合意形成を図ることが有効であるケースもあるだろう。

　第三に、地域のコミュニケーション特性を踏まえた創造的な合意形成プロセスに対する認識不足である。土地にずっと住んでいた人たちの立場に立つと、いきなり全く異なる価値観が入ってくることへの戸惑いや反発は容易に予想される。地域の現況も踏まえず話しあいをしても、多様な人たちが参加することの良さを生かすことはできない。運営者には異なるコミュニケーションスタイルを持った人々が建設的な意見を出し合えるような工夫が求められている。適切な時期に適切な準備を経て、適切な話しあいの運営で合意形成を行うことで、外から新たな風を吹き込む人々にとっても、昔からその土地で生活をしてきた人にとっても、納得のいくまちづくりを行うことが可能となる。

　合意形成は、企画と運営の方法によって、大きな成果をもたらすこともできるが反対に大きな失望を与えることもある。一概に合意形成が不要なのではなく、練られていない合意形成が不要なのである。

(5) 地域イノベーションと合意形成―高まる必要性と低い認識

　多様性を生かす議論は、行政や一部の専門家が集まって行う議論の方法とは当然ながら全く異なるものとなる。特に、地域イノベーションでは、参加する市民の知識、関心もバラバラで、相互の対立も想定される。どのようにすれば地域イノベーションを創出する合意形成が可能となるのだろうか？

　ハーバード大学テクノロジー起業センター初代フェローのトニー・ワーグナーは、成功するイノベーターに最も欠かせない資質として「好奇心。すな

わちいい質問をする癖と、もっと深く理解したいという欲求」「コラボレーション。これは自分とは非常に異なる見解や専門知識を持つ人の話に耳を傾け、他人から学ぶことから始まる」、「関連付けまたは統合的思考」、「行動思考と実験志向」（ワグナー 2012＝2014：26）を挙げている。

　地域において創造的な合意形成を行う場合には、上記の働きかけをファシリテーターが主導して参加者全体で試みる。すなわち、参加者に対して、あるいは参加者同士が絶えず質問を繰り返しながら、発言の背後に隠されている本質的な課題を掘り起こし、掘り起こされた一見ばらばらに見える課題や価値を統合することによって解決策を見出す。しかも、プロセスのなかで、フィールドワークや実験などを行うことによって、手や足を使いながら身体感覚を通して納得を積み重ねていく。創造的合意形成を生み出すプロセスとファシリテーターの働きかけによって、合意形成の参加者はあたかもワグナーのいうイノベーターのようにふるまうことが可能となり、合意形成は創造性豊かなものとなる。

　しかし、現実には合意形成の必要性は高まっているものの、「合意形成」という概念の共通認識すら得られていない。いわんや地域イノベーションを生み出す創造的な合意形成の設置、企画・運営の方法、マネジメントについての知識や技術となると、さらに覚束ない。合意形成を適切にマネジメントできる能力のないままに、必要性から合意形成を試みて、かえって停滞を余儀なくされている地域も多い。

　逆にいえば、地域のなかで合意形成を理解し、創造的な合意形成を企画・運営する能力を持つ人材を育成することによって、適切な合意形成を各地で実現することができれば、地域創生の推進力となる。

　本章では、地域イノベーションを生み出す合意形成を可能とするための方法を「人材育成」のあり方から提言したい。

⑹　地域の合意形成を支える人材育成─対象と人材育成のポイント

　合意形成は、合意形成プロジェクトの主催者、ファシリテーター、話しあいの参加者、参加者の議論をサポートする専門家、意思決定者、話しあいの

場には参加しないが合意形成のテーマに関心を持つ数多くのステークホルダーなど、さまざまな主体によって成立する。

このなかで、よりよい合意形成を実現するために着目されているのは、ファシリテーターの育成である。ファシリテーターは、合意形成だけではなく、市民対話や市民参加など多様な人々が話しあう際に、議論の進行を舵取りする話しあいのキーパーソンである。

ファシリテーターは、参加者の隠された思いや地域の潜在的価値を掘り起こしながら、解決策の創造へとつながる問いを参加者に問いかけることによって、ゴールとなる合意地点まで話しあいのプロセスを先導し、参加者の建設的な話しあいを支える。

ファシリテーションには、テーマやプログラムに応じた話しあいの場のデザイン、緊張を解きほぐすアイスブレーキング、参加者一人ひとりから意見を引き出すこと、話しあいの視覚化、ロジカルな話しあいのプログラムの組み立て、意見の集約、意見が対立した際や意見が出ない時の対処法等、話しあいの進行に関する基本的な考え方、技術などが含まれる。

参加型ワークショップにおけるファシリテーターの役割は非常に重要で、ファシリテーターの能力いかんで合意形成の質は大きく変わる。1990年代後半から、各地で実施されるようになった市民参加型ワークショップでファシリテーターの役割の重要性が着目されるようになって以来、ファシリテーションに関する書籍は数多く出版されている。行政やＮＰＯによる市民を対象としたファシリテーション講座等も各地で開催されるようになった。

しかし、ファシリテーターを希望する人を対象としたファシリテーション能力を高めるための機会は増加したものの講座が設置されるようになってまだ歴史が浅いこともあり、経験豊かなファシリテーターは非常に少なく、合意形成の場に優秀なファシリテーターがいることの方が稀であるという状態は変わらない。常に優秀なファシリテーターがいるとは限らない状況にもかかわらず、話しあいはファシリテーター頼みということでは地域づくりは進展しない。

さらに言うならば、創造的な合意形成を実現は、ファシリテーションだけ

では不十分である。合意形成の成否を左右する要素は、話しあいの進行だけではない。合意形成プロジェクト立ち上げのタイミング、テーマの設定、適切な参加者の想定と招集、運営チームの組織といった、合意形成プロジェクト全体の設計、プロセスデザイン、マネジメントが鍵を握る。ファシリテーターを目指す人だけではなく、より幅広い人に対して合意形成の基本的な考え方と技術を教育する機会を設けることが不可欠となる。

本章では、合意形成の参加者、合意形成プロジェクトの主催者、専門家そして創造的合意形成のマネジメント力が求められる次代の地域リーダーに焦点をあて、人材育成の視点から展望していく。

ファシリテーター以外の合意形成のキーパーソンの筆頭としてあげるのは、参加者である。参加者に話しあいの能力が欠けていることは、合意形成の進行を妨げる最も大きな要因の1つとなる。人の話を聞かないで自分の話を一方的にする人、すぐ感情的になる人、全く意見を言わない人、揚げ足とりばかりする人など、世の中には話しあいの基本マナーさえわきまえていない人は少なくない。こうした人々の参加する非生産的な会議や話しあいに出くわしたことのない人はいないだろう。

多様な価値観をもった人たちが話しあうためには、参加者はどうふるまえばいいのか、一人ひとりの参加者が十分理解し、話しあいに参加することができれば、ファシリテーターに依存しなくても、建設的な話しあいは可能となる。参加者の質は、そのまま合意形成の内容に直結する。

「話しあえない大人」をつくらないためには、子どもの頃から合意形成についての考え方、基礎技術を学ぶことが必要であるが、実際に「話しあう方法」をしっかり学んだという人に会ったことがない。本章では、中学生に対して行った合意形成の授業などを紹介しながら、「話しあえる大人」に育てるための話しあい教育のあり方を考える。

くわえて、地域イノベーションには不可欠な「働く世代」に対する合意形成教育に言及し、子どもから大人まで幅広い世代の参加者教育のあり方を提言する。

第二のキーパーソンは、地域における合意形成の必要性を認識し、プロジェクトを発意・主催する人である。合意形成プロジェクト全体の企画は、ファ

シリテーションと同様に、あるいはファシリテーション以上に合意形成の質を決定づける。本章では、特に合意形成の主催者に求められる基本フレームの設計について、その重要性と設計のポイントについて示すものとする。

　第三のキーパーソンは、専門家である。合意形成プロセスに関わる専門家には大きく2種類ある。合意形成のテーマに対して専門的見地から、意見、アドバイスを求める専門家と、ファシリテーターなどよりよい合意形成をサポートする専門家である。本章では、特に前者の専門家に焦点をあて、専門家の合意形成への参加のあり方について示すものとする。

　前述のとおり、一般市民の専門家を見る目は厳しさを増している。原発事故の発生によって、さらに不信感が増すなかで、どのようにすれば専門家を合意形成のなかで活用していくことができるのかその視点について論じることにする。

　あわせて地域づくりにおける専門家としての自治体職員の果たすべき役割についても示す。

　最後にスーパーグローバルハイスクールに通う高校生に対する調査に基づき、地域で求められるリーダー像と合意形成力の醸成について展望する。

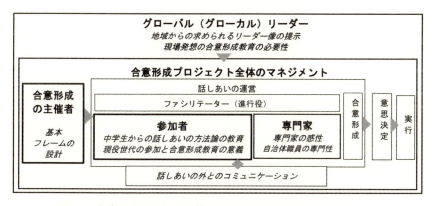

図8-1　**合意形成をめぐる主体**（太字は本章で扱う合意形成のキーパーソン）

2 話しあいで新たな価値を生み出せる「参加者」となるための合意形成教育

(1) 中学校における「話しあい」教育の現状と課題

　文部科学省の学習指導要領によれば、話しあう能力の育成は、国語教育のなかに位置づけられている。指導は小学校低学年から始まるが中学生になると「話題や方向をとらえて話し合う能力を身に付けさせる」（第一学年）（文部科学省 2009：21）、「相手の立場を尊重して話し合う能力を身に付けさせる」（第二学年）（文部科学省 2009：23）と学年が上がるごとに求められる能力がレベルアップする。三年生になるとその目標は「課題の解決に向けて話し合う能力を身に付けさせる」（文部科学省 2009：26）と合意形成を視野に入れた能力育成となる。学習指導の内容については「話し合いが効果的に展開するように進行の仕方を工夫し、課題の解決に向けて互いの考えを生かし合うこと」（文部科学省 2009：26）と説明されている。

　義務教育を通じて一貫して「話し合う能力」育成が重視されていることは以上の記述から明らかであるが上記の目標を現場の教員はどのように受け止めているのであろうか。萩中（2014：145）は、「合意形成を図る話し合いには、指導に当たる教員も習熟しておらず、指導を受けた経験もないため、指導にイメージをもちにくいと考えられる」、「合意形成を図る話し合いの指導の必要性が理論面からは喧伝されている。しかしながら、現場での意識は高まりきらず、指導実践も管見の限り少ない」と現状について述べている。

　さらに、現場での戸惑いを裏付けるのが「国語教育に関する教師の意識調査」（日本国語教育学会実施、2007）である。同調査によると、話しあいの指導に関して「上手くいっている」「だいたい上手くいっている」を選択した教師は、他の項目に比べて最も低い 13 位であった。長谷ら（2015：82）は、話しあいの授業の指導に悩む教師が多いことを示したうえで、話しあい教育の困難さの原因として、現行の教科書には「肝心の合意のプロセスや司会者が目標に向かってどのように先の見通しを持ち、話合いを進めていくか、また実際の話合いの中で計画を修正していくかなどの事例」が収められていない

ことを挙げている。

　つまり、国語教育では「話しあう能力」を重視し、段階的な修得目標が示され、話しあう機会自体を数多く設けてきたものの、肝心の話しあいの方法については、適切な教材がなく、指導方法も確立されてこなかった。

　わたしが合意形成の授業で出会った中学生のなかにも、建設的な話しあいの方法について学んだことのある生徒は一人もいなかった。生徒たちに、クラス内での話しあいに対する印象を聞くと「どうせ多数決だから少数意見をだしても無駄」、「小学生の時、話しあいの最初に全員立たされて意見を言うと座れるが意見を言わないといつまでも立たされていた。その経験から話しあいが嫌いになった」という答えがかえってきた。

　生徒たちには、時に対立があったとしても、辛抱強く話しあうことによって最後に大きな成果を得て達成感を感じたという体験が乏しい。わくわくするような創造的な話しあいを体験していない生徒にとって、「話しあいは面倒なもの」であり、「できれば避けたい」ものとなってしまう。

　単に話しあいの機会を増やすだけでは、話しあう力は育たない。建設的な話しあいをするための基本的な考え方と技術を体系的かつ実践的に学ぶことによって、工夫して話しあうモチベーションが生まれ、話しあう力が養成される。話しあいの方法論を指導するための教材開発と話しあいを指導する教員に対する指導法の研修機会の拡充が急務である。

⑵　道徳教育における「合意形成」―実践する道徳としての「話しあい」の方法を学ぶ

　わたしが関わったある中学校は、国語ではなく道徳の時間のなかで、合意形成の授業を行った。なぜ、道徳の授業と合意形成がつながるのか。合意形成を「道徳」として学ぶことの意味を考えると合意形成の思想がよくわかる。

　文部科学省が示している中学校の道徳の指導要領をみると、道徳の時間を要として学校の教育活動全体を通じて行う道徳教育の内容は①「主として自分自身に関すること」、②「主として他の人とのかかわりに関すること」、③「主として自然や崇高なものとのかかわりに関すること」、④「主として集団

や社会とのかかわりに関すること」(文部科学省2009：112-113)の4つのカテゴリーに分けて示されている。4つのカテゴリーのなかで特に②「主として他の人とのかかわりに関すること」の「それぞれの個性や立場を尊重し、いろいろなものの見方や考え方があることを理解して、寛容の心をもち謙虚に他に学ぶ」は、そのまま合意形成を行う際に求められる姿勢につながる。そのほかにも、同カテゴリーの「時と場に応じた適切な言動」、「他の人々に対し思いやりの心を持つ」も合意形成を実現するための基礎となる。

さらに、本指導要領によると、道徳教育の目標を、「道徳的価値及びそれに基づいた人間としての生き方についての自覚を深め、道徳的実践力を育成するもの」と記述していることから道徳価値を認識するだけではなく、実際に実践できる力を持つことを重視していることがわかる。

しかしながら、実際には松本(松本2014：17-125)の指摘するように、道徳教育について「従来までの道徳教育の授業実践において中心的な教材として用いられてきたのは、何と言っても『読み物』であり、それが心情主義的、心理主義的傾向への批判、とりわけ実際の道徳的行為に結びつきにくいといった様々な批判を生む状況をつくっている。

話しあいの方法を学習することは、話しあいの仕方の基本的な考え方を理解するのみではなく、具体的にその考え方をどのように実行に移せばいいのかその技術を学びトレーニングすることに他ならない。

わたしが実施した合意形成の授業では、生徒が体験した「いい話しあい、悪い話しあい」の例を付箋にかいてもらい、クラスで共有した。生徒たちは、話しあいにも「いい話しあい」と「悪い話しあい」があることを意識し、「いい話しあい」がどうしてよかったのか、その理由について考える。一人の生徒は「いい話しあいだと思うのは、みんな、人の意見をちゃんと聞きながら話しをすることができた話しあい」と答えた。この答えを受けて「どうすれば話をよく聞くことになるのか」と問いかけると、生徒たちから「ちゃんとうなづいて聞いているということを伝えるのが大事」、「聞いたことに対して質問をすると受け止めてくれたと感じる」、「黒板に意見を書くと、聞いてくれていることがわかる」といった「聞いている」ことを相手に伝える具体

なアイディアが出された。いい話しあいとは何かを考えるなかで「人の話を聞きましょう」といった道徳価値を認識するだけではなく、「人の話を聞く」ことを効果的に実践する具体的な方法を「いい話しあい」を考えるなかで自ら発見するのである。

本授業では、「少数意見を大切にするには」、「シャイであまり自分の考えを言わない人にどのように抵抗なく話をしてもらえるか」といったことについても、精神論ではなく、すぐに行動に移すことのできる「使える技術」として学んだ。話しあいでのふるまいを意識することによって、道徳的価値を知識として知るだけではなく、行動として表現することが可能となる。

道徳の授業では、「いじめ」問題をどう解決するかは大きな課題となっている。いじめとも密接にかかわる学校内での「同調圧力」は、異なる価値観との向き合い方を知らないことにも要因がある。合意形成の方法を学ぶことによって多様な価値を排除するのではなく、プラスに生かす具体的な方法を、知ることができる。自分とは異なる価値観を持つ人と話しあう方法を学ぶことは、異質な価値とぶつかることによって新たな価値を見出すイノベーションを起こす人材を育てる土壌をつくる。

(3) **働く世代の地域づくり参加の促進の必要性**

地域におけるイノベーションを実現するために不可欠なのが企業、あるいは企業人の合意形成への参加である。まちづくりの話しあいに参加する市民として圧倒的に多いのは、リタイア後の高齢者であり、20代から50代までの働く世代の参加は非常に少ない。高齢者に限らず、ある特定の年齢や立場の人に限られた参加者のみの合意形成では、地域に潜在する多様な価値を引き出し、異なる角度から練り上げることは難しい。若者、子育て中、働き盛りの人々の新しいアイディアや価値観を取り込みながら、人材の多様性を確保していくことは、イノベーションを起こすための条件である。働く世代が日々の業務のなかで得られる情報や知識、ノウハウ、ビジネスの視点は、まちづくりに是非生かしたい要素でもある。

20代から50代の働きざかりの市民を呼び込もうと、合意形成の開催時刻

を平日の夜にしたり、週末に設定するなど工夫をしているものの、仕事や家庭で多忙を極める現役世代の参加を得ることは難しい。高齢化が進展するなかで、貴重になりつつある現役世代の戦力をまちづくりに生かせないのは、地域にとって大きな損失である。

　一方、企業が全くまちづくりに関心がないかというとそうではない。企業の社会的責任（CSR）の一環で、各企業は環境保全や震災復興、福祉支援等さまざまな分野で地域づくりを行っている。地域に着目することで、新たなビジネスチャンスを見出す企業も増加している。

　しかし、企業が地域づくりに関わる場合、企業が企画したプログラムに市民がゲストとして参加するということが一般的で、市民、地域の事業者、行政そして企業がフラットな立場で1つのテーブルについて合意形成を図りながらまちづくりを実施するケースは少ない。たとえば、企業が企画した里山の植樹イベントに市民がボランティアとして参加するといった形式が主であり、市民、企業、行政が一つのテーブルについて、地域の将来について議論を交わし、ともに計画づくりを行うといったケースは稀である。

　企業側にとって、社員が地域イノベーションを生む合意形成の手法を学ぶことは、社会貢献という側面以外にも、市民との対話を通して、ビジネス発想で地域の潜在資源を引き出す経験と技術を獲得する機会を得るという意味においても十分意義がある。

(4) 合意形成を学ぶことで普段のコミュニケーションも変わる

　2015年、わたしは全国9箇所で建設業界の人々を対象に、「合意形成で解くコミュニケーション」（主催：一般社団法人現場技術土木施工管理技士会）と題したスキルアップ講習会で講演した。建設業界は、厳しい労働環境を嫌う若者の入職が減少し、急速に高齢化が進んでいることが課題となっている。若者の建設離れの理由には、若者の就職先に求める条件との不一致もさることながら、業界全体に対するイメージの悪さが響いている。ハコモノ行政への不信感、談合や施工ミス、構造データの改ざん事件などマイナス面がクローズアップされることが多く、震災復興の際に果たした地元の建設業界の地域貢

献など良い面はあまり伝わっていない。就職先を選ぶうえで「社会や人から感謝される仕事」であることに重きをおく現代の若者[2]にとって、地域社会における貢献が実感できない建設業に魅力を感じないのは当然であろう。

本来、建設業は、地域づくりの中核を担う産業である。建設業者との視点から地域の将来のまちづくりについて地域住民と直接語りあう機会を持つことは、建設業にとっても地域にとっても有意義であるはずだがこれまでにこうした取りくみはほとんど行われてこなかった。しかし、建設業と地域の関係性に変化の兆しが見え始めている。桑子らが佐渡で携わる「市民工事」[3]のように、地域の建設会社と地域住民が一緒に公共工事を行うといった新たな試みは、まさにその嚆矢といえる。

建設業界は、地域のなかでの建設業の役割を地域住民との協働を通して新たに見出すことによって活路を開くことができる。協働を行うためには、同質的な企業の中で閉じていたコミュニケーションのあり方を再考する必要がある。

以上の問題認識を背景に、建設業界の一人ひとりのコミュニケーション力を高めるために実施したのが上記の講演である。合意形成でファシリテーターが用いるコミュニケーション手法は、会議やワークショップの際のみならず、一対一を含む、普段のコミュニケーションを改善するヒントを内包している。すなわち「話しがしやすい環境づくりの大切さ」、「話すこと以上に聞くことを重視すること」、「自分と違う意見の場合、否定から入らない」、「話を可視化する」といったポイントは、日常のコミュニケーションの向上にも生かすことができる。

合意形成をヒントにしたコミュニケーションの特徴は、話し手聞き手双方が協力して、コミュニケーションを成立させる点にある。しかも、話しあいや合意形成の方法論へと発展することが可能である。次頁の**図 8-2** に、建設業と地域住民とのコミュニケーションの段階を示したが同様のアプローチは、建設業以外の企業でも取り入れられるはずである。地域での合意形成を射程に入れながら、日常のコミュニケーション力の向上を図るところから段階的に合意形成を学ぶことも有効な方法であると考える。

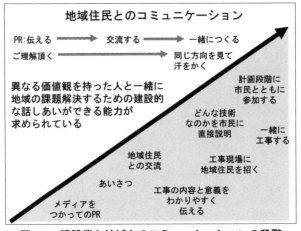

図8-2　建設業と地域とのコミュニケーションの段階

3　合意形成プロジェクトの主催者に求められる役割

(1)　住民説明会と市民参加型合意形成の違い

　自治体の職員は、言うまでもなく地域づくりに直接関わる重要なプレイヤーである。地域づくりのプロジェクトは、自治体が主催者として、あるいは呼びかけ人として合意形成がスタートするケースが多い。

　自治体が複数の市民から直接意見を聞く場として真っ先に挙げられるのは住民説明会である。住民説明会は、その名のとおり行政が策定した「たたき台」となる案を住民に説明するための会である。住民説明会では、行政が主体となって、案をつくりこれに対して意見を聞くというスタイルをとる。住民側からよい意見、すなわち行政が反映すべきだと考えた意見が提出された場合は計画に反映することもあるが行政側の意図と異なる意見が出た場合は行政側は計画についてさらに詳しく説明し、住民の理解を得られるように努力する。だが、たたき台となる計画案の骨格を変えるような意見に対応することは難しい。

　計画案を行政やコンサルタント等の専門家を加えた事務局で作成した計画

案に対して意見を求めるというスタイルは、住民説明会だけではなく、自治体が設置する委員会や審議会などでも導入されている。パブリックコメントもまたこうした仕組みの制度である。

　一方、市民参加型合意形成プロセスは根本から違う。基本的にたたき台はつくらない。参加者としての市民が主体となって、行政とともに自治体によって提示されたテーマに対して、課題発見から課題解決までの一連のプロセスのなかでお互いに納得のいく合意を見出していく。

　住民説明会では、行政が「説明する側」、市民が「説明を受ける側」、あるいは市民が「質問をする側」、行政が「返答する側」という固定した役割で、かつ向き合った関係性であるのに対して、合意形成では、行政、住民、専門家が同じゴールを見据えながら、課題の発見から解決案の策定まで協働で行う。

　住民説明会型のコミュニケーションスタイルに慣れてしまっている自治体職員にとって、合意形成型のコミュニケーションスタイルに転換することは、思った以上に難しい。表面的に手法としてワークショップを行っても本質的に住民説明会と変わらなければ、参加者である市民の行政に対する信頼関係を損ねてしまうことにもなりかねない。合意形成の場設置者、特に自治体職員が合意形成を始めようとする際には、まずこの違いを十分に認識する必要がある。

⑵　合意形成プロジェクトの基本フレームの設計

　合意形成というと、「話しあい」をどう進行するかに注目が集まるが話しあいの運営と同じように、むしろそれ以上に重要なのが「話しあい」前に行う基本フレームの設計である。基本フレームの設計は、合意形成プロジェクトの主催者の重要な役割である。地域における合意形成プロジェクトの主催者となるのは、必ずしも行政とは限らないが合意形成プロジェクトを立ち上げる可能性が高い自治体職員には、特に合意形成の基本フレーム設計の意義と設計内容について理解しておいて欲しい。仮に自治体以外の主体が合意形成を行う場合においても合意形成プロジェクトの進め方について適切なアド

バイスができれば、地域における合意形成を後押しする力となる。

　基本フレームには①合意形成を行う意義、②解決すべき課題、③アウトプットイメージ、④合意後の手続き、⑤運営チームの結成、⑥テーマ、⑦ステークホルダー分析、⑧参加者の想定、⑨合意形成のプロセスデザイン、⑩話しあいに参加していないステークホルダーとのコミュニケーション方法の検討といった要素が含まれる。

　①合意形成の意義とは、「なぜ市民を招いて合意形成を行う必要があるのか」ことを明らかにすることを指す。なぜ合意形成を行うのか、合意形成を行う意義を確認しないまま、「いまどきは、市民に参加してもらうものだから」、「あとで文句を言われないようにするため」といった曖昧な理由で合意形成プロジェクトを見切り発車する例は少なくない。それでは合意形成が単なるアリバイづくりになってしまう可能性が高い。

　自治体職員の研修で「なぜ市民に参加してもらうのか？」「具体的にどのようなことを期待して市民が参加してもらうのか」と職員に問うと、言葉につまる人が多い。合意形成プロジェクトには、相当のエネルギーとコストがかかる。何のために市民を集めて合意形成プロジェクトを行うのか、行政や専門家ではなく市民が参加することで可能になる話しあいとは何かを明確にしておくことによって、話しあいの場に来てもらいたい参加者や、話しあいの進め方の方針も自ずと明らかになる。主催者が市民参加型合意形成という手法をとる理由を参加者にあるいは地域全体に対してしっかりと伝えることは合意形成の参加者の参加のモチベーションと主体性を高めることになる。

　②解決すべき課題は、合意形成を発意した理由となる主催者側の問題認識である。合意形成の過程でより本質的な課題が見えてくることもあるが出発点として解決すべき課題を示すことは主催者の責任である。

　③アウトプットイメージは、最終的な合意の形式のことを指す。たとえば、最終的な合意は、基本方針なのか、具体的な計画内容までつくるのか、デザインに落とし込むのかといった形式を示す。

　④「合意後の手続き」とは、話しあった成果がどのように実行に移されるのかを明確にしておくことである。話しあいの結果、合意に至っても、必ず

しもその合意がそのまま実行されるとは限らない。単なる意思決定の際に参照する一要素として扱われるのか、合意がそのまま意思決定として実行に移されるのかあらかじめ明確にしておく必要がある。参加者が合意形成に失望するのは、せっかく労力をかけてつくった合意がそのまま放置され、うやむやにされることである。合意後どのようなプロセスを経て意思決定されるのか、誰がどのように合意内容を実行に移すのか、話しあいを始める前に、参加者とともに確認、共有しておく必要がある。合意の実効力を高めるためには、合意形成プロセスの透明性と妥当性を話しあいの過程から積極的に内外に発信していくことも重要である。透明性と妥当性のある合意形成プロセスを経て得られた合意と異なる決定をする場合は、当然相当の説明責任が生じることになる。

⑥「テーマ」、⑦「ステークホルダー分析」、⑧「参加者の想定」、⑨「合意形成のプロセスデザイン」は、運営チームと共に計画する事項である。経験豊かなファシリテーターを中心に設定することが望ましい項目である。

⑥テーマは、参加者募集の際に使うタイトルで、どのようなテーマで話しあいをするのかを端的に示したものである。わかりやすさだけではなく、話しあいに参加したくなるようなタイトルである必要がある。タイトルのつけ方は案外難しい。よく陥りがちな失敗例として「〇〇は是か非か」といったタイトルがある。これでは、対立構造を初めからつくってしまうことになる。「〇〇公園の改修に関して」、「コミュニティカフェについてのワークショップ」といったようにテーマだけが示され、何をするのかがわからないタイトルにも問題がある。漠然としたテーマしか示されていないタイトルでは、参加者もただ感想を言えばいい場なのかと勘違いしてしまう。一緒につくっていくというモチベーションを高めるためには、何を目的に何を創造する場であるか示すタイトルでなくてはならない。

テーマと目標（アウトプットイメージ）が定まったところで、直接および間接的な利害関係者（ステークホルダー）を洗い出し、それぞれのステークホルダーがこのテーマについてどのような利害、関心を持っているかを想定するステークホルダー分析を行う。綿密なステークホルダー分析を行うこ

とによって、話しあいに参加してもらうべき人たちが浮かび上がってくる。

どのような解決策を導き出すことができるのかは、参加者によって決定づけられるといっても過言ではない。直接利害関係者だけではなく、直接は関係しないが関心のある市民、最初から明確な意見を持っているわけではないが客観的に話しあいの内容を見ながら意見をつくっていける人たちが参加することで対立にエネルギーを奪われずに建設的な話しあいが可能となる。

特に、地域イノベーションを目的にした合意形成を行う場合には、異質な価値観を持った人々を積極的に参加者に加えることによって、新たな価値の創出を促すよう配慮することが求められる。

⑩話しあいに参加していないステークホルダーとのコミュニケーションについて補足する。いくら多様な人々を数多く招集したとしても、間接的利害関係者も含めた全体のステークホルダーの数からみたら、話しあいの場に参加する参加者の数は圧倒的に少ない。話しあいの場での合意を地域全体の合意とするためには、話しあいの場に参加しない不特定多数のステークホルダーとのコミュニケーションを合意形成プロセスのスタートの段階から行う必要がある。プロセスの節目のマイルストーンというべき「小さな合意」をこまめに情報発信し、意見を外部から積極的に求め、集まった意見を話しあいの俎上にのせる。さらに話しあった結果をフィードバックし、話しあいの内外との交流を図ることで、話しあいを客観視しつつ、社会的合意をつくっていく。

特に対立や反対が起こる可能性の高いテーマに対しては、きめ細かく外とのコミュニケーションを図っていくことが不可欠である。以前、ごみの資源化施設の建設候補地を選定する委員に携わった時も、パブリックコメントの実施だけではなく、市全域の各地区を周って意見交換会を実施し、直接市民と対話しながら、そこで得た意見を踏まえた議論を行った。このようなきめの細かい市民との対話は、特に激しい反対が予想される合意形成において不可欠である。

以上、基本フレームの設計の主な項目と設計のポイントを示した。前述のとおり、基本フレームの設計は、その後の合意形成の質を左右する重要なス

テップであり、設計には合意形成プロジェクトに対する理解が不可欠である。しかし、自治体職員だけでなく、話しあいの運営をリードするファシリテーターにおいても基本フレーム設計の重要性が十分認識されているとは言い難い。納得のいく合意形成を実現するためにも、基本フレームの設計についての研修・教育を拡充していくことが今後の課題となる。

(3) 合意形成の主催者がファシリテーションを学ぶ意義

合意形成プロジェクトの主催者は、合意形成プロセスに対する理解を深めるために、ファシリテーションの基礎知識と技術を兼ね備えておきたい。ファシリテーションの素養を持つことによって、ファシリテーターを臨機応変にサポートすることもでき、効果的な協力関係を結ぶことができる。また、前述の合意形成プロジェクトの基本フレームの設計にもファシリテーションの知識や感覚を生かすことができる。さらに、適切なファシリテーターを外部から調達することができない時に、自らファシリテーターを行うことも可能となる。

2016年1月から3月まで、3回にわたって徳島県三好市箸蔵地区を対象に三好市で当時策定中であった「人口ビジョン」「総合戦略」を踏まえ、箸蔵地区の将来ビジョンづくりのためのワークショップを実施した。わたしは、ワークショップ全体のプロセスデザインおよびファシリテーションを行ったのだがこの機会に三好市の有志若手職員を対象に合意形成研修もあわせて実施することとなった。

各回のワークショップが始まる直前に、職員に対して合意形成に関する基礎的な考え方、具体的な方法について研修を行った。その後、職員たちはワークショップの一回目には参加者として参加し、二回目、三回目はグループのファシリテーターに挑戦した。市民の前でファシリテーションを行うということもあって、事前の研修にも熱が入る。「議論が停滞した時どうするのか」、「一人の人の意見が強くて他の人が意見を言いづらい状況に陥っている」、「話をどう展開していいかわからない」といった職員から投げかけられる質問からは現場の緊張感、切迫感が伝わってくる。自身がファシリテーションを体

験したことで、合意形成全体のプロセスデザインの重要性も体感することになった。幸いにも市民参加者は、市の若手職員の初めてのファシリテーションの挑戦を快く受け入れ、温かい目で見守ってくれた。

3回のワークショップを経て有志若手職員は、以降は自分達で積極的にこうした市民参加型合意形成の場づくりとファシリテーションをチームとして取り組み、経験を積んでいきたいと抱負を語った。合意形成の現場は、合意形成力を身につける最高の学校である。自治体職員に限らず合意形成力をつけたいと思う人をまちづくりの現場に迎え入れることで、まちとひとをあわせて育てて欲しい。

図8-3 市民参加者の前でグループファシリテーター、
ファシリテーショングラフィックを行う三好市職員

4 市民を生かす専門家を育てる

(1) 専門家と市民は感性も異なる

2020年に開催される東京オリンピック、パラリンピックのエンブレム白紙撤回の話題に日本中が大きく反応したのは2015年のことであった。同年、同様に国立競技場の案も白紙撤回になった。国立競技場では、コストや規模

だけではなく、その特異なデザインについても建築界のみならず国民を巻き込む議論が巻き起こった。いずれの場合も、厳しい条件をつけた限られた専門家を対象としたデザインコンペで案が選ばれた。案を選ぶのは、建築やデザインといった専門分野の専門家である。

専門家の選んだ案に対して、ネットを中心に、多くの批判的な声があがり、専門家の視点、感性と一般市民の感性のずれを浮き彫りにした。デザインという視覚で判断できるものだけにその差は一目瞭然である。

しかし専門家と一般市民が参加する合意形成の過程では、専門家と一般市民の差は専門知識や専門技術では比較的認識しやすいが専門家ならではの感性と一般市民の感性の差は専門家自身が無自覚であることが多いため認識することが難しい。

わたしは、以前一般的に「いい景観」と個人的に「好きな景観」、一般的に「悪い景観」と個人的に「嫌いな景観」の違いに着目した研究を実施した。その結果、一般的には「いい景観」だと思うが個人的には「あまり好きではない景観」や一般的には「悪い景観」だと思うが個人的には「好きな景観」が存在することがわかった。ここでいう「いい」あるいは「悪い」といった景観の価値判断は、主に専門家によって形成された価値判断と一致する。一般的に「いい景観」とは、「調和がとれている」、「整然としている」、「緑が多い」、「季節感がある」といったように視覚的に捉えられる景観が多い一方で、好きな景観は「ほっとする」、「懐かしい」、「涼しげ」といったように身体感覚全体を使って捉える形容詞で表現される傾向にあるといった違いがあることが研究の結果導きだされた。本研究でわたしは、「一般的な」価値判断に抑圧されがちな「好き」「嫌い」という個人の価値判断を景観に関する議論に生かすための視点を提示した。

合意形成の場における専門家の役割とは、専門知識を適切なタイミングでインプットすることであると捉えられがちであるが実際には客観的な専門知識だけではなく、専門家特有の感性もインプットされることを認識しておくべきである。

くわえて、専門家個人の価値観も専門家の発言内容、発言の仕方、タイミ

ングにおいて、意識的にあるいは無意識のうちに滑り込んでくる。「発言しない」という行為にも専門家の価値判断が含まれてしまう。専門家の主観を排除するのは、事実上不可能である。重要なことは、専門家特有の感性、専門家個人の価値観が発言に含まれる事を前提にし、専門家の発言を鵜呑みにするのではなく、「なぜそう発言するのか」その理由を丁寧に掘り下げながら、専門家と市民のお互いの感性や価値観の違いを共有することにある。

　まちづくりに関して、市民は地域について外部専門家以上に多くの情報を持つ「地域の専門家」ともいえる。延藤は、専門家の持つ「専門知」と対比して、市民に潜在しているこうした知を「生活知」と呼ぶ（延藤、2003：177）。一般化できない地域課題の解決には市民の「生活知」と専門知をうまくつなげ生かしあうことが理想であるがまだその方法論は確立されていない。専門分野やテーマによっても、専門知をどう生かすかは異なるであろう。

　特に地域イノベーションを目的とした合意形成では、これまで合意形成の場に参画したことのない専門家にも参加が求められる可能性が高い。「市民知」を生かす専門家の合意形成への参画のあり方をさらに模索していく必要がある。

(2) 専門家としての自治体職員の役割

　市民参加型の合意形成は、主体は市民なので、自治体職員が発言するのはよくないといった考えから自治体職員が話しあいに参加せず遠巻きに見ていたり、黒子に徹する態度を示す場合がある。だが、わたしはこのような態度に対して疑問を感じる。

　自治体職員には、市民がなかなか持ち得ない視点として、全市的あるいはより広域的視点や長期的な視点、上位計画や関連する政策との整合性という視点、当該テーマの専門家、法律の専門家としての視点などを持っているはずである。こうした視点を加えることによって、よりよい解決策づくりをアシストする役割を認識してほしい。まちづくりなど公のことをテーマにする際、話しあいの参加者だけが納得できる合意であればいいというものではない。

「自治体職員が発言するとそれが自治体の公式見解と捉えられるから話したくない」という自治体職員もいるが公式見解や事実と個人の見解を分けて話せば問題はない。むしろ、後々問題が起こることを承知しているのに、発言しないことによるマイナス面の方が大きい。自らの自治体職員としての専門性を自覚したうえで、議論に有意義なインプットをもたらすことが求められている。

5 地域リーダーと合意形成力

⑴ ＳＧＨ高校生の考える将来のリーダー像

　最後に合意形成教育の意義を、将来のグローバルリーダー養成という視点から考えてみたい。平成26年1月に文部科学省は、「高等学校等におけるグローバルリーダー育成に資する教育を通して、生徒の社会課題に対する関心と深い教養、コミュニケーション能力、問題解決力等の国際的素養を身に付け、もって、将来、国際的に活躍できるグローバル・リーダーの育成を図ること」を目的として「スーパーグローバルハイスクール（以降、SGHと呼ぶ）事業」をスタートさせた。平成28年現在、全国で123校がSGHに指定されている。SGHでは、それぞれの学校の特徴を生かし多様なグローバルリーダー像を描き、個性的なリーダー育成を行っている。これらの高校のなかには、「地域貢献から世界の社会課題解決を目指す『田中正造型』グローバルリーダーの育成（栃木県立佐野高等学校）」、「『食を活かした地域創生』をテーマにしたグローバル人材の育成」（高知県立高知西高等学校）、「離島発 グローバルな地域創生を実現する『グローカル人材』の育成」（島根県立隠岐島前高等学校）といったように地域創生、地域貢献、地域づくりをテーマにしたグローバルリーダーあるいはグローカルリーダー育成を目指す高校もある。

　わたしは、2016年の夏SGHに指定されている愛知県旭丘高等学校より依頼を受けて、同校および東海・北陸のSGHに通う高校生、留学生を対象とした「高山グローバル・サマー・フェスタ」のなかで合意形成の授業を行った。授業後に、本フェスタに参加した生徒およびその他の旭丘高校の生徒たちに

実施した「グローバルリーダーに関する意識調査」[4] の結果のなかで特に興味をひいた質問は「あなたは将来グローバルリーダーになりたいですか？」と「あなたが社会で活躍する時代のグローバルリーダーはどうなっているでしょうか？」に対する回答であった。

前者の「将来グローバルリーダーになりたいか」という質問に対して、最も多かったのは「現時点では全くわからない」で、次いで多かったのは、「どちらかといえばグローバルリーダーをサポートする役割を担いたい」であった。将来グローバルリーダーになりたいと回答したのは、全体の20.6％にとどまった。

後者の「あなたが社会で活躍する時代のグローバルリーダーはどうなっているでしょうか？」という質問に対しては、グローバルリーダー像の回答と同様に、「全く想像がつかない」、「ほとんど変わらないと思う」、「多少異なっている部分もあると思う」がほぼ同数で拮抗する結果が出た。「かなり異なっていると思う」と回答したのは回答者の7％だった。グローバルリーダーのイメージを模索している生徒たちの姿がこれらの回答からうかがえる。

さらに興味深いのは、異なっていると回答した人の書いている内容で、「表立ってリーダーシップをとらずにサポートする点」、「自分の意見を押し通すのではなく柔軟な思考がいる」、「他人との協力がより重視される」、「グローバル化は進めるものではなくなってリーダーも進める役ではなくなる」といったように、従来の「ひっぱっていく」型のリーダーが将来は「支える」「協力を促す」タイプのリーダーに変わっていくことを予想する生徒が複数見られた。また、生徒たちのなかには「さまざまなタイプのグローバルリーダーがある」、「いろいろな分野でのグローバルリーダー」といったグローバルリーダーそのものの多様化を予測する意見もあった。

これからのグローバルリーダーにとっての大事な能力・素質として半数以上の生徒が「コミュニケーション能力」を挙げ、他を圧倒しているものの、目指すべきグローバルリーダー像についてまだ明確に描けていないため、語学力以外に具体的にどのようなコミュニケーション能力を身につけていけばいいのか目標は定まっていないという現状が浮きぼりになった。

(2) 地域社会が求めるリーダー像と合意形成力

　生徒たちが将来のリーダー像を描くためには、もっと積極的に地域社会の側からの働きかけを行う必要がある。わたしも参加した前述のSGHプログラム「高山グローバル・サマー・フェスタ」では、さまざまな分野の第一線で活躍するリーダー達から直接話を聞く機会を設けている。講義後のリフレクションシートから、実際にリーダーの話を聞いて刺激を受けることで、曖昧だったリーダー像を描くためのヒントを得ていることがわかる。

　桑子の言葉を借りれば、地域づくりのリーダーとは、地域において「コミュニケーション空間を設営し、議論を醸成して、高い価値判断と意思決定を導くことのできる能力」（桑子2003：143）を持つ人を指す。地域におけるコミュニケーション空間をどのように設営し、議論を醸成することが求められているか、まちづくりの現場からより積極的に未来のグローバルリーダーに語りかける必要がある。

　合意形成教育もまた、地域との接続が不可欠である。合意形成教育は、教育の内容とともに、誰が合意形成を教えるかということも重要な視点となる。合意形成は、理論だけでは教えることはできない。よりよい合意形成を実施するためには、豊富な経験に裏打ちされた心構えや技術が求められている。「自分と異なる価値を受け入れるとはどういったことか」、「議論が行きづまった時どのようにすればいいのか」は、実際の合意形成の場に立って、多様な価値観の人々に日々接していないと自信を持って伝えることはできない。

　地域で合意形成の企画運営を行う経験豊かな専門家が高校の教員とともに授業のプログラムづくりから関わったうえで、実際の授業での指導にも携わることは有効であると考える。

　また生徒自身が地域の合意形成に参加することができれば、さまざまな対立や意見の違いを乗り越えて、新たな解決策を見出した時の喜びや合意が社会に与えるインパクトも実感することができ、合意形成力を身につけるモチベーションを高めることにつながる。

　地域における合意形成の具体例を学ぶことによって、今、地域で、あるいは世界で起きている課題について理解を深めこれらの課題解決に主体的に関

わるリーダーとリーダーに求められるコミュニケーション能力を生徒自らが見出すことが可能となる。

図 8-4　高山フェスタで「若者ができる若者が選挙にいくための方策」を話しあう SGH の高校生と留学生

6　イノベーションを生む合意形成の多層ネットワーク
―平和構築の方法論を世界に発信する次世代リーダーの育成

　本章では、地域づくりに求められるイノベーションを生むための合意形成について、参加者教育という観点から小中学生、働く世代の大人たちに対する教育のあり方、合意形成プロジェクトの主催者としての自治体職員の役割、専門家、地域であるいは世界で将来のリーダーを目指す高校生のための合意形成教育など多角的に合意形成人材の育成の視点と課題を論じてきた。合意形成には、多様な価値観を持った人々が不可欠である。異なる主体によって生み出される、多彩なイノベーションが積み重なって、地域に新たな価値を生み出す文化の土壌となる。
　地域の文化の基層にあるのが平和である。しかし現実の世界は、寛容さを失い、自らとは異なる価値観を受け入れることを拒否する動きが加速してい

る。不寛容は、世界各地で紛争や対立、暴力の連鎖を生み、平和を危機にさらしている。

　異なる価値観の存在を認めたうえで、その違いを尊重しながら新たな価値を生み出す合意形成力は、不寛容の闇を生き抜き、望む未来を選択するための思慮深さ、すなわち次代のフロネーシスそのものである。

　合意形成力というフロネーシスを身につけた次世代リーダーの育成を通じて、地域にイノベーションを起こすとともに、合意形成による平和構築の方法論を世界に問い続けていくことがわたしに与えられた使命である。地域の合意形成で鍛えられたリーダーが平和都市広島で合意形成教育に携わるリーダーになることを夢見て。

注

1　このNPOは、NPO法人合意形成マネジメント協会として桑子敏雄教授を理事長として2002年に発足した。2007年以降は筆者が2代目理事長となり活動を続けている。http://gouikeisei.net/
2　2014年度新入社員2,203人を対象にしたアンケートで「仕事についてのあなたの考えや希望についてお聞きします」という質問に対して「社会や人から感謝される仕事がしたい」と答えた人が最も多かった（95.7％）。2010年から1位となっている。日本生産性本部・日本経済青年協議会　平成26年度「働くことの意識」調査より
3　佐渡島での「市民工事」の取り組みは、第4章豊田光世「地球環境ガバナンスの実践」を参照のこと。
4　本調査は、旭丘高校の生徒および「高山グローバル・サマー・フェスタ」に参加した他の東海・北陸地区のSGH高（名城大学附属高等学校、三重県立四日市高等学校、富山県立高岡高等学校、およびSGHアソシエイト高の岐阜県の私立高山西高等学校）の高校生153名を対象に2016年に筆者が実施した調査である。

参考文献

秋元律郎（1990）；『中間集団としての町内会』倉沢進・秋元律郎編：町内会と地域集団、ミネルヴァ書房

岩崎正弥・高野孝子（2010）；『場の教育「土地に根ざす学び」の水脈』、農山漁村文化協会

延藤安弘（2003）；『トラブルをエネルギーにする対立を対話に変える物語性のデザイン』日本建築学会意味のデザイン小委員会編：対話による建築・まち育て、

学芸出版社
木下斉（2015）;『稼ぐまちが地方を変える　誰も言わなかった10の鉄則』、NHK出版新書
桑子敏雄（2003）;『理想と決断　哲学の新しい冒険』、日本放送出版協会
桑子敏雄（2016）;『社会的合意形成のプロジェクトマネジメント』、コロナ社
高橋勇悦（2009）;『地域社会の新しい「共同」とリーダー』;高橋勇悦・内藤辰美編；地域社会の新しい＜共同＞とリーダー、恒星社厚生閣
武石彰・青島矢一・軽部大（2012）;『イノベーションの理由』、有斐閣
萩中奈穂美（2014）;『合意形成を図る話し合いの指導実践』、全国大学国語教育学会発表要旨集127
長谷浩也・村松賢一（2015）;『合意を目指した話合い教材に関する研究』、環太平洋大学研究紀要（9）
百武ひろ子（2006）;『公共的空間形成プロセスの研究』、学位論文
百武ひろ子（2010）;『「良好な」景観と「好きな」景観の相違』、日本感性工学会感性哲学部会編；感性哲学、東信堂
松岡侑介（2014）;『道徳教育における「実体験」による「道徳的実践」の実質化：「読み物」資料の批判的検討を通じて（「教科化」の時代に道徳教育を考える―教育内容と指導方法の観点から―，課題研究1)』、教育學雑誌（50）
文部科学省（2009）;『中学校学習指導要領』、東山書房
ワグナー・トニー（2014＝藤原朝子）;『未来のイノベーターはどう育つか』、英治出版

第 9 章　医療現場の倫理リスクと合意形成教育
——意思決定支援の根幹

吉武久美子

はじめに

　医療の合意形成教育は、現場で多様化する関係者の価値観とそのマネジメントを患者にとっていかに最善になるかというアプローチで行うことが求められる。わたしは、医療現場に生じる治療法の意思決定の課題に答えるために、博士論文では、「医療の合意形成」の概念を構築した。現在は、この概念をさらに時間的要素を組み込んだ「予見的合意形成」の概念に発展させて、それを用いた倫理教育を行っている。看護者には、患者による意思決定の支援者として、支援の根幹となる合意形成を状況に合わせて実践することが求められる。そのような実践者に向けた合意形成教育は、実践的な思慮深さとしてのフロネーシスを展開する活動の一つである。

　本章は、医療における「予見的合意形成」の特徴を示した上で、合意形成を組み込んだ倫理研修の内容およびその評価を述べるとともに、倫理リスクに対応する合意形成の実践者に対して要請される能力について考察する。

1　多様な価値にもとづく治療法の意思決定

⑴　インフォームド・コンセントと治療法の決定

　医療分野において、治療法などの意思決定をいかに行うかは、患者、医療者の両者にとって重要な課題である。従来、治療法の決定は、医師の行為のあり方として、「ヒポクラテスの誓い」（内山・大井・岡本、2002：9）にみられるように、患者に多くのことを知らせるとかえって心配をかけるためという

理由で、医師による決定が善いとみなされていた。いわゆる、医師のパターナリズム的態度である。ところが、インフォームド・コンセントの概念がアメリカの法理から生まれて、日本に輸入された1990年代以降、パターナリズム的態度は批判されることになった。それに伴って、患者の自律を尊重する決定のあり方が日本の臨床現場でも重視されるようになったのである。

インフォームド・コンセントの概念が臨床現場に導入されたことは、一方で、患者の意思や人権を尊重することの大切さを医療者に認識させる上で、大きな成果をもたらした。しかし、他方で、治療法の決定をめぐって、患者、家族、医療者という関係者の意見が異なる場合など複雑な状況を招くことになった。また、医療者は、患者の意思を理解することが容易でない場合の決定をいかにするべきかという課題に直面することになったのである。

(2) 医療現場と多様化する価値

医療現場で治療法を決める場合、どの方法がよいかという意見が、医療者、患者という関係者によって異なることがある。そもそも、医療提供は、患者にとって善になるように行われるのであるが、すべての医療が患者にとって最善になるかといえば、そうではない。

治療法の進歩は日進月歩である。過去に用いられた治療法が、数十年後の研究成果によって、治療効果がなかった、あるいは、逆に副作用が強いために使用しない方がよいということが明らかになることもある。そのような場合、過去に用いられた治療法は、施行された当時は、患者にとって善になると考えて投与されたとしても、実際は、善ではなく悪になっていたこともある。

治療法の選択肢が複数あった場合、どれを選択するかは、個人の人生観と深く関わる。たとえば、治る見込みのない疾患に罹患して、残された時間をどこでどのように過ごすかということは、人によって異なるであろう。延命治療を1分1秒でも長く続けることを望むのか、あるいは、積極的な治療をせずに、家族とともに住み慣れた自宅と地域で最期を過ごすのを望む人もいる。どの方法を選択するかは、個々人の価値観によって大きく異なるのである。

どの治療法を選択するかということは、患者だけなく家族にとっても、重

大な関心事である。それは、選択後の生活に大きな影響を及ぼすからである。多くの患者は、いくら自分のこととはいえ、家族や周囲の状況を考慮して、どれがよいかを検討するであろう。いいかえると、治療法の決定は、患者と家族の家族関係からも影響を受ける。

　加えて、医療現場で治療法の選択を困難にしているのは、医療行為には不確実性を伴うということである。医療技術の提供は、専門家である医療者が行うが、それを受ける患者の反応は、個人差が大きい。薬による副作用が強くでる人もいれば、まったくみられない人もいる。また、提供する医療者の技術力や機器類があるかなどの施設の資源等によっても異なるだろう。医療提供する国、地域によって、宗教、文化、法律、制度も異なる。どこまで実施できるのか、やっていいのかという範囲も異なってくるであろう。

　要するに、治療法を選択するという行為には、関係者の価値観、技術力、施設等の資源、環境、制度など、さまざまな要素が絡み合っている。多様で複雑であるため、一様な決め方では対応できない。状況に応じて、ケースごとに決定方法を検討しなければならない。そのような決定のあり方の創造が要請されている。

⑶　治療法の決め方を研究課題とする

　わたしが桑子研究室に入って研究活動を行うようになった動機も、まさに医療の治療法やケア方法をいかに決定するかという決め方、そのもののあり方を研究課題としたかったからである。インフォームド・コンセントなどの既存の決定方法を量的、質的方法を用いて、評価することだけでは、先に述べたような複雑な状況に対応できない。また、海外などの既存の理論を日本語に翻訳するだけで理論構築しても、日本の医療現場での実践にそぐわない。すなわち、研究のための研究になってしまっては、実践にいかせる研究にならない。

　そこで、わたしは、インフォームド・コンセントによる意思決定の課題を抽出した上で、多様な複雑な状況下での決定のあり方について、理論的および実践的な方法によって研究を行った。その結果、導出したのが、「医療の

合意形成」の概念とその方法論である。

2　医療の合意形成

(1)　病み・迷い・悩むという人間観

　「医療の合意形成」は、どのような特徴をもつのであろうか。「医療の合意形成」は、「関係者が意見とその理由を共有し、患者にとって最善策を見出す創造的なプロセス」（吉武、2007）である。この考え方の特徴を明確にするために、のちに、パターナリズム的態度による決定方法、インフォームド・コンセントによる決定方法、あるいは、共同意思決定（Shared Decision Making）[1]との違いについても明らかにすることができた（Yoshitake、2013：451）。本節では、人間観、ステークホルダー（関係者）、意見の理由の共有などの観点から合意形成の特徴を示す。

　多様な意見が存在する人と人との間で、最善策を探すという合意形成プロセスは、多主体による相互依存的なコミュニケーションを大切にしている。それは、そもそも人は、病み、迷い、悩む存在であると捉えているからである。

　人が何かを選択しようとするとき、自分の意思や考えに従って決定することがある。車、食事、洋服など、何かを買うときなど、自分の好み、価値観に従って決めていく。あるいは、自分の進路を自分自身の考えのもとで決定することもそうである。そのような場合、人は自分が何を好むのかをよく理解していて、それに従って決定できるのは、判断力を持っているからである。その根本にあるのは、西洋における人間観の捉え方で、人は「人格をもった自律した存在である」という考え方である。これは、理性的な人間として、自分の意思に従って決定できる能力をもつ人であれば、どのような場合でも決定できるという考え方である。

　しかし、現実社会で何かの決定を迫られるとき、好みや嗜好だけに従って決定できないこともある。合意形成が必要な場合、多くは、誰か一部の好みや嗜好によって決定できない状況である。だからこそ、多様な意見が存在し、人と人との間で最善策を探し続ける必要性が生じる。最初から最善策が

わかっているわけではないのである。そもそも多様な意見が存在し、合意形成が必要になる状況は、前述したように実にさまざまである。最善策が一つとは限らない。あるいは、同じ問題が発生しても、解決策を導く施設、地域、国よって答えは異なることもある。人々の意見や思い、感情はさまざまな環境によって変化する。いつでも、どのような場合においても、人の意見や意思が変わらないというわけではない。もちろん、強い意志を持つ人の意見もある。しかし、中には、自分のことであっても、自分にとっての最善策をつねに理解しているわけではない人もいる。

　要するに、医療現場で遭遇する多くの人は、どうしたらよいか、悩み、迷い、ときには、病んでいるのである。だからこそ、最善策を多様な意見をもつ人との適切なコミュニケーションを通して見つけていくプロセスを大切にする必要がある。これが、合意形成の基盤となる人間観である。

(2)　医療におけるステークホルダーの特徴

　医療におけるステークホルダーは、多くのケースで施設内での限られた関係者になる。中には、医療・生命倫理などの規範等を作るときのコンセンサス会議などでは、広く一般市民に意見を聞くことがある。そのような時は、ステークホルダーは不特定多数者になる。

　他領域と大きく異なるステークホルダーの特徴は、患者あるいは医療・保健福祉の対象者（あるいは利用者）が含まれることである。患者や対象者は、何等かの原因で医療・福祉施設に入院あるいは通院しているため、身体的・精神的変化をきたしやすい状況である。また、疾患や置かれている入院生活や療養生活環境によって、治療やケアに対する意見や意思を表現しにくい、あるいはどうしたいかわからないということも現実では多く見受けられる。

　重要なステークホルダーとして、医師、看護師という医療者の存在がある。医療者は、患者や利用者と比べると専門的知識を多く身につけていて、専門家としての経験を積んでいる。専門的な豊富な知識や専門家としての経験は、患者への医療提供を行う際には、必要不可欠なものである。その一方で、専門家としての知識や経験は、医療とはこれまで関係のない生活をしてきた患

者や利用者がもつ意見や価値観とは、違いを招きやすいのも確かである。しばしば、医療界で通用する常識は、一般人にとっては常識ではないと耳にすることである。

　さらに、患者や対象者の家族というステークホルダーの存在も重要である。患者や対象者の家族は、自分自身に直接なされる医療行為ではないが、共に生活する家族として、患者の状況は自分の生活にも影響をもたらす。家族は、患者の最も近くにいる存在であるから、患者と共に生活してきたこれまでの人生経験が、家族の意見や感情に影響を及ぼす。患者の意識が不明になったときには、患者の変わりに代弁するという役割を担うことも多いであろう。しかし、患者本人がもつ意見や意向を家族だからという理由だけで、すべての家族が理解しているわけではない。患者にどのようになって欲しいかという家族としての意見や感情は、患者と同じ場合もあれば、異なることもある。また、家族と一口に言っても、さまざまな家族がいる。生活を共にする血縁や婚姻関係にある人、離れて暮らす親族、あるいは、ともに生活をするが血縁や婚姻関係にない人など多様化している。そのような人のたちの意見は、それぞれの立場や多様な生活背景から多様で複雑化すると考えられる。

　さらに、ステークホルダーとして、声を発せない存在もある。それは胎児である。生命倫理領域では胎児の存在は、人であるとみなすのか、あるいはいつからみなすのかについて論点になるところであるが、いくら声を発せない存在であっても、重要なステークホルダーであることに変わりない。そのような存在をいかに考慮するかも重要な課題になる。

(3)　多様な意見の存在が見えにくい

　医療領域のステークホルダーの特徴からみえることは、しばしば多様な意見の存在が見えにくいということである。患者や対象者は、治療法やケアという専門性の高い内容について、自分の意見がよくわからない、あるいは意見を持っていても表現しにくいことがある。意見をもつには、事前に適切な情報を得ることが必要不可欠である。情報は、医療者からの説明によって、入手可能ではある。また、患者は、インターネット、本、マスメディアなど

のさまざまな方法を使って情報収集を行うことも可能になった。治療法やケア方法についての知識、情報を得ることが可能であったとしても、実際に患者の身におきる事象が、得た情報とまったく同じようになるとは限らない。治療法の反応は個人差が大きい。また、成功率が80％と言われる治療法でも、自分になされるときに残りの20％に入らないという保障はない。一般的な情報として得られる情報から、自分の場合はどのような個別的な特徴があって、そのことから治療法やケア方法に対する個人の意見を持つには、検討するための時間と多くの知識を要する。そのような労力を患者や利用者が負うのは、現実的には困難な場合もある。

　したがって、患者や対象者が置かれている環境によって、多様な意見をもつことが難しい状況もある。そのうえ、かりに異なる意見をもっていても表現されにくい、あるいは、意見をもつために考える十分な時間と余裕がないことで、多様な意見が隠れてしまうことがあると考えられる。

⑷　患者の意思の尊重

　患者や対象者と医療者の意見や価値観は、異なる場合があることは前述したとおりである。異なる意見が存在するとき、問われるのは、どのように対処するかということである。その際、とくに医療領域で大事にするのは、患者にとって何が最善策かを探し続けることである。

　最善策を探す一つの方法として、現代医療では、患者の意思を尊重するのは、「患者の自律を尊重する」という倫理原則によって、広く認知されている。この考え方は、医療者のパターナリズム的態度の批判から生まれたものである。すなわち、医師は専門的知識を持っている人だから、何も知らない患者に代わって決定することが善いと捉えられていたことの批判に由来していた。それに対して、現代では専門的知識がない患者であっても、患者にとって何が善になるのかは医療者が理解しているわけではないから、患者の意思を尊重した治療法の決定が大切であるとされる。

　しかし、他方で、患者の意思を尊重した決定のあり方は、医師だけの意見によって決定されていた時代と比べれば、多様な意見が存在しやすくなると

いう状況を生むことになった。医師、看護師という医療者間、あるいは、患者とその家族というステークホルダー間において、多様な意見とそれに伴う価値観が存在する。しかも、どの選択肢が患者にとって明らかに善い方法であるかが、わからない状況もある。

では、多様な意見が存在したとき、医師や看護師という医療者が、患者の意思を尊重することが大切だからという理由だけで、自分の意見を表現することもなく、自分の思いを心の中で押し殺したとしたら、果たして、患者にとっての最善策の選択になるであろうか。患者の中には、前述したとおり、十分に熟慮する時間や情報もないまま、心の中では確固たる根拠もなく、自分の意見すら形成していない状況で、なんとなくこの治療法をお願いしますと表現する人もいる。あるいは、医療者がもつ意見や判断の根拠をもっと表現して欲しいと思う患者もいるであろう。患者の背景もさまざまであるから、患者の意向を引き出して、どのような理由でそのような意見をもつようになったのか、十分に確認することが重要である。また、医療者、患者、その家族の意見が異なったときの折り合いのつけ方として、合意形成が必要不可欠になる。

(5) 意見の理由の共有と創造的な話し合い

医療の合意形成は、「関係者の意見の理由を共有し、患者にとっての最善策を見出だす創造的なプロセス」（吉武、2007）である。この定義で特徴的なことは、①患者にとっての最善策を見出すプロセスであること、②意見の理由を共有すること、③創造的な話し合いであることである。

①患者に関わる合意形成の場合、表現されにくいが、尊重されなければならないのは、患者の意思、あるいは意向である。しばしば、患者の意思を引き出して確認する必要があるのは、患者が明確な意見をもっていない場合である。そのようなときに、患者の「思いを意向につなげる対話」を通して、患者の明確でない意見をともに探すというコミュニケーション技術を用いる。患者は、病気や治療に対して、どうしたいかという意向がわからなくても、何かしらの思い、感情をもっている。その思いから、どうしたいかという心

の向きを、医療者と患者との言葉のキャッチボールのなかから、探していく。

　さらに、疾患によって患者の意思や意向が確認できないときには、何が患者にとって最善であるのかを、ステークホルダー間による多様な立場、多角的な視点から探していくことが何より重要である。その際に、誰を関係者として含めて話し合いに招くのか、話し合いはいつどこでどのように行うのがよいのかなどを検討する。また、話し合いが行われる施設、地域、文化の特性も考慮した話し合いの企画、ファシリテーション技術とマネジメント能力も求められる。

　②の意見の理由の共有とは、ステークホルダーがどうしてそのような意見をもつようになったのか理由を把握することである。それぞれの考え方、価値観、関心、懸念の共有をより深く行うことである。同じ意見をもつステークホルダーがいたとしても、意見の理由まで同じだとは限らない。意見の理由を確認して共有することで、互いの相違点や類似点を可視化することができる。さらに、扱う問題によっては、理由がどのような経緯を経て現在に至ったのか、選択後にどのような結果や期待、不安を抱いているのかを共有する。これも患者の最善策を見出すための深い情報共有につながる。

　③の創造的な話し合いでは、「創造的」という言葉がついているのは、創り出すという意味を含んでいるからである。この話し合いは、あらかじめ決まっている選択肢を説得するために行うのではない。話し合いを行う前にすでにA案とB案があったとして、A案で決めたいと思っているステークホルダーが、話し合いの参加者の意見の理由を確認することもなく、A案に賛成する参加者の多数決によって決めるのも、創造的とはいえない。あるいは、A案に賛成するように説得し強要するのも、これもまた創造的ではない。

　「創造的な話し合い」とは、すでに存在する選択肢も含めるが、話し合いを通して別の選択肢を創り出すことも可能にすることである。たとえば、A案とB案がすでに話し合う前に存在したとしても、そのどちらに賛成か反対かという議論ではなく、参加者の意見とその理由を共有することで、参加者の意見がときには変化し、あらたなC案を選択肢として作ってもよいということである。新たなC案を選択する上で、参加者たちが、各々の役割

を見つけ出していくことをも可能にする。

(6) ファシリテーションと看護師

　話し合いでのファシリテーションをいかに行うかは重要である。医療分野でファシリテータの役割を担える可能性があるのは、看護職である。それは、患者の声をキャッチして適切な人に伝えるとともに、多職種間でのコーディネーションを担えるようなコミュニケーション能力に長けているからである。ただし、看護職であればだれでも適任というわけではなく、中堅以上の職位で全体を見渡せることができて、かつ人の意見や関心を受け止めて適切に返せる人であることが必要条件である。それにくわえて、ファシリテーション技術の経験やトレーニングも必要である。

3　「理由の来歴」と予見的合意形成

(1) 意見の理由が作られた経緯を知る：レトロスペクション（振り返り）の見方

　合意形成に含まれる要素として、意見の理由を共有すること、思いを意向につなげる対話、創造的な話し合いがあることは、すでに述べたとおりである。わたしが、次の研究課題として取り組んだのは、ケースによっては、意見の理由を共有するだけでは、患者の意図が十分に理解できない場合、あるいは、関係者の意見の理由が共有しづらいときに、どうしたらいいかということであった。

　そこで、着目したのが、意見の理由が作られた経緯を知るということである。意見の理由の共有は、「どうしてそう思うのか、どうしてそう考えるのか」という理由を共有するプロセスのことである。そのようなプロセスには、理由を発言する人の価値観を表現することが含まれているため、互いの考え方、関心、懸念を深く把握することにつながる。関係者の考え方を共有する際、そのようなコミュニケーションだけでは不十分な場合、たとえば、患者のなかには、自分の考えに至った理由を整理できない人もいる。そのような人が「意見の理由がどのような経緯で作られたのか」という過去から現在に向け

ての振り返りの視点で考えると、過去に抱いていた考え、エピソード、それに付随する感情を想起することができる。そうすることで、「私はこのように思っていたのだ」など、自分が大切にしていた価値に気づくことができる。さらに、想起したことで気づいた、そのときの感情や考えを言葉で表現することで、相手にも共感することが可能になる。わたしはそのような見方を「理由の来歴」の共有という概念で表現した（吉武、2011b）。理由が作られた経緯を表現しあうことで、過去から現在まで続いてきた考え方や感情を共有することができるのである。

　理由の来歴を共有することは、自分の過去を振り返ってその事実の語りを共有することに留まるのではなく、過去に振ることで、今、どうしてそのように考えるようになったのかという現在の考え方の根幹になる部分をより深く知ることにつながる。この場合、物の見方は、現在から過去に戻って、さらに過去から現在の自分を深く理解するという向きを持っている。わたしは、これを「レトロスペクション（Retrospection：振り返りの向き）の見方」と呼んでいる。

　医療者と患者との間で、患者の真意を正しく理解することは大変重要である。それは、同じ言葉でも、聞く人によってさまざまな意味に理解されることがあるからである。患者が自分の気持ちをうまく表現できない、あるいは自分の気持ちに気づいていないこともしばしばである。患者の真意が正しく周囲に理解されない状況は、患者の意思に反する治療法の選択につながりかねない。このような状況は、倫理的問題に発展する可能性を持つ。レトロスペクション（振り返りの向き）の見方は、関係者が患者の真意を正しく理解し、確認することに役立つであろう。

⑵　リスクの提示と共有：プロスペクション（先を見通した向き）の見方

　「理由の来歴」の共有は、さらに近い未来のことにも目を向ける。ある治療法の選択後、どのような結果を予測しているかについては、医療者と患者とでは異なることがある。完治を望めない手術を行う際、医療者は、手術後、患者の状態がどのようになるか、他の患者の例をみた経験があるため、比較

的容易にイメージがつきやすい。他方、患者や家族の場合は、医療者から後遺症の可能性について説明があったとしても、病気にかかる前の元気な状態を想像しているかもしれない。

　選択後の結果についてどんなリスクが予測されるのか、どのような結果を期待しているのかを医療者と患者との間で、確認していなかったとしたら、同意をした上での選択であったとしても、患者とその家族は「こんなはずではなかった」という思いを抱くであろう。つまり、これが倫理的問題に発展しかねない状況になる。医療者はきちんと説明したつもりでも、患者と家族に正しく伝わらずに誤解を招くことは、倫理的問題の発生につながる可能性がある。

　「理由の来歴」の共有は、選択後にどのような結果が起きると予測しているのかを共有し、確認することが含まれる。医療行為は不確かな部分がある。そのため予測できないことが起こりうることもあることも共有する内容の一つである。現在の状況から、選択後の未来の状況を共有し、その上で現在、何を行うべきかを考えること、この見方を「プロスペクション（Prospection：先を見通した向き）の見方」と呼ぶ。

(3)　過去と未来を見据えた上で現在すべきことを考える：予見的合意形成

　図9-1は、レトロスペクション（振り返りの向き）の見方とプロスペクション（先の見通した向き）の見方を行った上で、現在、どうするべきかを考える構造を示している。最初に①レトロスペクション（振り返りの向き）の見方で、これまでの理由が形成された経緯を深く理解した後、②プロスペクション（先の見通した向き）の見方で、選択後のことをどのように予測しているのかを共有する、また予測できないことも起りうることも共有するというプロセスを踏む。その上で、③現在、この場でこの関係者の間で実現可能で適切なことを選択していくという流れである。このような過去、現在、未来の時間の流れを統合した合意形成をとくに「予見的合意形成」と呼ぶ。

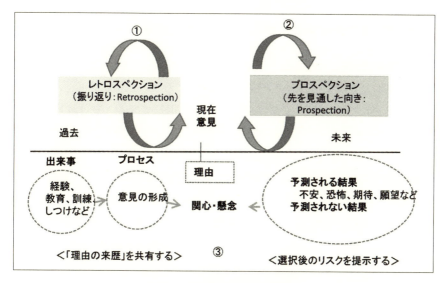

図 9-1　予見的合意形成の視点
（Yoshitake, 2013 より翻訳、一部加筆して抜粋）

　わたしが、「予見的合意形成」の概念を示したのは、患者、家族、医療者という関係者の関心・懸念の把握は、容易ではないことがあるからである。とくに、わたしが出会ってきた日本人の多くの患者、医療者は、自分の意見や感情を適切に表現することに慣れていなかった。自分の意見や感情を適切に表現しなれていない人が、「どうしたいか」と意見や意向を尋ねられても、どのように答えてよいかわからないこともある。また、場に応じた表現方法を身につけていない人の場合、自分の意見と異なる意見に遭遇して、相手の意見を受け入れがたいときには、その理由を表現するのではなく、怒りのような不快な感情を表現することもある。そのようなときに、適切な対処がなければ、怒りはエスカレートして収拾がつかなくなってしまう。そのようにならないためにも、わたしは、合意形成を必要とする状況で、関係者の関心・懸念・意向を正確に、より深く、他者との相違を明確に把握するための概念を創出したのである。

4 倫理研修に合意形成を組み込んだ実践的研究

(1) 看護倫理研修と合意形成

　医療現場での治療法やケア方法の意思決定にかかわる倫理的問題は、医療技術の急速な発達に伴って複雑化および多様化している。看護倫理教育は、大学生等を対象にした看護基礎教育で行われているが、それに加えて実践者のための倫理教育のニーズが高まっている。

　看護倫理教育のなかでも、医療現場での倫理的問題への対処として、医療者個々人の倫理的感受性の向上と倫理的問題解決能力の向上は、実践者にとって重要な課題である。倫理的問題解決に向けては、当事者だけでの解決が困難である場合、第三者による倫理コンサルテーション制度を導入している施設もある。海外では、倫理コンサルテーション制度の導入やコンサルテーションに従事する人材育成が精力的に行われている所もあるが、国による差が大きい[2]。日本でも倫理コンサルテーション制度を導入している施設もあるが、その数はまだ非常に少ない。また、そのような人材育成を担える資源の問題も課題として浮上する。

　そこで、倫理コンサルテーションを担える人材育成を行うことも重要な課題であるが、医療者の個々人の倫理的意識と問題解決能力の向上に向けての教育が急務の課題となっている。厚生労働省も、看護職員の能力向上のために、現場の新人研修等の中に倫理教育をとりいれて、施設全体、国全体で教育を行うことを推奨している[3]。しかし、倫理教育の内容や方法に関して、国内で統一された方法があるわけではなく、各医療施設に委ねられているのが現状である。

　わたしは、2005年から病院に勤務する看護職を対象に、合意形成の方法論を組み込んだ倫理研修を行ってきた。2016年末現在、研修を実施した施設は7箇所、述べ受講者数は500人以上にのぼる。看護職という実践者に対する倫理教育の中に、「合意形成」を組み込んで実施しているのは、次の3つの理由からである。

　① 倫理に関わる問題が生じやすい状況は、関係者の価値観が多様化して

複数の意見が生じやすいこと
② 倫理的問題解決が困難なとき、話し合いが行われる場合が多いこと
③ 話し合いの方法次第で、倫理的問題解決あるいは問題の悪化を招くことがあること

要するに、医療者が倫理的問題の所在に気づくだけなく、気づいたときに、どのように行為したらよいかを考えて、問題解決に向けての具体的行動がとれることを倫理研修のねらいとしているためである。この3つの点から、合意形成を組み込んだ倫理教育を行うことは、まさに、桑子のいう次世代に求められる高度な実践知を教育する次世代フロネーシスとしての展開に相当する。

「合意形成手法を組みこんだ看護倫理研修」は、講義とワークショップで構成されている。講義内容は、①倫理とは何か、②倫理理論と生命に関わる倫理の歴史、③倫理的問題解決の方法、④合意形成の考え方と方法論である。また、ワークショップでは、事例を使って、倫理的問題の抽出、関係者とその意見の理由の把握、問題解決の方法について、グループ討議を通して合意形成手法を使った話し合いを実践している[4]。

本研修の特徴は、倫理の捉え方として基本概念を理解するだけでなく、事例を使用して、実践ではどのように医療者が行為をすることがよいのかを話し合いを通して考えることである。その際の話し合いでは、合意形成の考え方やコミュニケーション技術を意識して行うことで、受講者の日々の実践との比較を通して振り返ること、合意形成の活用方法を学ぶことを大事にしている。

(2) 合意形成手法のコミュニケーション技術の臨床現場での活用

本研修の受講者を対象に、2015年〜2016年にかけて、合意形成のコミュニケーション技術をいかに実践で活用しているかを把握することを目的に調査を行った。調査の方法は、質問紙を用いた方法と面接法による方法の2段階で行った。本研究の成果については、国際会議[5]にて報告した。本節は、本国際学会での報告を抜粋して、日本の医療現場における合意形成手法のコ

ミュニケーション技術の活用状況を報告する。

1　質問票によるコミュニケーション技術の活用状況の把握

　本研究の対象者は、関東地域の医療施設に勤務する看護職で、合意形成手法を取り入れた倫理研修の受講者 35 名である。本倫理研修は、2015 年 10 月～12 月のうち 3 日間にわたって講義とワークショップ形式で行われた。講義内容は、①倫理とは何か、②倫理理論と生命に関わる倫理の歴史、③倫理的問題解決の方法、④合意形成の考え方と方法論である。また、ワークショップでは、事例を使って、倫理的問題の抽出、関係者とその意見の理由の把握、問題解決の方法について、グループ討議を通して合意形成手法を使った話し合いを実践した。全体討議では、各グループからの発表を行った。研修の実施後、受講者は各医療施設に戻って、倫理カンファレンスの実施などの看護倫理に関する課題を立案して、3 ヶ月間、病棟で各自の課題に取り組んだ。課題のとりくみについての報告会は 2016 年 2 月に行われた。

　本研究参加の依頼については、受講者による実践報告会の終了直後に、文書と口頭にて行った。研究参加は受講者の自由意思によるものであり、研究参加の同意は質問票の回答と提出をもって得られることとした。質問票は無記名であること、研究参加によって個人が特定されることはないことを保障した。

　質問票に回答した対象者は、33 名であった。参加者の年齢は、20 歳代から 50 歳代であり、臨床経験年数では 78％の対象者が 10 年以上の臨床経験を積んでいた。病棟ではリーダー的役割を担う人材であった。また、対象者の専門領域は、内科、外科、精神科、産科、小児科、児童心理などであった。

　合意形成のコミュニケーション技術として、7 個の項目に分類した。それらは、①関係者の意見の理由を共有すること、②理由の来歴を共有すること、③思いを意向につなげる対話、④関係者の関心、懸念の把握、⑤話し合いの 10 か条を用いること（吉武、2011a）、⑥ファシリテーション、⑦効果的な話し合いを行うためのツールの活用である。対象者には、全 7 項目について、実際の使用頻度を 4 段階（よく用いた、ときどき、用いることができなかった、用い

る機会がなかった）で質問した。**図 9-2** は、7 項目の頻度についての結果を示している。

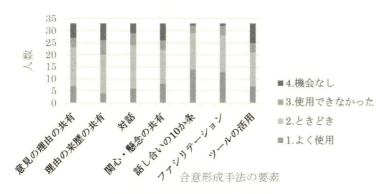

図 9-2　合意形成手法の使用頻度

図 9-2 で示すように、合意形成手法を用いた対象者 33 名のうち、全 7 項目とも、6 割以上の人が、よく使用した、あるいはときどき使用したと答えていた。とくに「話し合いの 10 か条の使用」、「ファシリテーション」については、8 割以上の対象が、「よく使用」もしくは「ときどき」使用していた。しかし、対象者の中には、使用できなかったという回答もあったことから、合意形成手法の使いやすさについては、個人差がみられた。

質問票では、対象者による研修受講後の変化についての質問を行った。**表 9-3** は、自由記載によって得られた研修受講後の変化をまとめたものである。対象者は、表 9-3 で示されるように、行動面、心理面の両方において変化がみられていた。これらの変化は、対象者自身だけなく、同じ病棟で働くスタッフにも変化がおきていた。対象者からは、実践者が倫理を扱いにくい、わかりづらい、難しいというネガティブなイメージからポジティブなイメージに変わったという回答を得ることができた。倫理に対するイメージの変化がみられたことは、対象者が実践の中で倫理的問題がどこに潜在しやすいのか、また、問題に気づいたときに、実践者としていかに行為をしたらよいかという具体的行動レベルにまでつなげて理解できたと考えられる。対象者が日々

のカンファレンスやケア実践に合意形成手法をいかすことができたという今回の結果は、合意形成手法が現場に活用されやすい方法論であったと捉えることができる。

表9-3　合意形成手法を取り入れた倫理研修受講後の変化

行動の変化	心理面の変化
1. 患者とその家族に迅速に対応する ・より速く丁寧になって質が改善された	5. 自分自身への注意、振り返りになる ・自分の行動に注意を払うようになる ・自分の思いを表現してもよい、表現していくべきという思いになった ・思考が深まった
2. 看護記録の改善に役立てる ・患者の関心や懸念をカルテに追加するようになった	6. 向上心、意欲が高まる ・ファシリテーション技術向上のために、合意形成手法をより深く学習したい。 ・患者にとって何をすべきかもっと考えたい
3. 日々のカンファレンスにいかす ・意見を表現しやすくなった ・看護の質の改善につながる建設的な話し合いになった。	7. 倫理が身近なものになった ・倫理に対する関心が高まった ・倫理についてネガティブなイメージからポジティブなイメージに変わった．
4. 多様な意見に耳を傾けて関係者の理由を深く理解する ・多様な意見をより深く把握して考える ・他者の意見を収集し、関心を向ける ・他者の立場にたって考える	8. スタッフのなかで統一感が高まった ・患者に対して同じ気持ちを持っていたことがわかった ・スタッフ全体でとりくんでいける

2　面接法による合意形成手法の具体的な活用方法の把握

　本倫理研修受講者を対象に質問票による調査に加えて、インタビュー法による面接も行った。本研究の目的は、合意形成の具体的な活用方法を把握することであった。インタビュー法を行うにあたっては、文書と口頭による依頼を対象者に行ったのち、同意の得られた3名に実施した。参加者の個人が特定されないように情報は連結匿名化を行った。対象者3名は、関東地域の医療施設に勤務する看護師で、年齢は30歳代から40歳代であった。質問内容は、合意形成の考え方や方法を実践では具体的にはどのように使っているのか、どのような工夫や改善を行っているか、用いやすい領域や倫理的問題の発生予防に有用であるかなどであった。

　図9-4は、対象者が現場でどのように合意形成手法を活用しているのかを示したものである。対象者は、患者の担当看護師として、患者とその家族が

抱く治療法に対する考えや不安などを把握していた。ある治療法の開始あるいは転院などの方針の際には、医師から治療法の内容やリスク、予後等についての説明が患者と家族になされる。それを聞いて、患者もしくは、患者の意思が不明の場合は、家族が治療法や転院等の計画に対して同意あるいは拒否が行われる。ケースによっては、患者、家族、医療者という関係者の間で、治療法に対する意見が異なることもある。患者の意思が不明な場合の治療法の決定はさらに困難になる。

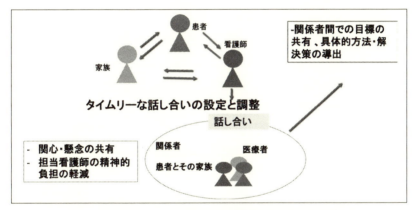

図 9-4 実際のケースを通しての合意形成手法の活用方法

　たとえば、対象者の例では、患者が認知症を患っていて、自身による意思決定が困難な状況であった。長女である家族は、他施設への転院か在宅療養をするかについての説明を医師から受けたとき、退院したくないと反対意見をもっていた。それは、認知症でほとんどねたきりである患者をどのように自宅で介護したらよいかわからなったからである。しかし、長女は退院（もしくは転院）には反対というだけで、その真意を表現しようとしなかった。そこで、担当看護師は、合意形成手法のコミュニケーションを用いて、どうして反対であるのか、長女の意向を把握したのち、医師、看護師、栄養士などの関係者を招いて話し合いを設定した。このとき、話し合いの設定時期を見逃していたとしたら、長女、医療者との誤解や齟齬を招いたままで互

いの関係を悪化させてしまうことになりかねない。話し合いでは、関係者にとって無理のないように実現可能な当面の目標を設定して、状況が変わったところで、再度、話し合いを設けた。話し合いの参加者が、話し合いを通して、各自がやるべき具体的方法をとることで、問題解決につながったケースであった。

　さらに、別のケースでは、合意形成手法を用いた話し合いを行うことの効果として、関係者が何に対して関心・懸念を抱いているのかをより深く把握するだけなく、担当看護師などの当事者が自分の思いや感情を表現できることも挙げられていた。担当看護師は、患者にとって何が最善である方法かよくわからない状況で手探りのなかで、患者と家族の思いを共有しながら支援をしていた。そのような担当看護師は、合意形成のコミュニケーション技術を用いた話し合いをとおして、患者にとってきた支援内容の理由、あるいはその際の自分の考えや思いを表現することで、自分の行動を振り返ることができていた。そのような作業は、自分のやってきたことの保障、エンパワーメントの向上、あるいは、他のスタッフに自分の考えや気持ちを聞いてもらえたことで、精神的負担の軽減につながっていた。

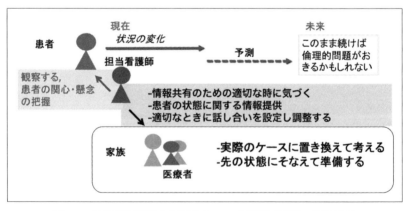

図9-5　倫理的問題発生予防としての合意形成手法の活用方法

インタビューでは、倫理的問題発生予防としての合意形成手法の活用方法についても行った。**図9-5**に倫理的問題発生予防としての合意形成手法の活用方法を示している。担当看護師は、患者の身体的、精神的状態の変化、あるいは、治療法等に関する考え、関心・懸念が変化する状況を把握することで、新たな対処行動をとっていた。それは、家族、スタッフという関係者間で患者の変化について、適切な情報共有が可能になる話し合いの場の設定である。その際に、担当看護師は、いつ、どこで誰を招いて開催するかという調整役を行っていた。また、話し合いが設定されたのは、患者、家族、医療スタッフという関係者の意見が異なっていて、このまま何もしなければ互いの誤解や齟齬が生じやすい状況であった。まさに適切な時期に話し合いが設けられていたことで倫理的問題発生の予防につながっていた。担当看護師によるそのような対処行動は、近い将来におきるかもしれない状況を想定して、問題の発生前に、現実のこととして置き換えてみて、今のうちにとっておいた方がよい行動を検討するという今後の備えになるものであった。そのような話し合いを可能にしたのも、前述した合意形成のプロスペクションの見方が活用されていたと考えられる。

　今回の研修受講者を対象にした実践的研究では、合意形成のコミュニケーション技術は、個人差があるものの、比較的現場で活用されやすいこと、実際の患者と家族に対するケア、医療スタッフ間でのカンファレンスにも反映されやすいことを確認できた。また、倫理的問題発生の回避、予防という観点からも、実際のケースを通して、合意形成手法のプロスペクションの見方を活用できることを明らかにすることができた。この成果は、「予見的合意形成」の概念を組み込んだ倫理研修が、高度な実践知の教育を行う上で、実践者にとって適していたということである。

5　倫理リスクとマネジメント

(1) 治療法の意思決定支援と合意形成の位置づけ

　1980年代後半から90年代にかけて、日本の医療現場では治療法の決定方

法をめぐって、大きな変換がみられた。すなわち、医師によるパターナリズム的態度による治療法の決定から、インフォームド・コンセントを用いた患者の意思を尊重する決定方法の転換である。この変化は、これまで尊重されなかった患者という弱者の意思をも尊重するという医療者の倫理的行為に連関するものであった。しかし、この変化は、患者、家族、医療者という関係者の意見が異なった場合の行為のあり方という新たな課題を生むことになった。

患者の治療法の意思決定をいかに支援するかという倫理的課題に対して、多様な決定方法の模索が行われている。インフォームド・コンセントによる決定方法もその一つであるが、それだけでは不十分である場合、医療者、患者という関係者の協働によって行われる共同意思決定の考え方も提唱されるようになった。そのような背景のもと、合意形成の考え方や方法論をいかに位置づけたらよいのかは、わたしの抱えていた研究課題の一つであった。

意思決定は決定することであり、その主体は決定者である。また、責任も決定者に発生する。インフォームド・コンセントによる意思決定も主体は患者であり、意思決定者は、本人の意識が不明であるなどの場合を除いて、基本的には患者である。他方、医療の合意形成は、関係者による多様な意見が存在するなかでの患者にとっての最善を見つけ出すプロセスである。あくまでも最終決定者は、患者もしくは医師である。責任者は最終決定者になる。

では、患者の治療法の意思決定を支援する場合はどうだろうか。最終的に意思決定を行うのは、基本的には患者もしくは医師である。責任者も最終決定者に生じる。ただし、どの方法がよいのかについて多様な意見が存在する場合、どれを選択するかという決定プロセスには、必ず、関係者の合意形成が必要不可欠である。なぜなら、多様な意見が存在して、お互いの考えや思いが共有されないままで互いを理解することなく決定すれば、決定後の治療やケア、ひいては人間関係にまで影響を及ぼすからである。支援の内容が本当に患者のニーズあったものかを確認する作業もケースによっては、容易ではない。また、患者の意思を尊重することは大事とはいえ、家族の意向が無視されて家族が蚊帳の外に扱われたとしたら、医療者が患者のニーズにあっ

た治療やケアを行おうとしても、実際には、家族に理解されないことで、ときには阻止される事態を招く。患者の意向を反映した意思決定を実現するための支援には、家族、医療者が互いの考えや思いを共有して、正しく理解して合意した上での治療やケアの実施が含まれなければならないのである。すなわち、患者の治療法の意思決定を支援する文脈では、関係者による合意形成のプロセスは、支援の根幹を成すものであると位置づけることができる。

(2) 倫理的合意形成

　医療現場で治療法の意思決定を患者が行う場合、患者の意思や自律が尊重されない、患者にとっての最善になる治療が提供されないなど、倫理的問題が発生しやすい。ときには、人工呼吸器の取り付けや取り外しなど、患者の意思が明確でないときには、どの方法が患者にとって最善かという選択は困難となる。そのような場合、関係者の意見も一様ではない。

　治療法の意思決定を行う場面での支援として合意形成が必要不可欠であることは、すでに述べたとおりである。では、そうであるなら、倫理的問題の起きやすい治療法の決定場面でも合意形成の考え方と方法論はきわめて重要となる。倫理的問題が発生したときにいかに解決するかという場合もそうであるが、それよりまして、問題発生を回避するには、関係者はいかに行為すべきかということも重要である。

　そこで、わたしは、医療現場に生じる倫理的問題に対して、問題発生の回避、予防、あるいは問題解決のための合意形成を「倫理的合意形成」と呼んで、これに対する考え方と方法論を提示した（吉武、2015a、2015b、2015c）。基本的な考え方や方法論は、すでに述べた合意形成の内容であるが、新たに追加したことは、「倫理リスク」に対する対処である。

　「倫理リスク」とは、このままの状態が続けば、倫理的問題が発生するかもしれないというリスクである。たとえば、倫理リスクとして想定される状況は、患者、家族、医療者という関係者の間で多様な意見があって理解が不十分であるとき、患者の意向が無視されていて家族、医療者の意見が優先されているとき、関係者の意見、意向が変化したときなどである。

そのような状況が起きている場合、多くの医療者は、「これでよいのだろうか」と気づいていて、何かしなければならないのではと思っている。しかし、これでよいのかと気づいてはいるが、多くの場合、次にどうしたらよいかという行動に移せていない。そこで、適切な話し合いを設定して、お互いの意見とその理由を共有する、治療法の選択後にどのような結果が起きると想定しているかなどを共有することが必要である。そのような話し合いを適切な時期にいかに設定し運営するかが、倫理的問題の悪化になるか、もしくは、問題発生の回避になるかの大きな分かれ道になるであろう。
　要するに、倫理リスクに気づいて、そのときにいかに行動したらよいかを考えて適切に行動するための能力が、実践者に求められる高度な実践知ということである。

⑶　マネジメントと合意形成

　「倫理リスク」を察知したときの話し合いの設定・運営・解決策を導出するプロセスが、合意形成のマネジメントである。わたしは、合意形成をいかに行うかについて重要な3つの要素は、「時間」「空間」「マネジメント」であると考える。
　時間は、過去、現在、未来のときの流れを示すが、人の意見、価値観、感情、身体的状態、心理状態、経済状態など、時間とともに多様な変化をもたらす。その変化をキャッチする感性とそれらを必要なときに共有する技術が必要である。
　変化がみられるのは、人に付随するものばかりではない。人の置かれている環境、医療を提供する空間である。私が桑子研究室に入って合意形成の研究をするようになったのも、桑子が提唱した「空間の履歴」（桑子、2009）という概念との遭遇があったからである。現在存在する空間には、そこに培ってきた人と環境、文化、習慣などが織り成すさまざまな出来事が過去から現在に積み重なってきたものである。現在から、これからの未来に向けて、どのような空間を作っていくかは、まさに今、ここで何をするかによって変わっていく。医療を提供する各施設にもそれぞれの医療空間が、過去から現在ま

で作られてきている。人や機械などの資源や環境、宗教、文化、医療制度によって、空間は異なるため、まったく同じ医療空間は存在しない。空間の多様性と未来への創造性を考慮したうえで、今、ここで必要なことは何かという視点をもつことが、医療の合意形成を行う際にも重要である。

　最後にマネジメントである。限られた資源、限られた時間、限られた治療法など、つねに、実現可能な方法は限られている。理想論やあるべき論を提唱できたとしても、それを実践できるとは限らない。合意形成を行うための話し合いは、実現可能な方法でなくてはならない。そうすると、さまざまな条件と制限のもとに、実現可能な方法は、施設によって異なるのは当然である。だからこそ、実現可能な範囲で最善策を探し出すための方策が必要なのである。さらに、最善策を探し出す努力は、継続されなければならない。それは、人と環境が織り成す医療空間は、絶え間なく変化し続けているからである。変化に伴って、最善策もまた変化し続けるのである。そのような視点を持って、倫理的課題に対して合意形成を行うマネジメントに求められるのは、創造力・感性を含むコミュニケーション力・調整力である。

6　おわりに

　治療法の意思決定をいかにするべきかという研究課題から始まって、わたしは、合意形成の概念の精度化、合意形成を使った倫理研修の実践を積んできた。倫理と合意形成を抱き合わせて教育・研究活動を進めてこられたのは、合意形成は複雑な状況下に求められる実践的な学問であるからである。合意形成の考え方や方法論を理解することは、問題に対する一つの解を学ぶことにとどまらない。合意形成が必要となる現場の状況は複雑で多様である。一つの解決策を理解しても、同じ方法が、別の現場で必ずしも活用できるとは限らない。それは、問題の関係者も扱う問題も、提供可能な人材、機器などの資源も異なっていて、常に医療空間が変化しているからである。複雑な状況下で医療者に求められるのは、基本的な考え方や方法論を理解した上で、可能な資源と可能な範囲で最善と思われる方法を探し続ける創造力・コミュ

ニケーション力・調整力である。次世代フロネーシスの展開は、まさにこの3つの能力の育成であると考える。

合意形成の研究を行って10年が経過した。今後は、医療領域での合意形成に含まれる概念の精度化をさらに続けるとともに、合意形成プロセスの可視化、海外との比較検証を含めた普及活動、ファシリテータの人材育成に努めていきたい。

謝辞

本章の一部は、科研費16K02142「生命と健康に関わる倫理コンサルテーションの価値構造についての研究」による助成を受けたものである。

注

1 Shared Decision Making の決定モデルの特徴については、Charles,C., Gafni,A., and Whelan,T.；1999、Joosten,Elvelien A.G., Laura DeFuentes-Merillas, Gerdian. H. de Weert, et al.；2008、Stacey,D., Le'gare',F. Pouliot, S.,et al.；2010 による報告を参照されたい。

2 欧米諸国では、倫理コンサルテーションに従事する臨床倫理士（Clinical Ethicists）の教育、人材育成、情報共有のためのネットワーク作りが精力的に行われている。たとえば、ASBH（American Society for Bioethics and Humanities）による活動である。

3 平成21年7月の保健師助産師看護師法及び看護師等の人材確保の促進に関する法律の改正により、平成22年4月1日から新たに業務に従事する看護職員の臨床研修等が努力義務とされた。そのような背景のもと、厚生労働省は、新人看護職員研修のガイドラインを平成23年に制定し、その後、平成26年（2014）に改訂版を提示した（厚生労働省、2014）。本ガイドラインのなかにも、看護倫理に関する項目が研修項目の一つに示されている。しかし、倫理に関しての研修方法についての具体的な方法等については示されていない。

4 本倫理研修の実践内容については、吉武（2015d、2015e, Yoshitake, 2015f）にて報告した。

5 本内容は、次の2つの国際会議での発表をもとに構成している。Yoshitake, K.（2016）.; Communication Skills of Consensus Building Methodology and Practice in Clinical Settings, 7th *International Clinical Ethics and Consultation*, in Washington DC. USA, Yoshitake, K.（2016）; Actual Application of Consensus Building Methodology in Clinical settings, 22th *World Association for Medical Law World Congress*, in Los Angeles., USA.

参考文献

内山雄一・大井賢一・岡本天晴ほか編（2003）;『資料集　生命倫理と法』、太陽出版.
桑子敏雄（2009）.『空間の履歴』、東信堂.
厚生労働省：新人看護職員研修ガイドライン【改訂版】（2014）; http://www.mhlw.go.jp/file/05-Shingikai-10801000-Iseikyoku-Soumuka/0000049472.pdf
吉武久美子（2007）;『医療倫理と合意形成―治療・ケアの現場での意思決定』、東信堂.
吉武久美子（2011a）;『産科医療と生命倫理―よりよい意思決定と紛争予防のために』、昭和堂.
吉武久美子（2011b）;「医療の合意形成と理由の来歴」、医学哲学倫理 29、63～72.
吉武久美子（2015a）;．臨床現場で実践したい「倫理的合意形成」入門 1、看護管理者が知っておきたい「倫理的合意形成」の基礎知識、看護管理 25（4）、354～357、医学書院.
吉武久美子（2015b）;臨床現場で実践したい「倫理的合意形成」入門 2、医療者と患者による倫理的意思決定の特徴を知る、看護管理 25（5）、440～443、医学書院.
吉武久美子（2015c）;臨床現場で実践したい「倫理的合意形成」入門 4、倫理リスクと合意形成のコミュニケーション、看護管理 25（7）、616～619、医学書院.
吉武久美子（2015d）;．臨床現場で実践したい「倫理的合意形成」入門 6、よい話し合いの方法を学ぶ / ファシリテーション、看護管理 25（9）、844～847、医学書院.
吉武久美子（2015e）;．臨床現場で実践したい「倫理的合意形成」入門 7、院内で倫理研修を企画するためには　合意形成の体験を促進する研修の工夫、看護管理 25（10）、934～937、医学書院.
Charles,C., Gafni,A., and Whelan,T.（1999）'Decision-making in the physician-patient encounter: revisiting the shared treatment decision-making model', *Social Science & Medicine,49,*651-661.
Joosten,Elvelien A.G., Laura DeFuentes-Merillas, Gerdian. H. de Weert, et al.（2008）."Systematic Review of Effects and Shared Decision-Making on Patient Statisfaction, treatment Adherence and Health Status." *Psychother Psychosom 77.4, 219-26.*
Stacey,D., Le'gare',F. Pouliot, S.,et al.（2010）'Shared decision making models to inform an interprofessional perspective on decision making: A theory analysis', *Patient education and counseling ,*80, 164-172.
Yoshitake, K.（2013）.; Prospective Consensus Building-Ethical Consideration on History of Reason and List of Risks, *Philosophy Study* 3（6）、443-455.
Yoshitake K.（2015f）; Theory and Practice of Training in Medical Ethics Consensus-building Method with Spatiotemporal Perspective, *Medicine and Law* 34（2）, 203～216.

あとがき

　本書の出版について述べるなら、何よりも本書を出版してくださった東信堂社長下田勝司氏ご夫妻にお礼を申し上げなければならない。
　わたしが東京工業大学工学部に赴任したのは、平成元年であった。翌年であったと思うが、下田さんから哲学の本への寄稿の依頼を受けた。それは、『二十一世紀への哲学的挑戦』という本であった。下田さんからは、「平明でコクのある文章をお願いします」と言われたことを鮮明に覚えている。そのような文章を書くことは、わたしにとって若いころからの願望であったから、執筆の場をいただけたことを心から感謝している。この本がわたしの最初の共著となった。
　最初の本の文章は短いものであったが、その文章を読んで「一冊本を書きませんか」と下田さんはおっしゃってくださった。その約束をようやく果たせたのがしばらくたってからの1998年の『空間と身体』の出版である。長い期間、約束を果たせなかったのは、本書のなかでも述べた東京工業大学大学院社会理工学研究科設立のための文書作成に膨大な時間を費やすことになったためである。『空間と身体』の後、わたしの単著としては、2009年の『空間の履歴』、また研究室メンバーの共著としては、2002年の『環境と国土の価値構造』、さらには、本書の出版までお世話になった。
　下田さんとおつきあいをはじめたのは、わたしの研究対象がギリシア哲学から中国哲学へとシフトしていた頃である。その後、わたしは朱子学を中心とする中国哲学の研究から日本の哲学に関心を移していった。ちょうど東京工業大学に新しい大学院をつくる作業に参加していた時代である。東信堂から出版していただいた『空間と身体』は、そのような中国哲学から日本哲学への思索の展開を示したものとなった。
　『空間と身体』では、文字通り「空間」と「身体」をキーワードに、わたしの願望であった西洋哲学、中国哲学と日本哲学の融合的な試みをさせてい

ただいた。この本のおかげで、わたしは、日本の環境哲学の研究に進むことができたといっても過言ではない。日本の環境哲学の研究は、1999年に出版した『環境の哲学―日本の思想を現代に活かす』(講談社)として結実した。この本の出版を機に、わたしの人生は、現場性と当事者性のうちに身を置くことになった。環境を改変する公共事業をめぐって、事業者である行政と影響を受ける地域住民や環境保護を求める市民との間に立って、厳しい対立・紛争を解決し、また回避するためのプロセスを経験しながら、「社会的合意形成のプロジェクトマネジメント」の実践研究へと舵をきることができた。

見た目には、わたしの学問研究は、大きな変動のなかにあるように見えたと思うが、下田さんは、わたしの研究のなかの一貫した考えにまなざしを向けてくださり、支援をしてくださった。

こうした長年にわたるおつきあいのなかで、わたしの研究室に所属した学生諸君の研究を出版というかたちでも支援していただいたことについても触れなければならない。わたしはつねづね博士課程の学生に、「学位論文は出版に値するだけの内容がほしい。」と言っていた。本書に掲載した論文の執筆者は、このような高いハードルを越えたメンバーである。しかし、そのハードルが高くても、それを出版にこぎつけるのは、並大抵なことではない。このことばを実現できることは、東信堂と下田社長のおかげである。

さらに、わたしがプロジェクトの企画委員を務めた日本学術振興会による事業「人文科学振興プロジェクト」の成果をシリーズ本として出版していただいたことも含めて、感謝のことばもない。

長きにわたる東信堂の下田勝司社長ご夫妻と社員のみなさんの変わらぬサポートと友情に、改めて心から感謝したい。

編著者　しるす

桑子敏雄・東京工業大学桑子研究室略年譜

1951年7月25日　利根川中流域右岸の群馬県太田市古戸に生まれる。まもなく埼玉県大里郡妻沼町の聖天山歓喜院（歓喜天がまつられる）に移る。

1953年　荒川中流右岸の熊谷市広瀬に移り、荒川流域の自然に交わる。

1955年　熊谷市内に移る。活動の場は荒川流域の自然のなかにあった。

1960年前後　高度経済成長時代、東京オリンピック開催のために大規模インフラ整備が始まり、荒川河川敷の砂利が大量採取される。そのころ小学校にプールがつくられ、川で遊んではいけないといわれる。親しんでいた環境の激変に衝撃を受ける。

1967年　埼玉県立熊谷高等学校入学。一年生のころから哲学書を読み始める。サルトルやハイデガーの存在論に関心をもつ。マルクス主義にも興味を向ける。哲学的な文章を書くトレーニングを自らに課す。

1970年　東京大学文科Ⅲ類入学。ギリシア語、ラテン語などを学びながら、哲学の原典を読む。西洋哲学にかぎらず、中国哲学、日本哲学においても原典を読むという習慣を身につける。朱子学、陽明学、仏教にも関心を広げる。

1972年　東京大学文学部哲学科に進学。卒業論文は、自然と人間の関係について考えるために、プラトンの『ティマオス』を選んだが、指導教官であった斎藤忍随教授の指導で、プラトンの『パイドン』に関する研究に変更。

1975年　東京大学大学院人文科学研究科哲学専修課程修士課程に進学。修士論文は、プラトンの『ソフィスト』に関する研究で執筆。同時に、東京大学駒場キャンパスで、大森荘蔵、広松渉をはじめとする教授陣から教えを受け、影響を受ける。

1977年　東京大学大学院人文科学研究科哲学専修課程博士課程に進学。アリストテレスの『形而上学』の研究を通して、アリストテレスの生物学研究と倫理学研究の関係について考察を開始。のちに学位論文『エネルゲイア　アリストテレス哲学の創造』（1993年）に結実。

1980年　東京大学文学部哲学科助手。

1981年　南山大学文学部専任講師として名古屋に赴任。名古屋市郊外の西春日井郡春日村の五条川畔に居住。のちに名古屋市昭和区に移る。

1981年〜1985年　ケンブリッジ大学古典学部客員研究員として在外研究。ケンブリッジ市のケム川近くに居住。アリストテレスの研究を進めるとともに、

スペウシッポス、テオフラストス等も併せて研究する。延べ3ヶ月半にわたり、ギリシア各地を歴訪。アリストテレスが生物学の研究を行ったエーゲ海のレスボス島に一ヶ月滞在し、進むべき学問のあり方について自問する。

1984年　南山大学文学部助教授。イギリスから帰国後、本居宣長をはじめとする日本哲学、朱子学を中心とする中国哲学への研究を始める。

1989年　東京工業大学工学部助教授に着任。学部学生に哲学の講義を行いながら、ギリシア哲学、中国哲学、日本哲学の研究を平行して行う。神奈川県川崎市宮前区に転居。

1990年　東信堂下田勝司氏と出会い、『二十一世紀の哲学的挑戦』の一章の執筆を依頼される。

1991年　大学審議会答申により、大学での教養教育の大綱化、大学院重点化の推進がはじまる。

1993年　東京工業大学の教養課程の大改革の渦中に入る。起草委員として大学改組のための概算要求書、概算要求説明書の作成に従事。文理融合型の新大学の構想ワーキンググループのメンバーとして作業に参加したため、研究のための時間を確保することが極めて困難な状況がつづくが、アリストテレスの研究書『エネルゲイア　アリストテレス哲学の創造』を東京大学出版会から出版。

1994年1月　『エネルゲイア　アリストテレス哲学の創造』を学位論文（論文博士）として東京大学に提出。審査を経て、11月に博士（文学）の学位を取得。

1995年　阪神淡路大震災。オウム真理教事件起きる。新大学院が大学設置審議会により認可される。神奈川県横浜市青葉区の鶴見川近くに住む。

1996年　東京工業大学大学院社会理工学研究科および研究科内の価値システム専攻発足。社会理工学研究科教授に着任。研究科発足パーティで中村良夫教授と知遇を得る。価値構造分野価値構造講座担当として大学院教育を開始。大学院は学部組織をもたない独立大学院で、修士と博士の学生の教育をはじめる。中国哲学研究の成果として、『気相の哲学』（新曜社）を出版。このなかで人間と環境の関係を捉える概念として「身体の配置」を発表。

1996年　新潮社より雑誌『シンラ』に日本の環境問題と伝統思想をミックスしたエッセイの連載を依頼される。「古代からの伝言」のタイトルで2年間執筆する。

1997年2月　「空間の履歴」の概念を着想し、4月号の『シンラ』に発表。

1998年　東信堂より『空間と身体　―新しい哲学への出発―』を出版。講談社よりアリストテレス『心とは何か』（講談社学術文庫）を出版。

1999 年　日本放送出版協会より『西行の風景』を出版。日本の風景論を論じる。「空間の履歴」を中心テーマとする『環境の哲学』を講談社学術文庫から出版。日本の哲学についての著作を出版するという長年の願望を果たす。のちにその一部は、桐原書店の高校国語の教科書『探究現代文 B』に「霧の風景」として掲載される。日本感性工学会の設立への協力を依頼され、設立プロセスに参加する。のちに日本感性工学会哲学部会を設立。

2000 年　2000 年 1 月 23 日に、徳島県の吉野川第十堰問題で徳島市民の投票が行われる。時代の画期と予感し、徳島を訪問。帰りの新幹線で住民投票が成立したとのニュースを見て、時代の変化を感じる。帰宅すると、建設省の大臣官房から連絡があり、『環境の哲学』の内容を 2001 年の省庁再編に向けて政策提言することを依頼される。このことが人生の大転機となる。4月に建設省公報誌『建設月報』に意見を掲載される。その後、再び『建設月報』に政策提言の執筆を依頼される。提言執筆のために、山梨県の釜無川信玄堤を訪問し、「公共事業の転換と霞堤の思想」を執筆。9 月号に掲載される。7 月に全国川の日ワークショップの審査員として参加を依頼される。河川にかかわる多くの市民や行政担当者の知遇を得る。建設省および全国川の日ワークショップとのつながりを契機に、環境と並び社会的合意形成および市民参加についての研究を開始する。庁寄俊秀氏、近藤安弘氏、島谷幸宏氏、吉村伸一氏、山道省三氏などの知遇を得る。

2001 年　『感性の哲学』（日本放送協会出版）を出版。のちに本書の一部が高校現代文教科書、教育出版『新版現代文』に「感性の哲学」として掲載される。東京外郭環状道路建設問題で行政と住民の勉強会で講師、東京都都市交通シンポジウム実行委員会・朝日新聞社主催による「公共事業と P.I. を考える」シンポジウムにパネリストとして参加・提言。このシンポジウムが東京外環問題解決にむけた第一歩となる。

2002 年　NHK から「心の時代」の番組を担当。東信堂から研究室メンバーの論文を集成した『環境と国土の価値構造』を出版。5 月にフランス国立高等社会科学研究院より客員教授として招聘を受け、日本の風景論について講義を行う。国土交通省大臣官房「公共事業のアカウンタビリティを考える懇談会」で 21 世紀の社会基盤整備について、「社会的合意形成」の重要性を提言。2003 年 8 月その要綱が発表される。

2003 年　「心の時代」の内容を『理想と決断』として出版。PHP 研究所から『わたしがわたしであるための哲学』を出版。一読者から「花のように、老子のように人生に伴走してくれる本」との評価を聞く。

2004 年　編著『いのちの倫理学』をコロナ社より出版。
2005 年　東京大学出版会から『風景のなかの環境哲学』を出版。本書の一部が 2011 年の東京大学の入学試験問題の現代文として出題される。
2001 年　独立行政法人日本学術振興会，人文・社会科学振興プロジェクト企画委員会委員として、人文社会科学の振興の推進のためのプロジェクトのデザイン、マネジメントに関係する。
　　　　　行政関係者、企業関係者、市民、学識経験者とともに合意形成プロセス研究会を組織。研究会は、2003 年 6 月に特定非営利活動法人合意形成マネジメント協会となる。2007 年 6 月まで理事長。
2003 年から 2008 年　「人文社会科学振興プロジェクト」の一プロジェクトのリーダーとして担当した「日本的知的資産の活用」・「日本文化の空間学構築」研究プロジェクトにおいて、日本各地をめぐりつつ、地域の人びと、行政関係者、研究者とフィールドワークショップを実施。
　　　　　12 月に高千穂町神代川再生のためのワークショップを実施。のちに宮崎県による神代川再生事業、高千穂町と合同で神代川かわまちづくりへと展開。神話伝承のある河川空間の環境および景観再生の先駆となる。高千穂神楽の見学を機に、日本の神話伝承へと関心を向ける。のちに出雲神話の世界である島根県の河川整備、出雲大社表参道整備などへと展開。
　　　　　国土交通省近畿地方整備局から依頼を受け、淀川水系河川整備計画策定の一環として木津川上流に建設計画のあった川上ダムの建設是非をめぐる住民対話集会のデザイン、マネジメント、ファシリテーションを行う。
2004 年 9 月に至るまで 6 回の住民対話集会を開催。近畿地方整備局および淀川水系流域委員会に「木津川上流住民対話集会提案書」および「木津川上流住民対話集会報告書」を提出。厳しい対立のあるダム問題にかかわる合意形成の経験を積む。「合意形成木津川モデル」を考案する。
　　　　　国土交通省九州地方整備局筑後川河川事務所から依頼を受け、筑後川水系城原川流域委員会副委員長として、城原川ダムの建設是非にかかわる河川整備計画策定にかかわる。
2005 年　「日本文化の空間学構築」プロジェクトでの出雲ワークショップ開催を機に、2009 年に至るまで国土交通省出雲河川事務所および島根県、松江市から、斐伊川水系河川整備計画策定の前提となる「大橋川執念まちづくり基本計画」策定事業のための大橋川周辺まちづくり検討委員会委員の委嘱を受ける。大橋川改修を含む松江のまちづくり委員会の委員、作業部会長となる。委員としての役割のほか、委員会の設計・運営・進行にアドバイ

ス。プロジェクトのアドバイザーを務めるとともに、市民意見交換会の設計・運営・進行を行い、またファシリテータを担当。この仕事の過程で、社会的合意形成をプロジェクトとしてマネジメントとすることの重要性を認識し、プロジェクトマネジメントの研究を本格的に開始する。

2007 年　環境省地球環境研究総合推進費による「トキの野生復帰のための持続可能な自然再生計画の立案とその社会的手続き」研究プロジェクト（リーダー：九州大学島谷幸宏教授）において、「トキの生息環境を支える地域社会での社会的合意形成の設計」グループ・リーダーとして、佐渡の地域社会に入り、地域づくりワークショップ（佐渡巡りトキを語る移動談義所）の企画・運営・進行により、トキ定着のための社会環境づくりの研究と実践。日本の自然再生に貢献できているとの自負を抱く。

2008 年　人文社会科学振興プロジェクトでの「日本的知的資産の継承」の研究成果として編著『日本文化の空間学』を東信堂より出版。

　　佐渡島では、科学技術振興機構社会技術研究センター「地域に根ざす脱温暖化・環境共生社会」研究開発プログラム、「地域共同管理空間（ローカル・コモンズ）の包括的再生の技術開発とその理論化」のプロジェクト・リーダーとして研究開発事業を推進。加茂湖水系再生研究所（通称カモケン）を設立し、加茂湖再生をモデルとする脱温暖化・生物多様性保全とともに地域資源の保全・地域社会の活性化のための地域住民、行政、研究機関を結ぶ地域活動を展開。2010 年 4 月に佐渡市トキ交流会館内にローカル・コモンズ再生研究所を開設。

　　沖縄県国頭村辺土名門づくりアドバイザー、国頭村魅力ある空間づくり（辺土名大通り改修、辺土名川多自然川づくり、橋の掛け替えを含む「みちがえるまちづくり」）のアドバイザーとして地域づくりをサポート。辺土名大通りの改修実現を支援する。以後、沖縄県国頭村森林地域ゾーニング計画検討委員会座長を務め、国頭やんばるの森の管理計画について、多様な対立関係があるなかで、村独自の計画策定に貢献。その後、国頭村の森林ツーリズム、景観計画、観光振興計画などの策定に従事。日本の自然再生に貢献しているとの自負を深める。

　　国土交通省宮崎河川国道事務所の直轄事業「宮崎海岸侵食対策事業」においてプロジェクト・アドバイザーとして、侵食対策プロジェクトの設計・運営を支援。市民と行政の対立から協力関係構築に導く。20 年のプロジェクトで浸食対策をめぐる市民と行政の合意形成、さらには、国と県という行政機関間の合意形成について経験を積む。

2009 年　東信堂より哲学エッセイ集「古代からの伝言」を編集し、『空間の履歴』として出版。
2010 年　島根県出雲市神門通り（出雲大社表参道）道路景観整備計画ワークショップ・総合コーディネータとして、道路景観整備のワークショップの運営・進行に従事。活性化に貢献する。第二期工事は、2017 年から。
2011 年　東日本大震災が起きる。5 月から被災地を実見。南相馬市民の支援を行う。
2013 年　岩波書店より『生命と風景の哲学』を出版。
2014 年　研究成果の社会還元・社会実装を目的として、一般社団法人コンセンサス・コーディネーターズを設立。
2016 年　コロナ社より『社会的合意形成のプロジェクトマネジメント』を出版。KADOKAWA より『わがまち再生プロジェクト』を出版。広島県福山市から依頼を受け、埋め立て架橋問題後の難しい「鞆まちづくりビジョン」策定に従事。
2017 年 3 月　20 年間で、東京工業大学社会理工学研究院価値システム専攻桑子研究室から博士学位取得者 14 名を輩出。東京工業大学を定年退職。

執筆者一覧

髙田知紀　（たかだ　ともき）
　神戸市立工業高等専門学校　都市工学科　准教授
　市民が主体となって地域空間をつくっていくための方法と理論について研究を進めている。また神社や地域伝承に着目し、日本の風土性に根ざした地域マネジメント理論の構築を目指す。研究を進めるうえでは、常に現場に立って、市民や行政関係者など多様な人びとと共に身体的実践を展開しながら、具体的な課題解決に貢献することを信条としている。
　博士（工学）、1級造園施工管理技士。専門は地域計画論、合意形成学。
　主な業績に『自然再生と社会的合意形成』（東信堂、2014）、「延喜式内社に着目した四国沿岸部における神社の配置と津波災害リスクに関する一考察」（土木学会論文集、2016）など。
　2003 年　神戸市立工業高等専門学校専攻科　都市工学専攻　修了
　2003 年　関西造園土木株式会社工事グループ（～ 2008 年）
　2013 年　東京工業大学大学院社会理工学研究科　価値システム専攻　学位取得　博士（工学）

大上泰弘　（おおうえ　やすひろ）
　帝人㈱　新事業推進本部　主任研究員
　少林寺拳法（少拳士・二段）、自然観察指導員（日本自然保護協会）、第一種放射線取扱主任者。専門は、科学技術ガバナンス、生命の価値システム論。
　主な業績に、共著「いのちの倫理学」（コロナ社、2004）、「動物実験の生命倫理」（東信堂、2005 年）、共著「科学技術ガバナンス」（東信堂、2007）など。
　小学時代はさまざまな生物（昆虫類、両生類、魚類）の生態に興味を抱き、中高時代は科学で説明されることに興ざめし超常現象や東洋占星術にはまった。しかし、大学での科学的実証主義の前に、中高時代の蓄積は無に帰した。今では、目に見える生物ばかりではなく、ウイルス・微生物を含めた生命システムの一員としてどう生きるかが関心の的である。
　1987 年　筑波大学第二学群農林学類　生物応用化学主専攻　卒業
　1989 年　筑波大学医科学研究科　医科学専攻　修了　修士（医科学）
　1989 年　帝人㈱　生物医学研究所
　1997-1998 年　Imperial College / Royal Veterinary College　Visiting Researcher
　2002 年　東京工業大学社会理工学研究科 価値システム専攻 学位取得 博士(学術)
　2003-2008 年　日本学術振興会・人文・社会科学振興のためのプロジェクト研究事業・科学技術ガバナンスプロジェクト／現場からの技術者倫理システムグループ・リーダー
　2002-2015 年　東京工業大学　非常勤講師

谷口恭子　（たにぐち　やすこ）
　　一般社団法人　コンセンサス・コーディネーターズ　国頭支部　上席研究員
　　沖縄県国頭村在住。森林の保全と利活用、景観計画の策定業務等、やんばるの森のいきものと人との関わりについて考える活動と研究を行っている。
　　博士（学術）、森林インストラクター
　　1993 年　九州大学理学部生物学科（生態学）　修了
　　1993 年　日本工営株式会社　環境部門技師（〜 2003 年）
　　2008 年　立教大学大学院異文化コミュニケーション専攻（環境教育）　修士課程修了
　　2008 年　特定非営利活動法人　国頭ツーリズム協会　事務局長（〜 2013 年）
　　2015 年　東京工業大学社会理工学研究科　価値システム専攻　学位取得　博士（学術）

豊田光世　（とよだ　みつよ）
　　新潟大学　研究推進機構　朱鷺・自然再生学研究センター　准教授
　　人びとの多彩な思いを共有する対話との場を作り、暮らしやすく魅力的な地域を実現するための取り組みを展開しながら、地域環境ガバナンスのモデル構築を進めている。研究の背景にあるのは、異なる視点から物事を問い深める「子どもの哲学」のペダゴジーと、さまざまな視点を紡いでアイディアやアクションを生み出す創造的合意形成の理念と手法である。新潟県佐渡島を中心に、国内外で対話や地域プロジェクトを展開し、実践にもとづく環境哲学の研究を進めている。
　　2002 年　University of North Texas, Department of Philosophy and Religion Studies, Master of Arts 取得
　　2006 年　University of Hawaii at Manoa, Department of Philosophy, Master of Arts 取得
　　2009 年　東京工業大学社会理工学研究科　価値システム専攻　学位取得　博士（学術）
　　2010-2013 年　兵庫県立大学環境人間学部　講師
　　2014-2015 年　東京工業大学グローバルリーダー教育院　特任准教授
　　2015 年より現職

前川智美　（まえかわ　ともみ）
　　三重大学　大学院工学研究科　非常勤講師
　　オーストラリア Charles Sturt University Institute for Land, Water and Society での在外研究（2013 年 6 月〜 2014 年 5 月、Visiting Scholar）を経て、現職。対話と連携の促進を通じた地域環境問題の予防・解決方法の理論的・実践的な構築を目指し、主に合意形成論と資源管理論の領域において、フィールド調査、社会構造分析・モデル化を行っている。全国運動の制度的な仕組みの全体像から、ひとつの地域コミュニティの会合や農場での植林イベントまで、現象を社会制度や思想的な要因から包括的に捉えることで、世界のさまざまな国と地域における環境問題の予防・解決に貢献する理論と実践を目指している。
　　2010 年　立教大学　法学部　法学科　卒業
　　2012 年　千葉大学　大学院人文社会科学研究科　公共研究専攻　修士課程　修了
　　2016 年　東京工業大学　大学院社会理工学研究科　価値システム専攻　博士課程　学位取得　博士（学術）

加藤まさみ （かとう　まさみ）

エコトピアンの会主宰

好きなことは地理学、エコトピア、雨のしみこむ地面について考えること。

1995年〜東京都中野区を中心に環境とまちづくりの活動を始める。

1998年〜環境を学び実践する「エコトピアンの会」の活動を通して『エコトピア』の著者・E. カレンバックと交流。

2006年〜市民の立場から都市問題の解決策を考察するために桑子研究室に入る。

他に「善福寺川を里川にカエル会」に参加。桃園地域ニュース編集委員。

環境カウンセラー。東京都神田川流域懇談会委員。元中野区環境審議会および都市計画審議会委員。

1990年　イリノイ大学シカゴ校リベラルアーツ＆サイエンス学部地理学科 University of Illinois at Chicago, Liberal Arts and Sciences in Geography, Bachelor of Arts 取得

2009年　東京工業大学大学院社会理工学研究科価値システム専攻（修士・工学）

2016年　東京工業大学大学院社会理工学研究科価値システム専攻　学位取得　博士（学術）

西 哲生　（にし　てつお）

ソーシャルデザイン総合研究所　代表

環境プロジェクトの実践、及び、環境問題の解決に向けた国、自治体、企業、消費者等各ステークホルダーの役割と連携に関する理論と方法について研究に取り組んでいる。また、研究を進める上で、環境問題への取り組みに効果を上げるためには、環境意識の啓発を推進するだけでなく、環境への取り組みと人々や組織の様々な欲求の実現をマッチングさせていくことが大切であるという観点から研究を進めている。

専門は環境意識、環境行動、環境マーケティング、社会システム設計。

主な業績に『ごみゼロ社会は実現できるか』（コロナ社、2006 共著）、「Assessment of Policies to Promote People's Environmental Activities」（Journal of Agricultural Science and Technology B Volume 5, Number 8、2016）など。

1982年　慶應義塾大学法学部政治学科卒業

1982年　株式会社社会調査研究所（現株式会社インテージ）入社

1994年　株式会社グリーンマーケティング研究所に出向

2001年　神戸大学発達科学部人間環境学科非常勤講師

2002年　株式会社インテージに復帰、ソーシャル事業推進部に勤務

2004年-2009年　武蔵野大学人間関係学部環境システム学科非常勤講師

2015年　株式会社インテージ退職

2017年　東京工業大学社会理工学研究科　価値システム専攻　学位取得　博士（学術）

百武ひろ子　（ひゃくたけ　ひろこ）
　　県立広島大学　大学院経営管理研究科　教授
　　主にまちづくりの分野で、多様な人々の体験や関心を掘りおこしながら、ともに新しい価値や社会を生み育てる合意形成のプロセスデザインに取り組むとともに、地域のイノベーションをデザインできる人材の育成を目指す。また建築デザイン、都市デザインのバックグラウンドを生かした参加型アートイベント、インスタレーションを実施している。専門は、まちづくり、合意形成、ソーシャルデザイン、感性哲学。
　　主な業績：『美し国の景観読本』共著（日刊建設通信新聞社、2012）
　　博士（工学）一級建築士　専門は合意形成学、まちづくり、感性工学
　　NPO法人合意形成マネジメント協会理事長
　　1990年　早稲田大学理工学部建築学科卒業
　　1992年　早稲田大学理工学研究科建築計画専修修士課程　修了
　　1992年　㈱野村総合研究所　研究員（～1996年）
　　1999年　ハーバード大学デザイン大学院（GSD）都市デザイン修士取得後帰国
　　2004年　東京工業大学社会理工学研究科　価値システム専攻　学位取得　博士（工学）
　　2004年　有限会社プロセスデザイン研究所代表（～2016年）
　　2016年より現職

吉武久美子　（よしたけ　くみこ）
　　東京工科大学医療保健学部看護学科　准教授。保健師・助産師・看護師。
　　周産期医療現場での臨床経験をもとに、理論と実践の両方から医療の合意形成の研究を行う。大学での教育だけなく、看護実践者を対象に合意形成を組み込んだ倫理教育に携わる。倫理教育では、実践者が臨床で気づきにくい日常の倫理リスクに気づいて実際の行為に移せる仕掛け作りを空間と時間の観点を組み込んで展開している。専門領域は、看護倫理・生命倫理・医療倫理、合意形成学、母性看護学・助産学。
　　主な業績に、『医療倫理と合意形成―治療・ケアの現場での意思決定』（東信堂、2007、単著）、『産科医療と生命倫理』（昭和堂、2011、単著）、『合意形成学』（勁草書房、2011、共著）、『基礎助産学　助産学概論』（日本助産師会出版、2013、共著）、雑誌「看護管理」に連載「臨床現場で実践したい倫理的合意形成入門」を掲載（医学書院、2015）、『ナースのための倫理的合意形成の考え方、進め方』（医学書院、2017）近刊など。
　　1999年　千葉大学看護学部　卒業
　　2002年　日本赤十字看護大学大学院看護学研究科　修士課程　修了
　　2006年　東京工業大学大学院社会理工学研究科価値システム専攻　博士課程修了　学位取得　博士（学術）
　　2006年　㈳日本看護協会政策企画部在籍にて、㈶日本訪問看護振興財団　主任研究員
　　2007年　新潟県立看護大学　准教授
　　2009年　順天堂大学医療看護学部　准教授
　　2014年より現職

索引

人名索引

《ア行》

アーンスタイン……………………………154
アラン・カーティス……………… 174, 199
アリストテレス……… 3, 6-11, 18, 24, 26-28
アンドリュー・キャンベル……………196

《カ行》

カント………………………………… 18, 191
カレンバック……203-207, 210-214, 233, 236
ギャレット・ハーディン………… 14, 165
孔子……………………………………………5

《サ行》

ジョーン・カーナー……………………173
荘子…………………………………………87
ソクラテス………………… i, 5, 23, 28

《タ行》

トーマス・モア………… 206-207, 210, 213

《ハ行》

プラトン………………… 5-6, 26, 28-29, 207
フランシス・ベーコン… 11-12, 208-210, 213
ヘーザー・ミッチェル……………………173
ヘラクレイトス…………………………15

《ラ行》

リチャード・アウティ…………………16
ロブ・ユール………………………………199

事項索引

《アルファベット》

GIS ………………… 122-123, 127, 129-130

《ア行》

アゴラ………………………………………5
アポロン…………………………… 5, 20
新たなフロネーシスの構想…………… 26
安全神話……………………………… 19, 27
意見の理由………129, 306, 310-312, 317-318
意見の理由の共有…………… 306, 310-312
意思決定の科学……………… ii, 4, 10-11
意思決定の科学技術………… ii, 4, 10-11
イスラミックステイト………………… 12
一般社団法人コンセンサス・コーディ
　ネーターズ………………………… 22
イデア論………………………………………6
意図せざる結果………………………… 13-15
入会… 16, 23, 27, 110-111, 135, 155, 161, 166,
171
入会管理………………………………… 16, 23
入会管理システム……………………… 23
医療空間…………………………… 326-327
医療者… 303-305, 307-311, 313-317, 321, 324
327, 329
医療の合意形成…… 303, 305-306, 310, 324,
327, 329
インフォームド・コンセント 303-306, 324
宇宙の四元素……………………………… 15
ウラン…………………………………13-15
エネルギー革命……………… 12, 13, 117
エネルギー起源二酸化炭素…………242
エネルギー資源……………………… 14
エネルギー消費量……………………243
エネルギー政策……………………… 20
エピステーメー………………………………7

塩害……………………………………172
オウム真理教事件………………… ii, 11
オーナーシップ……………………164
温室効果……………………………… 11
温室効果ガス… 211, 242-245, 249, 252, 256, 263, 268

《カ行》

外来動植物の繁茂………………172, 197
科学……………………………………6-7
学問 ……………………………………6
学問能力………………………………7
化石燃料……… 13, 15, 23, 205, 210-211, 214
価値……………………………………151
価値構造講座………………… 4, 20, 25
価値構造分野………………… 4, 20, 25
価値システム……ii-iii, 3-4, 17, 20, 23, 25, 76, 78, 80, 98-99, 102, 104
価値システム専攻……… ii-iii, 3-4, 17, 20, 25
価値の階層構造………………76, 78-80, 104
価値判断… ii, 4, 18, 25, 70, 78, 85-87, 90, 94, 96-97, 100, 295-296, 299
価値マネジメント………………… 70, 85
ガバナンス… 136, 138-139, 144, 150-151, 154, 156, 160, 162, 164-167, 176, 301
カーボンフットプリント………………252
カーボン・オフセット…………… 252-257
加茂湖水系再生研究所…………… 21, 146
加茂湖の再生………………… 22, 145
環境と生命………………………… i-iii, 1, 17
環境ビジネス…………………………246
環境マネジメントシステム……………245
患者の意思… 304, 309-311, 313, 321, 324-325
干渉 ……………… 84, 86, 89-90, 92, 216
関心、懸念 ……………………311-312, 318
関心・懸念…45, 60, 64, 68, 110, 315, 322-323
感性…… 20-21, 63, 68, 82, 105, 137, 140, 146, 201, 275, 294-296, 302, 326-327

感性の哲学………………………… 20, 201
間接的コミュニケーション……… 250-251
寛容さ………………… 192-195, 198, 300
気候変動枠組み条約…………………242
気候変動枠組み条約締結国会議 242, 268
基底善の危機………………………… 14
京都議定書………………… 242, 243, 268
京都議定書目標達成計画………… 243, 268
京都メカニズム………………………242
協働…… 3, 12, 20-21, 60, 112, 115, 119, 133, 135, 139-140, 144, 146, 149-150, 153, 155, 157, 160, 164-165, 203, 230, 274, 287, 289, 324
共同意思決定………………… 306, 324
教養教育………………………… i, 25-26
COOL CHOICE（クールチョイス）…268
近代ソフィア……… 3, 10-17, 19-20, 26, 28
空間……………………… 151, 326-327
空間の履歴… 20-21, 27, 60, 196-197, 326, 329
グローバル・コモンズ………… 14, 17, 156
経験の共有………………… 194, 196, 198
血縁社会・縁故社会………………… 23
原子力 …… 13-14, 19-20, 229, 243
原子力発電……………………… 13, 19, 229
原子力発電所………………… 13, 229
現代フロネーシス………………… 25, 28
現場性………………………… 18, 21-22, 25
原発の廃炉作業……………………… 13
合意形成… i-iii, 1, 18, 21-25, 27, 68, 109-112, 116, 118, 124-125, 139, 142, 145, 151, 162-166, 184, 203, 225, 273-297, 299, 303, 306-307, 310, 312, 314-329
合意形成技術………………… 24-25, 27
合意形成教育……280-282, 297, 299-300, 303
合意形成手法…………………… 317-323
合意形成プロセス… 113, 115, 126, 129-134
合意形成マネジメント… i, iii, 1, 18, 68, 109, 276, 301

合意形成マネジメント技術……………… 18
行為の選択…………………………… 3, 7, 9, 18
幸福 ……………………………………… 24
鉱物燃料 ……………………………… 13, 15
コーディネータ…… 22, 177, 179-186, 189-190, 193-194, 252
古代ギリシア人……………………………… 15
個別的な状況の認識……………………… 18
コミュニケーション力… 287-288, 327-328
コモンズ………………… 12, 14-17, 21, 24, 27, 107, 109-112, 114, 134-135, 155-161, 165-166, 201, 214, 216, 222, 225, 236-237
コモンズとしての基底善……………… 14
コモンズの悲劇………………… 12, 14-15, 17

《サ行》

災害リスクマネジメント ………………… 53
最高善…………………………………… 24
再生可能エネルギー………… 13, 15-17, 210
最適な価値判断……………………… ii, 4, 25
参画……… 104, 109, 134, 139-140, 142, 154, 160, 296
CFPマーク………………………………… 253
支援の根幹 …………………………… 303, 325
時間……………………………… 151, 326-327
時間制 …………………………………… 20
資源の枯渇や汚染………………… 14-15, 155
資源の呪い ……………………………… 12, 15-17
自主行動計画 …………………… 243-244, 268
自然エネルギー ………………………… 42
自然再生 ……………… 21, 68, 109, 130, 132, 136, 139, 142, 144-145, 165-166, 171-172, 182, 186, 192, 195, 199, 210
自然資源管理… 173-174, 177-178, 180-182, 184, 199-201
自然の法則………………… 87, 92, 96, 104
次代フロネーシス ……………………… 3, 26
実践理性 ………………………………… 18

市民工事……… 147, 150-152, 157, 287, 301
市民参加… 111-113, 134, 145, 154, 162, 164, 171, 195, 203, 214-217, 235, 238, 274, 279, 288-290, 294, 296
社会実現………………………………… 22
社会実装………………………………… 22
社会的合意形成… ii, 21-25, 27, 115-116, 118, 131, 165-166, 302
社会的合意形成のプロジェクト・マネジメント ………………………………… 22
社会的正義……………………… 100, 102-103
社会的な動物……………………………… 8
社会病理………………… 80, 99, 101-104
衆愚政治 …………………………………… 5
純粋理性 ………………………………… 18
自律…… 95, 173, 184, 194, 199, 304, 306, 309, 325
思慮深さ ……………………… 3, 7-8, 17, 301, 303
進化プロセス………………………… 70, 78
新興・再興感染症 ……………………… 72-74
身体の配置……………………………… 21, 196
森林業 …………… 119-120, 122, 124, 132-133
森林計画… 114-117, 123-126, 128, 131, 134, 135
森林伐採………………… 109, 141, 172-173, 197
水力利用 ………………………………… 17
ステークホルダー … ii, 19, 109-110, 113, 115-116, 127, 130, 132, 134, 138, 178, 241, 255, 306-308, 310-311
ストイケイア …………………………… 15
速やかな意思決定 …………………… ii, 4, 25
生活遺産 …………………………… 128, 131
性行 …………………………………… 9, 73
生物多様性の喪失 ……………………… 172
生物多様性保全 …………………… 21, 122
選択肢…… 7, 18-20, 25, 65, 124, 163-164, 304, 310-311
選択の能力 ………………………………… 8

善のイデア……………………………… 5-6
善の危機………………………………… 14
創造的な話し合い……………… 164, 310-312
創造力……………………………………327
惣村……………………………………… 23
想定外 ……………………………… 14, 27
そなえ…………………………………… 14
ソフィア………………… 3, 7-24, 26-28, 68

《タ行》

対話……5, 23-24, 139-141, 143, 164, 274, 279, 286, 292, 301, 310, 312, 318
多主体連携……………… 176, 178, 194, 198
脱温暖化…………………………… 21, 119
楽しむ工夫……………………… 190, 195, 198
地域内人材登用………………………… 182
地縁社会……………………………… 23
力としての知…………………………… 12
地球温暖化…… 11, 13, 74, 138, 210-211, 269
地球温暖化対策………………………… 243-244
地球温暖化対策計画…………………… 268
地球温暖化対策推進本部……………… 268
地球温暖化防止 ………… 242, 248, 256
地球温暖化問題………………………… 258
地球環境問題…………… 17, 119, 241, 246
地熱発電…………………………… 15-16
チーム・マイナス 6% 268
調整力…………………………… 327-328
直接的コミュニケーション……… 250-251
ディベート…………………………… 23-24
討議………………………iii, 19, 23, 26, 317-318
洞察………………………………… 19, 25
洞察力…………………………………… 19
当事者性………………………… 18, 21-22, 25
トキ……… 21-22, 136, 139, 141-145, 165-166
トキの野生復帰………21, 136, 139, 142-144, 165, 166

土壌劣化………… 172-173, 189, 197, 201
どんぐりポイント… 253, 255-258, 262-264, 266
どんぐりポイントプロジェクト…254, 256, 258-259, 261, 263, 265-267
どんぐりポイントラベル…… 253-254, 256-259, 261
どんぐりマーク………… 253-254, 256, 264

《ナ行》

日本の約束草案……………………………268
ヌース……………………………………………7

《ハ行》

バイオマス発電………………………… 15
パターナリズム的態度… 304, 306, 309, 324
話し合いの10か条 ……………… 318-319
パリ協定…………………………………268
阪神淡路大震災……………… ii, 11-12, 37-39
東日本大震災……12, 33, 43-44, 68, 152, 229-230, 243, 247-248, 261-263
人柄………………………………………8-9
火と水と空気と土……………………… 15
ファシリテーション…… 128-129, 183, 279-281, 293-294, 311-312, 318-320, 329
風景…… 27, 33, 59, 61, 63-64, 66-68, 139-140, 145, 147, 158-160, 166
風力発電………………………………… 15
富栄養化………………………… 145, 147, 157
複合型コミュニケーション……… 250-251
負債…………………………………………24
物質科学的法則 ……79-80, 90, 93, 97, 101, 103-104
普遍的な価値判断……………………… 18
普遍的理性……………………………… 18
ふるさと見分け…… 59-60, 63-64, 151-152, 204, 236
プレートテクトニクス……… 13, 19-20, 27

プロジェクトマネジメント……23, 27, 151, 166, 302
プロスペクション（Prospection：先を見通した向き）の見方……………314
プロスペクション（先の見通した向き）の見方…………………314
プロスペクション（先を見通した向き）の見方…………………313
プロスペクションの見方………………323
プロダクトカテゴリールール…………253
フロネーシス… 3, 7-12, 14-15, 17-19, 21-28, 271, 273, 301, 303, 317, 328
紛争解決………………………………23
文理融合 ………… iii, 3-4, 6, 10, 12, 26
法定外公共物……………………………146
ボランティア…… 11, 152, 176-177, 179, 183, 188, 190, 200, 229, 231, 233-234, 286
本源的所有………………… 161-162, 165

《マ行》

マネジメント………………… 323, 326-327
民主主義……………………………… 5, 16

《ヤ行》

野生復帰…… 21, 136, 139, 141-144, 165-166
山火事………………………………188, 195
予見的合意形成…… 303, 312, 314-315, 323
ヨシ原再生………… 147, 149-150, 157, 165
ヨシ舟づくり………………………149, 165

《ラ行》

ランドケア……………………………171-201
ランドケア・グループ… 171, 174, 176-181, 183-190, 192-194, 199-201
流域管理局…… 176-178, 180-182, 188, 200
理由の来歴…………… 312-314, 318, 329
隣人と助け合う精神…………………188
隣人との互助…………………… 195, 198

倫理……8-10, 18, 27, 79-80, 83, 100, 135, 155, 199, 208, 303, 307-309, 313-314, 316-320, 322-329
倫理教育………………………… 303, 316-317
倫理研修…… 303, 316-318, 320, 323, 327-329
倫理コンサルテーション………… 316, 328
倫理的合意形成…………………… 325, 329
倫理的行為の主体 …………………18
倫理的能力……………………………8
倫理的問題発生予防………………322-323
倫理リスク……… 303, 323, 325-326, 329
歴史性 ………………………………20
レトロスペクション（Retrospection：振り返りの向き）の見方…………313
レトロスペクション（振り返り）の見方
………………………………312
レトロスペクション（振り返りの向き）の見方…………………313-314
ローカル・コモンズ…… 16-17, 21, 27, 110-112, 135
ローカル・コモンズ管理………………16

《ワ行》

惑星………………………………………i

（索引の編集は西哲生が行った）

編著者紹介

桑子　敏雄（くわこ・としお）
1951年生まれ。東京工業大学教授。
研究テーマ：日本・東洋・西洋の思想をもとに、環境・生命・情報などの問題にかかわる価値の対立・紛争を分析し、合意形成プロセスの理論的基礎を明らかにするための研究を行う。社会基盤整備での住民と行政、住民どうし、行政機関どうしの間の話し合いの設計、運営、進行を行いながら、参加型合意形成プロセスを含むプロジェクト・マネジメントの実践的教育研究を進めている。
主要著作：『空間と身体──新しい哲学への出発』（東信堂、1998年）、『環境の哲学』（講談社学術文庫、1999年）、『感性の哲学』（日本放送出版協会、2001年）、『風景のなかの環境哲学』（東京大学出版会、2003年）、『日本文化の空間学』（編著、東信堂、2008年）、『空間の履歴──桑子敏雄哲学エッセイ集』（東信堂、2009年）、『生命と風景の哲学』（岩波書店、2013年）、『社会的合意形成のプロジェクトマネジメント』（コロナ社、2016年）、『わがまち再生プロジェクト』（KADOKAWA、2016年）など。

環境と生命の合意形成マネジメント

2017年3月11日　初版第1刷発行　　　　　　　　　　　〔検印省略〕

＊定価はカバーに表示してあります

編著者 © 桑子敏雄　　発行者 下田勝司　　　　印刷・製本　中央精版印刷

東京都文京区向丘1-20-6　郵便振替00110-6-37828
〒113-0023　TEL 03-3818-5521（代）　FAX 03-3818-5514
E-Mail tk203444@fsinet.or.jp　URL http://www.toshindo-pub.com

発行所　株式会社 東信堂

Published by TOSHINDO PUBLISHING CO.,LTD.
1-20-6, Mukougaoka, Bunkyo-ku, Tokyo, 113-0023, Japan

ISBN978-4-7989-1419-0 C3030　　© KUWAKO Toshio

東信堂

環境と生命の合意形成マネジメント	桑子敏雄 編	三三〇〇円
環境と国土の価値構造	桑子敏雄 編	三五〇〇円
日本文化の空間学	桑子敏雄 編	三二〇〇円
感性のフィールド──ユーザーサイエンスを超えて	千代章一郎 編	二六〇〇円
空間と身体──新しい哲学への出発	桑子敏雄	二五〇〇円
空間の履歴──桑子敏雄哲学エッセイ集	桑子敏雄	二〇〇〇円
自然再生と社会的合意形成	髙田知紀	三二〇〇円
医療倫理と合意形成──治療・ケアの現場での意思決定	吉武久美子	二八〇〇円
動物実験の生命倫理──個体倫理から分子倫理へ	大上泰弘	四〇〇〇円
森と建築の空間史──南方熊楠と近代日本	千田智子	四三八一円
ハンス・ヨナス「回想記」	H・ヨナス／盛永・木下・馬渕・山本 訳	四八〇〇円
責任という原理──科学技術文明のための倫理学の試み (新装版)	H・ヨナス／加藤尚武 監訳	四八〇〇円
主観性の復権──心身問題から『責任という原理』へ	H・ヨナス／宇佐美・滝口 訳	二〇〇〇円
「むつ小川原開発・核燃料サイクル施設問題」研究資料集	舩橋晴俊 編	一八〇〇〇円
新版 新潟水俣病問題──加害と被害の社会学	飯島伸子・舩橋晴俊 編	三八〇〇円
新潟水俣病をめぐる制度・表象・地域	関礼子	五六〇〇円
新潟水俣病問題の受容と克服	堀田恭子	四八〇〇円
公害・環境問題の放置構造と解決過程	藤川賢・渡辺伸一・堀畑まなみ 著	三八〇〇円
公害被害放置の社会学──イタイイタイ病・カドミウム問題の歴史と現在	藤川賢・飯島伸子 著	三六〇〇円
食品公害と被害者救済──カネミ油症事件の被害と政策過程	宇田和子	四六〇〇円

〒113-0023 東京都文京区向丘1-20-6
TEL 03-3818-5521 FAX 03-3818-5514 振替 00110-6-37828
Email tk203444@fsinet.or.jp URL:http://www.toshindo-pub.com/

※定価：表示価格（本体）＋税